超声导波健康状态监测理论及应用

穆为磊　著

中国海洋大学出版社
·青岛·

本书从力学与数学基础出发，由简入繁，构成了理论模型、定位方法、定量检测和寿命预测的完整框架。首先简要介绍了弹性力学与数学基础，为后续波动力学建模提供基础知识；其次，介绍板、管结构中导波波动方程和解，为导波多模态和频散特性提供解析解。

图书在版编目(CIP)数据

超声导波健康状态监测理论及应用 / 穆为磊著. —
青岛 ：中国海洋大学出版社，2024.5
ISBN 978-7-5670-3873-8

Ⅰ. ①超… Ⅱ. ①穆… Ⅲ. ①超声检测 Ⅳ.
①TB553

中国国家版本馆 CIP 数据核字(2024)第 104986 号

超声导波健康状态监测理论及应用

出版发行 中国海洋大学出版社
社　　址 青岛市香港东路 23 号　　**邮政编码** 266071
网　　址 http://pub.ouc.edu.cn
出 版 人 刘文菁
责任编辑 矫恒鹏
电　　话 0532-85902349
电子信箱 2586345806@qq.com
印　　制 日照报业印刷有限公司
版　　次 2024 年 5 月第 1 版
印　　次 2024 年 5 月第 1 次印刷
成品尺寸 185 mm×260 mm
印　　张 12.50
字　　数 289 千
印　　数 1～1000
定　　价 79.00 元
订购电话 0532-82032573(传真)

发现印装质量问题，请致电 0633-8221365，由印刷厂负责调换。

前 言

由于超声导波在薄壳结构中传播时被限制在狭小空间，因此传播距离远、能量衰减小，在航天器、输送管道、钢结构物、核电结构等无损检测与健康监测中具有明显的技术优势。然而，超声导波具有多模态、频散等特点，导致接收到的信号具有多种模态反射回波、波包畸变严重，呈现典型的时域混叠特点。因此，接收的混叠信号无法确定反射波包，限制了超声导波信号的解释性和定位精度。

本书从力学与数学基础出发，由简入繁，介绍了导波波动方程、导波激励-传播-感知系统模型、导波与损伤作用等基本问题的求解，进而介绍了导波信号处理方法、稀疏定位方法、自传感定位技术、裂纹尖端定位方法和疲劳裂纹监测方法，构成了理论模型、定位方法、定量检测和寿命预测的完整框架。本书适用于从事超声导波理论研究与工程实践的研究生、工程师等。

本书共 10 章。第 1 章为力学与数学基础，简要介绍应力、应变、复信号、时频域变换；第 2 章为 Lamb 波方程与特性，介绍板中弹性波平衡微分方程及求解方法，分析超声导波多模态、相群速度和频散特性；第 3 章为管结构中的导波，分析管中各种模态导波的相群速度分布特点；第 4 章为电耦合导波模型，详细介绍各部分的建模过程，给出完整的频率域表达式；第 5 章为导波与损伤的互相作用，建立三维波动场与损伤作用模型，采用半解析有限元法进行求解，获得圆孔周向散射波模态和幅值特征；第 6 章为时域定位方法，介绍在传统定位方法基础上，提出频散移除和正交匹配波包分离方法，有助于提高传统定位方法精度；第 7 章为自传感定位技术，介绍压电自传感技术替代压电传感器对，解决传感器对引入的定位误差；第 8 章为裂纹尖端定位，提出超声导波衍射波定位方法，成功定位裂纹尖端；第 9 章为疲劳裂纹监测，介绍在线监测信号评估裂纹长度中不确定问题修正方法；第 10 章为相关仿真方法简介。

本书内容是笔者指导多届研究生科研训练过程中形成的，其中包括 2015 级曲文声（第 2 章）、2017 级孙建刚（第 8 章）、2019 级王玉学（第 4 章和第 5 章）、2019 级孙琦帅（第 7 章）、2019 级王丰丰（第 9 章）、2020 级高宇清（第 6 章）和 2021 级宁昊（第 3 章）。在研究探索中，与各位学生同舟共济，有争辩有迷茫，所幸形成书稿以纪念风雨同舟的日子。书稿形成过程恰逢笔者到北卡州立大学袁富国教授处进行访问学习，因此，得到袁老师的大力指导。书稿主要由笔者、宁昊、王玉学和高宇清进行整理撰写，分别负责了第 1、2、4 章，第 3 章，第 5、7、8、10 章，第 6、9 章。研究生孙琦帅、王丰丰、赵发杰和李梦娇参与了所有图表的绘制，研究生宁昊、刘家辰最后负责与出版社沟通修改。在此向所有参与本书编修过程的人员致以真挚的感谢。

研究过程受到了国家自然科学基金(52171283、61501418)、山东省自然科学基金(ZR2020ME268、BS2015DX004)、山东省重大科技创新工程(2019JZZY010820)和山东省重点研发项目(2019GHY112083)等资助,在此向各类项目管理委员会致谢。

受水平所限,难免有不当之处,真诚希望读者批评指正。

穆为磊

2024 年 1 月

目　录

第1章　力学与数学基础

1.1　引言

为了便于后续章节的理解，本章从弹性力学入手简要介绍应力与应变、矢量运算、信号处理方法等方面的基础知识。

1.2　应力与应变

1.2.1 应力

如图 1-1 所示，假设在点 Q 附近的无限小面积 $\Delta y\Delta z$ 有一等效力 ΔF_x，此力在 x，y，z 方向的分量为 ΔF_{xx}，ΔF_{xy}，ΔF_{xz}（第一下标表示面的法线方向，第二下标表示分力方向），正应力为

$$\sigma_{xx}=\lim_{\Delta A\to 0}\frac{\Delta F_{xx}}{\Delta A}$$
$$\sigma_{xx}=\frac{\mathrm{d}F_{xx}}{\mathrm{d}A} \tag{1-1}$$

对应地，作用力可以表示为

$$F_{xx}=\int_A\sigma_{xx}\,\mathrm{d}A \tag{1-2}$$

切应力为

$$\tau_{xy}=\frac{\mathrm{d}F_{xy}}{\mathrm{d}A} \tag{1-3}$$
$$\tau_{xz}=\frac{\mathrm{d}F_{xz}}{\mathrm{d}A}$$

对应的切向力为

$$F_{xy}=\int_A\tau_{xy}\,\mathrm{d}A\,;F_{xz}=\int_A\tau_{xz}\,\mathrm{d}A \tag{1-4}$$

为了简化公式符号，每种应力将以箭头表示，需注意每个箭头不是集中力，而是应力（单位面积的力）。此外，由于 σ 是法线方向的应力，所以 σ_{xx} 可以简写为 σ_x，后文均采用此简写。

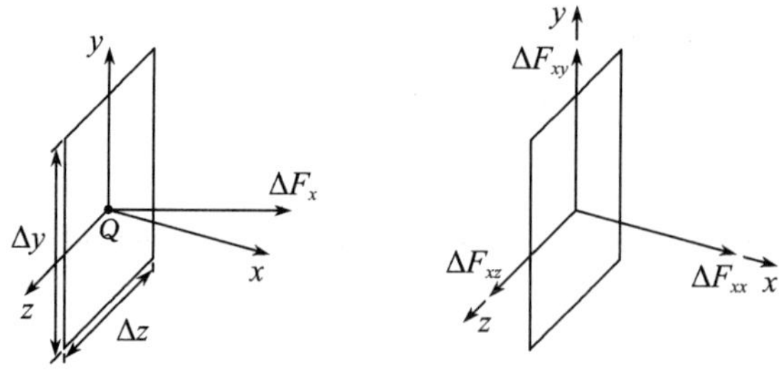

图 1-1　应力方向示意图

Q 点附近的微小单元体所受到的应力可以用矩阵形式表示：

$$[\sigma]=\begin{bmatrix}\sigma_x & \tau_{xy} & \tau_{xz}\\ \tau_{yx} & \sigma_y & \tau_{yz}\\ \tau_{zx} & \tau_{zy} & \sigma_z\end{bmatrix} \tag{1-5}$$

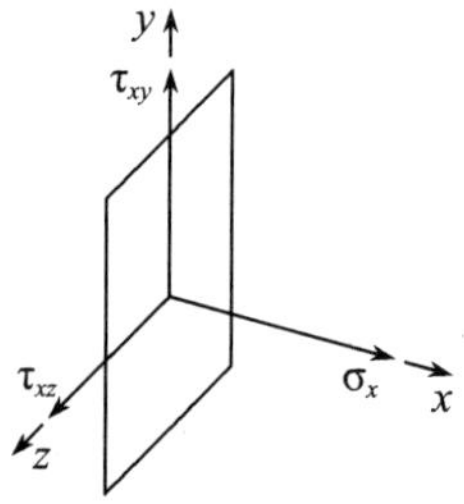

图 1-2　应力分量

对 Z 轴求合力矩：

$$\begin{aligned}&\tau_{xy}\Delta y\Delta z\,\frac{\Delta x}{2}+(\tau_{xy}+\Delta\tau_{xy})\Delta y\Delta z\,\frac{\Delta x}{2}\\&-\tau_{yx}\Delta z\Delta x\,\frac{\Delta y}{2}-(\tau_{yx}+\Delta\tau_{yx})\Delta z\Delta x\,\frac{\Delta y}{2}=0\end{aligned} \tag{1-6}$$

等式两边同时除以 $\Delta x\Delta y\Delta z$，

$$\tau_{xy}+\frac{\Delta\tau_{xy}}{2}=\tau_{yx}+\frac{\Delta\tau_{yx}}{2} \tag{1-7}$$

当 $\Delta x\Delta y\Delta z$ 趋近于 0 时，$\Delta\tau_{xy}$ 和 $\Delta\tau_{yx}$ 也将趋于 0，因此，

$$\tau_{xy}=\tau_{yx} \tag{1-8}$$

同理，$\tau_{yz}=\tau_{zy}$，$\tau_{zx}=\tau_{xz}$，即切应力互等。因此，Q 点的应力矩阵为

$$[\sigma]=\begin{bmatrix}\sigma_x & \tau_{xy} & \tau_{zx}\\ \tau_{xy} & \sigma_y & \tau_{yz}\\ \tau_{zx} & \tau_{yz} & \sigma_z\end{bmatrix} \tag{1-9}$$

通常情况下，z 轴的面表应力为 0，即 $\sigma_z=\tau_{zy}=\tau_{zx}=0$ 即平面应力状态，应力矩阵简化为

$$[\sigma]=\begin{bmatrix}\sigma_x & \tau_{xy}\\ \tau_{xy} & \sigma_y\end{bmatrix} \tag{1-10}$$

1.2.2 应变

（1）正应变

如图 1-3 所示，假设长方体 $\Delta x\Delta y\Delta z$ 受力变形，仅考虑法向应力 σ_x 作用，长方体 x 轴拉伸，y 轴和 z 轴方向缩小。记各轴方向上法向应变 ε_x，ε_y，ε_z，变形后长、宽、高分别为

$$
\begin{aligned}
\Delta x' &= \Delta x + \varepsilon_x \Delta x \\
\Delta y' &= \Delta y + \varepsilon_y \Delta y \\
\Delta z' &= \Delta z + \varepsilon_z \Delta z
\end{aligned}
\tag{1-11}
$$

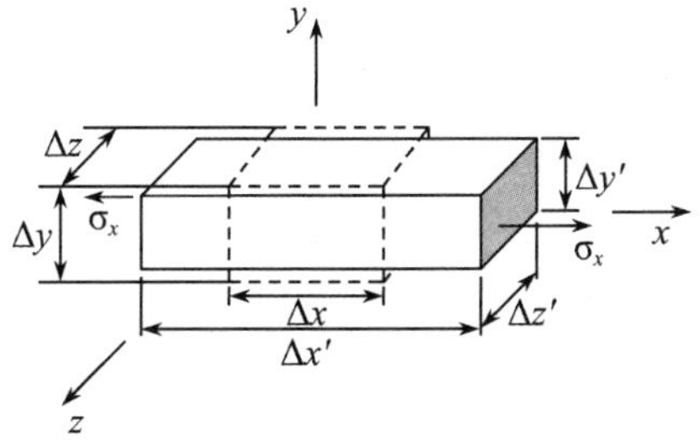

图 1-3　变形方式

根据胡克定律，线性材料应变与应力关系：

$$
\varepsilon_x = \frac{\sigma_x}{E} \tag{1-12}
$$

其中，E 为弹性模量或杨氏模量。

同理，在 x 轴拉伸同时，y 轴和 z 轴会收缩，收缩与主应力方向的比为泊松比 v，对于各向同性材料，y 轴和 z 轴应变：

$$
\varepsilon_y = \varepsilon_z = -v\varepsilon_x = -v\frac{\sigma_x}{E} \tag{1-13}
$$

同理，y 轴和 z 轴方向的应力-应变为

$$
\begin{aligned}
\varepsilon_y &= \frac{\sigma_y}{E}\varepsilon_x = \varepsilon_z = -v\varepsilon_y = -v\frac{\sigma_y}{E} \\
\varepsilon_z &= \frac{\sigma_z}{E}\varepsilon_x = \varepsilon_y = -v\varepsilon_z = -v\frac{\sigma_z}{E}
\end{aligned}
\tag{1-14}
$$

对于同时受到 σ_x，σ_y 和 σ_z，各应力的作用结果包含本轴作用和其余两轴方向应力的作用，因此，对于各向同性线弹性材料，应变-应力关系为

$$
\begin{aligned}
\varepsilon_x &= \frac{1}{E}[\sigma_x - v(\sigma_y + \sigma_z)] \\
\varepsilon_y &= \frac{1}{E}[\sigma_y - v(\sigma_x + \sigma_z)] \\
\varepsilon_z &= \frac{1}{E}[\sigma_z - v(\sigma_x + \sigma_y)]
\end{aligned}
\tag{1-15}
$$

假如三轴方向应变已知，各轴正应力为

$$\begin{aligned}\sigma_x&=\frac{E}{(1+v)(1-2v)}[(1-v)\varepsilon_x+v(\varepsilon_y+\varepsilon_z)]\\\sigma_y&=\frac{E}{(1+v)(1-2v)}[(1-v)\varepsilon_y+v(\varepsilon_x+\varepsilon_z)]\\\sigma_z&=\frac{E}{(1+v)(1-2v)}[(1-v)\varepsilon_z+v(\varepsilon_x+\varepsilon_y)]\end{aligned}\tag{1-16}$$

对于板应力 $\sigma_z=0$，式(1-15)可简化为

$$\begin{aligned}\varepsilon_x&=\frac{1}{E}(\sigma_x-v\sigma_y)\\\varepsilon_y&=\frac{1}{E}(\sigma_y-v\sigma_x)\\\varepsilon_z&=-\frac{v}{E}(\sigma_x+\sigma_y)\end{aligned}\tag{1-17}$$

由式(1-17)可知，板应力状态只需要知道两应变 ε_x 和 ε_y 即可求得应力 σ_x 和 σ_y。应力为

$$\begin{aligned}\sigma_x&=\frac{E}{(1-v^2)}(\varepsilon_x+v\varepsilon_y)\\\sigma_y&=\frac{E}{(1-v^2)}(\varepsilon_y+v\varepsilon_x)\end{aligned}\tag{1-18}$$

(2) 切应变

如图 1-4 所示，单元受到切应力，所造成的弧度形变：

$$\gamma_{xy}=-\Delta\angle BAD=\angle BAD-\angle B'A'D'\tag{1-19}$$

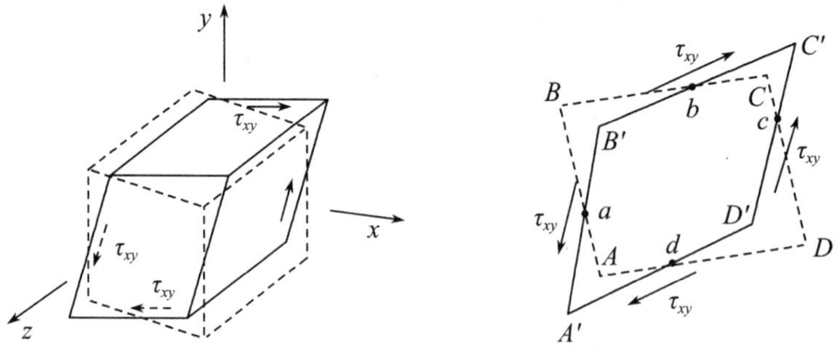

图 1-4 纯剪切

对于各向同性线弹性材料，切应变和切应力关系为

$$\gamma_{xy}=\frac{\tau_{xy}}{G}\tag{1-20}$$

式中，G 为剪切模量。同理，其余剪切应变和应力关系为

$$\begin{aligned}\gamma_{yz}&=\frac{\tau_{yz}}{G}\\\gamma_{zx}&=\frac{\tau_{zx}}{G}\end{aligned}\tag{1-21}$$

对于线弹性各向同性材料，剪切模量和弹性模量和泊松比的关系为(后面证明)

$$G=\frac{E}{2(1+v)} \tag{1-22}$$

因此，式(1-20)、(1-21)可以写为

$$\begin{aligned}\gamma_{xy}&=\frac{2(1+v)}{E}\tau_{xy}\\ \gamma_{yz}&=\frac{2(1+v)}{E}\tau_{yz}\\ \gamma_{zx}&=\frac{2(1+v)}{E}\tau_{zx}\end{aligned} \tag{1-23}$$

当无约束固体受到温度变化，各向同性材料的热应变为

$$\varepsilon_x=\varepsilon_y=\varepsilon_z=\alpha\Delta T \tag{1-24}$$

其中，α 是线性伸长系数，单位 m/(m・℃)；ΔT 为温差，单位℃。

1.2.3 应力与应变关系

以上应力应变关系均是在各向同性均匀材料中适用。各向同性是指材料属性在各方向相同，均匀是指材料属性在结构内部均相同。通常，在纤维填充聚合物、层合物、木材等材料中，材料均具有各向异性。每个应变项均和其他应变相关，$\varepsilon_x=C_{11}\sigma_x+C_{12}\sigma_y+C_{13}\sigma_z+C_{14}\tau_{xy}+C_{15}\tau_{yz}+C_{16}\tau_{zx}+C_{17}\tau_{xz}+C_{18}\tau_{zy}+C_{19}\tau_{yx}$，将各应变的关系写成矩阵形式：

$$\begin{Bmatrix}\varepsilon_x\\ \varepsilon_y\\ \varepsilon_z\\ \gamma_{xy}\\ \gamma_{yz}\\ \gamma_{zx}\\ \gamma_{xz}\\ \gamma_{zy}\\ \gamma_{yx}\end{Bmatrix}=\begin{bmatrix}C_{11} & C_{12} & C_{13} & C_{14} & C_{15} & C_{16} & C_{17} & C_{18} & C_{19}\\ C_{21} & C_{22} & C_{23} & C_{24} & C_{25} & C_{26} & C_{27} & C_{28} & C_{29}\\ \vdots & & & & & & & & \vdots\\ C_{91} & C_{92} & C_{93} & C_{94} & C_{95} & C_{96} & C_{97} & C_{98} & C_{99}\end{bmatrix}\begin{Bmatrix}\sigma_x\\ \sigma_y\\ \sigma_z\\ \tau_{xy}\\ \tau_{yz}\\ \tau_{zx}\\ \tau_{xz}\\ \tau_{zy}\\ \tau_{yx}\end{Bmatrix} \tag{1-25}$$

根据切应力互等定理，$\tau_{xy}=\tau_{yx}$，因此可以减少 3 项切应变，矩阵变为

$$\begin{Bmatrix}\varepsilon_x\\ \varepsilon_y\\ \varepsilon_z\\ \gamma_{xy}\\ \gamma_{yz}\\ \gamma_{zx}\end{Bmatrix}=\begin{bmatrix}C_{11} & C_{12} & C_{13} & C_{14} & C_{15} & C_{16}\\ \vdots & & & & & \vdots\\ C_{61} & C_{62} & C_{63} & C_{64} & C_{65} & C_{66}\end{bmatrix}\begin{Bmatrix}\sigma_x\\ \sigma_y\\ \sigma_z\\ \tau_{xy}\\ \tau_{yz}\\ \tau_{zx}\end{Bmatrix} \tag{1-26}$$

矩阵系数具有对称性。证明如下：首先施加应力 σ_x，其做功为$\frac{1}{2}\sigma_x\varepsilon_x=\frac{1}{2}C_{11}\sigma_x^2$，然

后，再施加应力 σ_y，其附加做功为

$$\frac{1}{2}\sigma_y\varepsilon_y+\sigma_x\varepsilon_x{}'=\frac{1}{2}C_{22}\sigma_y^2+C_{12}\sigma_x\sigma_y \tag{1-27}$$

两应力做功为

$$W_1=\frac{1}{2}C_{11}\sigma_x^2+\frac{1}{2}C_{22}\sigma_y^2+C_{12}\sigma_x\sigma_y \tag{1-28}$$

将两个应力施加顺序颠倒，做功为

$$W_2=\frac{1}{2}C_{22}\sigma_y^2+\frac{1}{2}C_{11}\sigma_x^2+C_{21}\sigma_y\sigma_x \tag{1-29}$$

因此，$C_{12}=C_{21}$。以上原理即是 Maxwell 互易原理。

如果材料具有一个对称面 xy，那么面外的切应力和其余应变没有任何关系，即

$$\begin{Bmatrix}\varepsilon_x\\ \varepsilon_y\\ \varepsilon_z\\ \gamma_{xy}\\ \gamma_{yz}\\ \gamma_{zx}\end{Bmatrix}=\begin{bmatrix}C_{11} & C_{12} & C_{13} & C_{14} & 0 & 0\\ C_{21} & C_{22} & C_{23} & C_{24} & 0 & 0\\ C_{31} & C_{32} & C_{33} & C_{34} & 0 & 0\\ C_{41} & C_{42} & C_{43} & C_{44} & 0 & 0\\ 0 & 0 & 0 & 0 & C_{55} & C_{56}\\ 0 & 0 & 0 & 0 & C_{65} & C_{66}\end{bmatrix}\begin{Bmatrix}\sigma_x\\ \sigma_y\\ \sigma_z\\ \tau_{xy}\\ \tau_{yz}\\ \tau_{zx}\end{Bmatrix} \tag{1-30}$$

其中，$C_{ij}=C_{ji}$。

如果材料关于三个互相正交的面具有对称性，即正交材料，那么，

$$\begin{Bmatrix}\varepsilon_x\\ \varepsilon_y\\ \varepsilon_z\\ \gamma_{xy}\\ \gamma_{yz}\\ \gamma_{zx}\end{Bmatrix}=\begin{bmatrix}C_{11} & C_{12} & C_{13} & 0 & 0 & 0\\ C_{21} & C_{22} & C_{23} & 0 & 0 & 0\\ C_{31} & C_{32} & C_{33} & 0 & 0 & 0\\ 0 & 0 & 0 & C_{44} & 0 & 0\\ 0 & 0 & 0 & 0 & C_{55} & 0\\ 0 & 0 & 0 & 0 & 0 & C_{66}\end{bmatrix}\begin{Bmatrix}\sigma_x\\ \sigma_y\\ \sigma_z\\ \tau_{xy}\\ \tau_{yz}\\ \tau_{zx}\end{Bmatrix} \tag{1-31}$$

其中，$C_{ij}=C_{ji}$。

式(1-31)变为

$$\begin{Bmatrix}\varepsilon_x\\ \varepsilon_y\\ \varepsilon_z\\ \gamma_{xy}\\ \gamma_{yz}\\ \gamma_{zx}\end{Bmatrix}=\begin{bmatrix}1/E & -v_{12}/E_{11} & -v_{13}/E_{11} & 0 & 0 & 0\\ -v_{12}/E_{11} & 1/E_{22} & -v_{23}/E_{22} & 0 & 0 & 0\\ -v_{13}/E_{11} & -v_{23}/E_{22} & 1/E_{33} & 0 & 0 & 0\\ 0 & 0 & 0 & \frac{1}{G_{12}} & 0 & 0\\ 0 & 0 & 0 & 0 & \frac{1}{G_{23}} & 0\\ 0 & 0 & 0 & 0 & 0 & \frac{1}{G_{13}}\end{bmatrix}\begin{Bmatrix}\sigma_x\\ \sigma_y\\ \sigma_z\\ \tau_{xy}\\ \tau_{yz}\\ \tau_{zx}\end{Bmatrix} \tag{1-32}$$

如果正交材料的属性在所有三个轴方向是一致的，材料被称为立方结构。即

$$
\begin{aligned}
&C_{11}=C_{22}=C_{33}=\frac{1}{E}\\
&C_{12}=C_{13}=C_{23}=C_{21}=C_{32}=-\frac{v_{ij}}{E}=-\frac{v_{ji}}{E}\\
&C_{44}=C_{55}=C_{66}=\frac{1}{G}
\end{aligned}
\tag{1-33}
$$

如果对于任意坐标系统来说，立方结构材料的属性是一致的，那么材料是纯各向同性。E，v 和 G 之间的关系

$$
G=\frac{E}{2(1+v)} \tag{1-34}
$$

带入式(1-32)：

$$
\begin{Bmatrix}\varepsilon_x\\ \varepsilon_y\\ \varepsilon_z\\ \gamma_{xy}\\ \gamma_{yz}\\ \gamma_{zx}\end{Bmatrix}=\frac{1}{E}\begin{bmatrix}1 & -v & -v & 0 & 0 & 0\\ -v & 1 & -v & 0 & 0 & 0\\ -v & -v & 1 & 0 & 0 & 0\\ 0 & 0 & 0 & 2(1+v) & 0 & 0\\ 0 & 0 & 0 & 0 & 2(1+v) & 0\\ 0 & 0 & 0 & 0 & 0 & 2(1+v)\end{bmatrix}\begin{Bmatrix}\sigma_x\\ \sigma_y\\ \sigma_z\\ \tau_{xy}\\ \tau_{yz}\\ \tau_{zx}\end{Bmatrix} \tag{1-35}
$$

对上式进行左乘逆矩阵操作，得

$$
\begin{Bmatrix}\sigma_x\\ \sigma_y\\ \sigma_z\\ \tau_{xy}\\ \tau_{yz}\\ \tau_{zx}\end{Bmatrix}=E\begin{bmatrix}\frac{v-1}{(2v-1)(v+1)} & \frac{-v}{(2v-1)(v+1)} & \frac{-v}{(2v-1)(v+1)} & 0 & 0 & 0\\ \frac{-v}{(2v-1)(v+1)} & \frac{v-1}{(2v-1)(v+1)} & \frac{-v}{(2v-1)(v+1)} & 0 & 0 & 0\\ \frac{-v}{(2v-1)(v+1)} & \frac{-v}{(2v-1)(v+1)} & \frac{v-1}{(2v-1)(v+1)} & 0 & 0 & 0\\ 0 & 0 & 0 & \frac{1}{2(1+v)} & 0 & 0\\ 0 & 0 & 0 & 0 & \frac{1}{2(1+v)} & 0\\ 0 & 0 & 0 & 0 & 0 & \frac{1}{2(1+v)}\end{bmatrix}\begin{Bmatrix}\varepsilon_x\\ \varepsilon_y\\ \varepsilon_z\\ \gamma_{xy}\\ \gamma_{yz}\\ \gamma_{zx}\end{Bmatrix} \tag{1-36}
$$

对于平面应力，$\sigma_z=\tau_{zx}=\tau_{yz}=0$，式(1-35)得 $\varepsilon_z=\frac{-v}{E}(\sigma_x+\sigma_y)$，带入式(1-36)得

$$
\begin{Bmatrix}\sigma_x\\ \sigma_y\\ \tau_{xy}\end{Bmatrix}=\begin{bmatrix}c_{11}^p & c_{12}^p & 0\\ c_{12}^p & c_{11}^p & 0\\ 0 & 0 & c_{66}\end{bmatrix}\begin{Bmatrix}\varepsilon_x\\ \varepsilon_y\\ \gamma_{xy}\end{Bmatrix} \tag{1-37}
$$

其中，$c_{11}^p=c_{11}-c_{13}^2/c_{33}$，$c_{12}^p=c_{12}-c_{13}^2/c_{33}$。

在材料弹性理论中，通常用 lame 常数代替工程常数 E 和 v。采用指示记号法，应力

应变关系为

$$\sigma_{ij}=2\mu\varepsilon_{ij}+\lambda\delta_{ij}\varepsilon_{kk}\quad i,j=1,2,3 \tag{1-38}$$

其中，δ_{ij} 是 Kronecker delta 函数[1]

$$\delta_{ij}=\begin{cases}1 & i=j\\ 0 & i\neq j\end{cases} \tag{1-39}$$

ε_{kk} 表示正应变的和，$\varepsilon_{kk}=\varepsilon_{11}+\varepsilon_{22}+\varepsilon_{33}$

σ_{ij} 和 ε_{ij} 分别代表

$$\begin{aligned}
&\sigma_{11}=\sigma_x;\sigma_{12}=\tau_{xy};\sigma_{13}=\tau_{xz}=\tau_{zx}\\
&\sigma_{21}=\tau_{yx}=\tau_{xy};\sigma_{22}=\sigma_y;\sigma_{23}=\tau_{yz}\\
&\sigma_{31}=\tau_{zx};\sigma_{32}=\tau_{zy}=\tau_{yz};\sigma_{33}=\sigma_z\\
&\varepsilon_{11}=\varepsilon_x;\varepsilon_{12}=\frac{1}{2}\gamma_{xy};\varepsilon_{13}=\frac{1}{2}\gamma_{xz}=\frac{1}{2}\gamma_{yz}\\
&\varepsilon_{21}=\frac{1}{2}\gamma_{yx}=\frac{1}{2}\gamma_{xy};\varepsilon_{22}=\varepsilon_y;\varepsilon_{23}=\frac{1}{2}\gamma_{yz}\\
&\varepsilon_{31}=\frac{1}{2}\gamma_{zx};\varepsilon_{32}=\frac{1}{2}\gamma_{zy}=\frac{1}{2}\gamma_{yz};\varepsilon_{33}=\varepsilon_z
\end{aligned} \tag{1-40}$$

设 $i=1,j=2,\delta_{12}=0$，因此，

$$\sigma_{12}=2\mu\varepsilon_{12}\tau_{xy}=2\mu\frac{\gamma_{xy}}{2}=\mu\gamma_{xy} \tag{1-41}$$

因此，lame 常数 μ：

$$\mu=\frac{E}{2(1+v)} \tag{1-42}$$

设 $i=j=2$，因此，$\delta_{22}=1$

$$\begin{aligned}
&\sigma_{22}=2\mu\varepsilon_{22}+\lambda(\varepsilon_{11}+\varepsilon_{22}+\varepsilon_{33})=(2\mu+\lambda)\varepsilon_{22}+\lambda(\varepsilon_{11}+\varepsilon_{33})\\
&\sigma_y=(2\mu+\lambda)\varepsilon_y+\lambda(\varepsilon_x+\varepsilon_z)
\end{aligned} \tag{1-43}$$

因此，lame 常数 λ：

$$\lambda=\frac{Ev}{(1+v)(1-2v)} \tag{1-44}$$

1.3 平面应力与平面应变问题

1.3.1 平面应力问题

假如一个薄板 x 与 y 向的尺寸远大于 z 向的尺寸，同时只周边受到均匀分布在薄板周边与薄板平面平行力的作用，如图 1-5 所示：

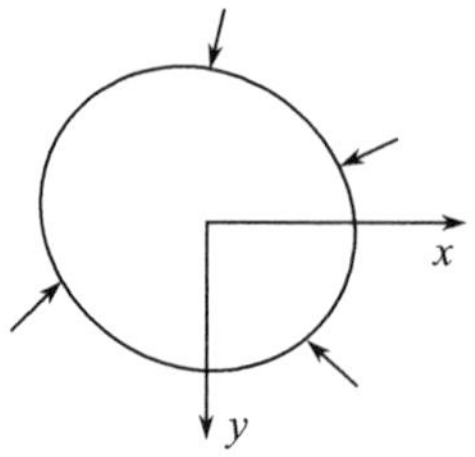

图 1-5　作用力示意图

那么，提取这个薄板中的一个小单元来分析。如图 1-6 所示。

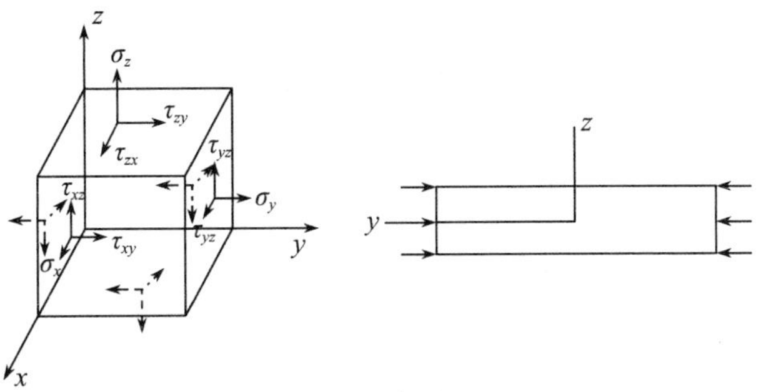

图 1-6　小单元

由于薄板在 z 向没有力的作用，可得到 z 向的正应力 σ_z 和切应力 τ_{xz} 和 τ_{yz} 都为 0。(根据切应力互等原理，其他几个 z 向的切应力为 0)。这样，可以尝试假设在薄板平面内，应力情况也是如此。此时，薄板中任意一个单元体只受到正应力 σ_x、σ_y 和切应力 τ_{xy} 的作用，这种应力状态就称为 plane stress(平面应力)。

1.3.2 平面应变问题

假设一结构 z 向的尺寸远远大于 x 和 y 向的尺寸，且横截面大小和形状沿着 z 向不变；受到与 z 向(轴线方向的)垂直的外力作用，同时，力的分布不随 z 向长度的变化而改变(这样就可以假定任意一个截面的受力状态相同)；一端约束固定则约束端截面在轴向 z 向没有位移。如图 1-7 所示。

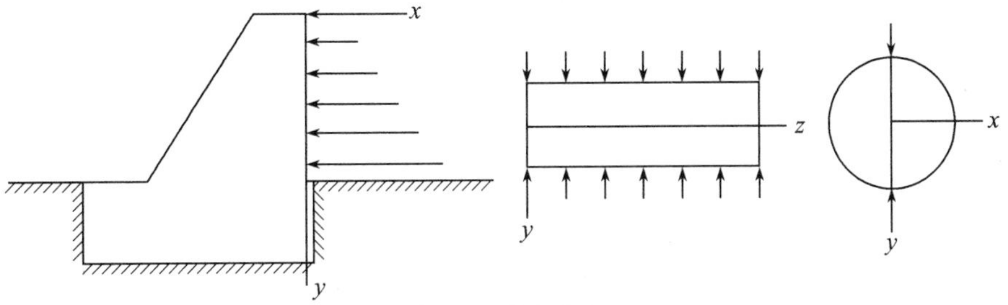

图 1-7　受力状态

也就是说，对小单元的应力分析，可得到：

$$\gamma_{yz}=\frac{\partial v}{\partial z}+\frac{\partial w}{\partial y}=0$$

$$\gamma_{xz}=\frac{\partial v}{\partial z}+\frac{\partial w}{\partial x}=0 \tag{1-45}$$

$$\varepsilon_z=\frac{\partial w}{\partial z}=0$$

根据虎克定理，正应力 σ_z 可以由 σ_x 和 σ_y 计算得到：

$$\sigma_z-v(\sigma_x+\sigma_y)=0 \tag{1-46}$$

由于，

$$\gamma_{xy}=\frac{1}{G}\tau_{xy},\gamma_{yz}=\frac{1}{G}\tau_{yz},\gamma_{zx}=\frac{1}{G}\tau_{zx} \tag{1-47}$$

可得到，切应力

$$\tau_{xz}=0,\tau_{yz}=0 \tag{1-48}$$

以上，就是 Plane strain problem（平面应变问题），该问题和 Plane stress problem 类似，只要确定正应力 σ_x，σ_y 和切应力 τ_{xy} 即可。

1.3.3 不同问题的异同

从受力物体的尺寸和所受的力来看不同：

- 平面应力：薄板，周边均匀受力而力平行于薄板平面。
- 平面应变：柱体、圆柱体等等，所受外力垂直于物体的轴向。

相同：

- 只需确定 σ_x，σ_y 和 τ_{xy}。

简言之，"平面应力问题"即有 Z 方向不受外力作用，应力为零，"平面应变问题"构建 Z 向受刚性约束，无应变。

平面应力问题假设只出现三个面内的应力分量，其余的应力分量为零，根据这个假设代入本构关系可求得相应的应变分量。

平面应变问题假设只出现三个面内的应变分量，其余的应变分量为零，根据这个假设代入本构关系可求得相应的应力分量。

在实际应用中，研究一块很厚很厚的板，一般认为是一个平面应变问题，因为在沿厚度方向上的应变分量均可假设为零；而研究一块很薄很薄的板一般可以认为它是一个平面应力问题。

1.4 位移与应变关系

1.4.1 直角坐标系

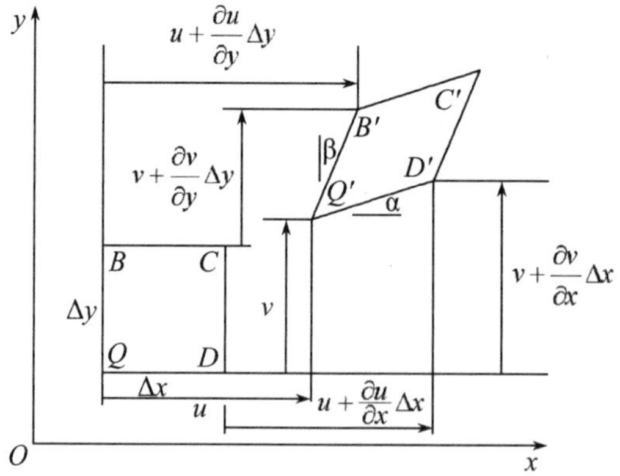

图 1-8　无限小矩阵单元的刚体弹性形变

如图 1-8 所示，假设点 Q 附近的微小单元 $QBCD$ 尺寸为 $\Delta x\Delta y\Delta z$，Q 点原始坐标为 (x, y, z)，在应力作用下，Q 点坐标变为 (u, v)。假如 Q 微小单元是刚体不发生旋转，则 BCD 坐标可以同时确定，但是对于弹性单元，单元将会旋转并改变几何形状。Q 点附近区域的变形可以用 x，y 的连续函数表示，$u=u(x,y)$，$v=v(x,y)$。

对 D 点连续位移函数进行泰勒展开：

$$\begin{aligned} u_D &= u+\frac{\partial u}{\partial x}\Delta x+\frac{1}{2}\frac{\partial^2 u}{\partial x^2}(\Delta x)^2+\cdots \\ v_D &= v+\frac{\partial v}{\partial x}\Delta x+\frac{1}{2}\frac{\partial^2 v}{\partial x^2}(\Delta x)^2+\cdots \end{aligned} \tag{1-49}$$

若 Δx 较小，可以忽略 $(\Delta x)^2$ 及更高阶项，

$$\begin{aligned} u_D &= u+\frac{\partial u}{\partial x}\Delta x \\ v_D &= v+\frac{\partial v}{\partial x}\Delta x \end{aligned} \tag{1-50}$$

同理，B 点偏移量为

$$\begin{aligned} u_B &= u+\frac{\partial u}{\partial y}\Delta y \\ v_B &= v+\frac{\partial v}{\partial y}\Delta y \end{aligned} \tag{1-51}$$

对于小变形理论，导数项较小。因此，$(\partial v/\partial x)\Delta x$ 相比于 $\Delta x+(\partial u/\partial x)\Delta x$ 较小，即 $Q'D'\approx\Delta x+(\partial u/\partial x)\Delta x$。$QD$ 的伸长率为

$$\varepsilon_x=\frac{Q'D'-QD}{QD}=\frac{[\Delta x+(\partial u/\partial x)\Delta x]-\Delta x}{\Delta x}=\frac{\partial u}{\partial x} \tag{1-52}$$

同理，在 y 轴 Q 点应变为 QB 伸长率，

$$\varepsilon_y=\frac{\partial v}{\partial y} \tag{1-53}$$

Q 点的应变为 $\angle BCD$ 的减少，$\gamma_{xy}=\alpha+\beta$

$$\begin{aligned} \tan\alpha &= \frac{(\partial v/\partial x)\Delta x}{\Delta x}=\frac{\partial v}{\partial x} \\ \tan\beta &= \frac{(\partial u/\partial y)\Delta y}{\Delta y}=\frac{\partial u}{\partial y} \end{aligned} \tag{1-54}$$

在小应变下，$\tan\alpha\approx\alpha$，$\tan\beta\approx\beta$，剪切应变为

$$\gamma_{xy}=\frac{\partial v}{\partial x}+\frac{\partial u}{\partial y} \tag{1-55}$$

Q 点刚体旋转 Θ_{xy} 可以表示为线段 QD 和 QB 的平均旋转。可以用 QD 和 QB 的角平分线求取，初始 $\angle BQD$ 相对于 x 轴的角平分线为 $\pi/4$，最终 $\angle B'Q'D'$ 的角平分线与 x 轴夹角为 $\alpha+\frac{1}{2}\left[\frac{\pi}{2}-(\alpha+\beta)\right]=\frac{\pi}{4}+\frac{1}{2}(\alpha-\beta)$。

刚体旋转角度为

$$\Theta_{xy}=\frac{1}{2}(\alpha+\beta)\approx\frac{1}{2}\left(\frac{\partial v}{\partial x}-\frac{\partial u}{\partial y}\right) \tag{1-56}$$

假设 Q 点在 z 轴的偏移为 w，

$$
\begin{aligned}
\varepsilon_z &= \frac{\partial w}{\partial z} \\
\gamma_{yz} &= \frac{\partial w}{\partial y} + \frac{\partial v}{\partial z} \\
\gamma_{zx} &= \frac{\partial u}{\partial z} + \frac{\partial w}{\partial x} \\
\Theta_{yz} &= \frac{1}{2}\left(\frac{\partial w}{\partial y} - \frac{\partial v}{\partial z}\right) \\
\Theta_{zx} &= \frac{1}{2}\left(\frac{\partial u}{\partial z} - \frac{\partial w}{\partial x}\right)
\end{aligned}
\tag{1-57}
$$

如果结构在 Z 轴上非常薄，应力场变为平面应力，$\sigma_z = \tau_{zx} = \tau_{yz} = 0$。若位移场 $u(x,y)$ 和 $v(x,y)$ 已知，可以利用式(1-52)至式(1-55)求平面应变，从而求取平面应力。

1.4.2 圆柱坐标系

通常，对于压力容器、圆环、弯曲梁等问题，采用圆柱坐标系更方便[2]。对于一微小单元位置为(r,θ)，深度为 Δz，Δr 和 $\Delta\theta$ 趋近于零，应变-应力关系为

$$
\begin{aligned}
\varepsilon_r &= \frac{1}{E}[\sigma_r - v(\sigma_\theta + \sigma_z)] \\
\varepsilon_\theta &= \frac{1}{E}[\sigma_\theta - v(\sigma_z + \sigma_r)] \\
\varepsilon_z &= \frac{1}{E}[\sigma_z - v(\sigma_r + \sigma_\theta)]
\end{aligned}
\tag{1-58}
$$

$$
\begin{aligned}
\gamma_{r\theta} &= \frac{2(1+v)}{E}\tau_{r\theta} \\
\gamma_{\theta z} &= \frac{2(1+v)}{E}\tau_{\theta z} \\
\gamma_{zr} &= \frac{2(1+v)}{E}\tau_{zr}
\end{aligned}
\tag{1-59}
$$

应变和位移的关系：

$$
\begin{aligned}
\varepsilon_r &= \frac{u_r + (\partial u_r/\partial r)\Delta r - u_r}{\Delta r} = \frac{\partial u_r}{\partial r} \\
\varepsilon_\theta &= \frac{(r+u_r)\Delta\theta - r\Delta\theta}{r\Delta\theta} + \frac{u_\theta + (\partial u_\theta/\partial\theta)\Delta\theta - u_\theta}{r\Delta\theta} = \frac{u_r}{r} + \frac{1}{r}\frac{\partial u_\theta}{\partial\theta}
\end{aligned}
\tag{1-60}
$$

切应变 $\gamma_{r\theta}$ 等于 $\alpha+\beta$，

$$
\begin{aligned}
\gamma_{r\theta} &= \frac{u_r + (\partial u_r/\partial\theta)\Delta\theta - u_r}{r\Delta\theta} + \frac{u_\theta + (\partial u_\theta/\partial r)\Delta r - u_\theta(r+\Delta r)/r}{\Delta r} \\
&= \frac{1}{r}\frac{\partial u_r}{\partial\theta} + \frac{\partial u_\theta}{\partial r} - \frac{u_\theta}{r}
\end{aligned}
\tag{1-61}
$$

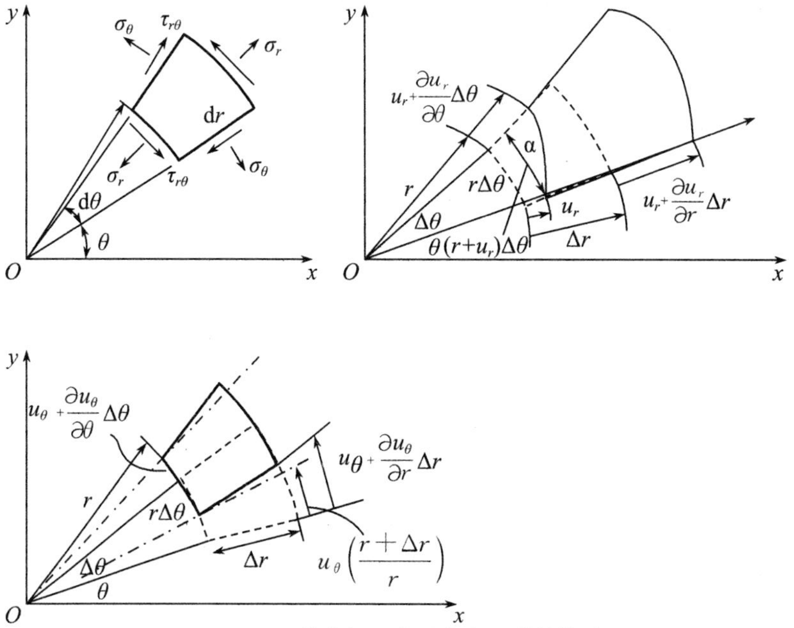

图 1-9　圆柱坐标系中的应力和弹性位移

对于单元的旋转，类似于矩形坐标系，取顺时针旋转量$\frac{1}{2}(\beta-\alpha)$，另外，由于轴向位移导致旋转，增加 u_θ/r。因此，

$$
\begin{aligned}
\Theta_{r\theta} &= \frac{1}{2}(\beta-\alpha)+\frac{u_\theta}{r} \\
&= \frac{1}{2}\left\{\left[\frac{u_\theta+(\partial u_\theta/\partial r)\Delta r-u_\theta\left(\frac{r+\Delta r}{r}\right)}{\Delta r}\right]-\frac{u_r+(\partial u_r/\partial_\theta)\Delta\theta-u_r}{r\Delta\theta}\right\}+\frac{u_\theta}{r} \\
&= \frac{1}{2}\left(\frac{\partial u_\theta}{\partial r}+\frac{u_\theta}{r}-\frac{1}{r}\frac{\partial u_r}{\partial\theta}\right)
\end{aligned}
\tag{1-62}
$$

在 θz 和 zr 平面，应变和旋转为

$$
\begin{aligned}
\partial_z &= \frac{\partial u_z}{\partial z} \\
\gamma_{\theta z} &= \frac{1}{r}\frac{\partial u_r}{\partial\theta}+\frac{\partial u_\theta}{\partial z} \\
\gamma_{zr} &= \frac{\partial u_r}{\partial z}+\frac{\partial u_z}{\partial r} \\
\Theta_{\theta z} &= \frac{1}{2}\left(\frac{1}{r}\frac{\partial u_z}{\partial\theta}-\frac{\partial u_\theta}{\partial z}\right) \\
\Theta_{zr} &= \frac{1}{2}\left(\frac{\partial u_r}{\partial z}-\frac{\partial u_z}{\partial r}\right)
\end{aligned}
\tag{1-63}
$$

对于轴对称问题,关于 θ 的变量变为 0,因此,相关公式简化为

$$\begin{aligned}
\varepsilon_r &= \frac{\partial u_r}{\partial r} \\
\varepsilon_\theta &= \frac{u_r}{r} \\
\varepsilon_z &= \frac{\partial u_z}{\partial z} \\
\gamma_{r\theta} &= 0 \\
\gamma_{\theta z} &= 0 \\
\gamma_{zr} &= \frac{\partial u_r}{\partial z} + \frac{\partial u_z}{\partial r} \\
\Theta_{r\theta} &= 0 \\
\Theta_{\theta z} &= 0 \\
\Theta_{zr} &= \frac{1}{2}\left(\frac{\partial u_r}{\partial z} - \frac{\partial u_z}{\partial r}\right)
\end{aligned} \tag{1-64}$$

1.5 矢量运算

1.5.1 矢量的散度

要理解散度,先要理解通量。通量简单来说,就是单位时间内通过的某个曲面的量。比如太阳表面的光通量,沿着太阳表面作一封闭曲面,箭头表示光的方向和大小,用矢量 $\boldsymbol{A}$ 表示。

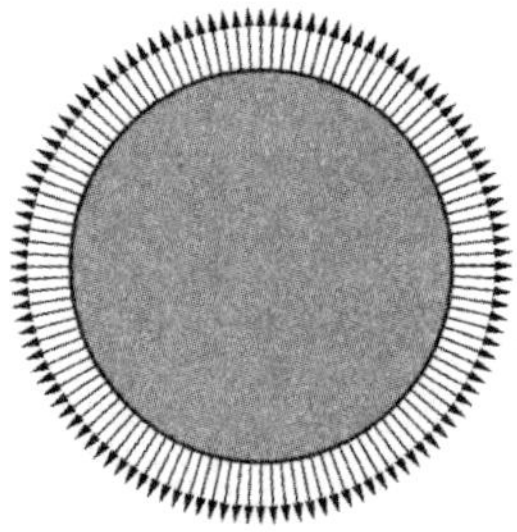

图 1-10 光通量

求光通量只需要关注 $\boldsymbol{A}$ 垂直于曲面的分量即可,通量为 $\iint\limits_{\Sigma} \boldsymbol{A} \cdot \boldsymbol{n} \mathrm{d}S$

散度就是通量密度,假设在向量场 $\boldsymbol{A}$ 中 M 点的散度

$$\operatorname{div} \boldsymbol{A}(M) = \lim_{\Omega \to M} \frac{1}{V} \oiint\limits_{\Sigma} \boldsymbol{A} \cdot \boldsymbol{n} \mathrm{d}S \tag{1-65}$$

其中,Ω 为封闭曲面 Σ 围成的区域,V 为 Ω 的体积。

定义:设闭合曲面 S 围着体积 ΔV,当 $\Delta V \to 0$ 时,矢量场 $\boldsymbol{F}(x,y,z)$ 对 S 的通量与 ΔV 之比的极限称为 $\boldsymbol{F}$ 的散度

$$\operatorname{div} \boldsymbol{F} = \lim_{\Delta V \to 0} \frac{\oint \boldsymbol{F} \cdot \mathrm{d}S}{\Delta V} \tag{1-66}$$

积分变换式为(三维积分转二维积分,高斯公式)

$$\oint_s \boldsymbol{F} \cdot \mathrm{d}S = \oint_v \mathrm{div}\ \boldsymbol{F}\ \mathrm{d}V \tag{1-67}$$

1.5.2 矢量的旋度

散度和通量的关系,与旋度和环流量类似。因此,先理解环流量。

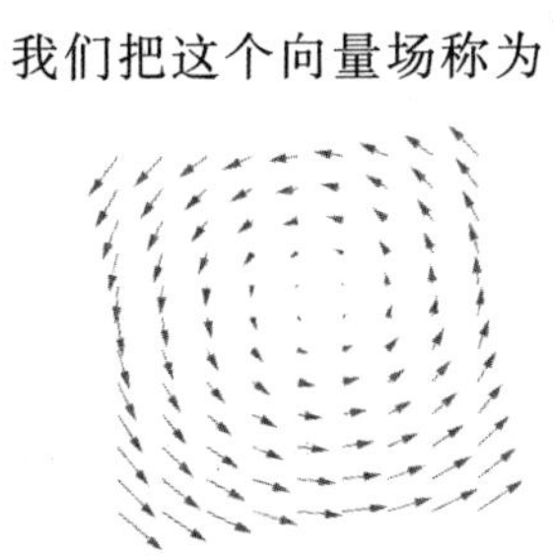

图 1-11　环流量

假设一汪湖水,其中箭头为水流方向,长短为水流力量大小,要计算一艘船在水流中受到的旋转力,可以把船丢到水中,船的轮廓曲线抽象为封闭曲线 Γ,垂直于曲线的力不会导致旋转,因此只考虑切线方向的分力。整个环流量为

$$\oint_\Gamma \vec{A} \cdot \vec{\tau}\,\mathrm{d}l \tag{1-68}$$

类似于通量,可以把各点环流量的强度加起来得到环流量。通过不断缩小封闭区域就可以得到环流量的强度,即旋度。

旋度的推导过程:

设向量场

$$f(x,y,z) = f_x(x,y,z)i + f_y(x,y,z)j + f_z(x,y,z)k \tag{1-69}$$

在 xOy 上取一小正方形

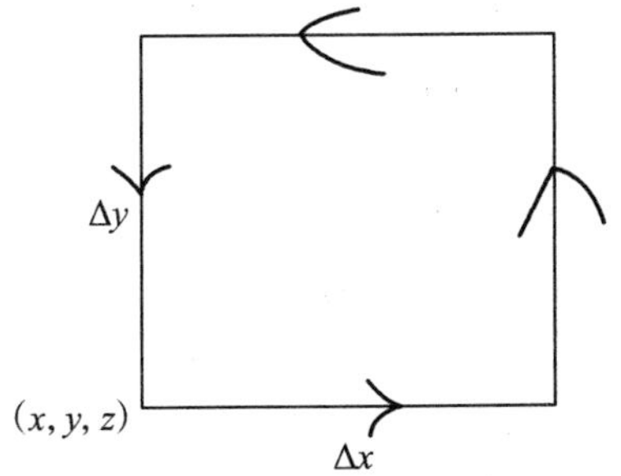

图 1-12　小正方形的环流量

$$\begin{aligned}&f(x,y,z)i\Delta x + f(x+\Delta x,y,z)j\Delta y - f(x,y+\Delta y,z)i\Delta x - f(x,y,z)j\Delta y\\&=[f_x(x,y,z) - f_x(x,y+\Delta y,z)]\Delta x + [f_y(x+\Delta x,y,z) - f_y(x,y,z)]\Delta y\\&=\frac{\partial f_y}{\partial x}\Delta x\Delta y - \frac{\partial f_x}{\partial y}\Delta x\Delta y\\&=\left(\frac{\partial f_y}{\partial x} - \frac{\partial f_x}{\partial y}\right)\Delta x\Delta y\end{aligned} \tag{1-70}$$

即可得出对应的旋度 $\left(\frac{\partial f_y}{\partial x}-\frac{\partial f_x}{\partial y}\right)k$，同理可求出另外两个旋度 $\left(\frac{\partial f_z}{\partial y}-\frac{\partial f_y}{\partial z}\right)i$ 和 $\left(\frac{\partial f_x}{\partial z}-\frac{\partial f_z}{\partial x}\right)j$，最后得出向量场 f 的旋度

$$\text{rot } f=\left(\frac{\partial f_z}{\partial y}-\frac{\partial f_y}{\partial z}\right)e_x+\left(\frac{\partial f_x}{\partial z}-\frac{\partial f_z}{\partial x}\right)e_y+\left(\frac{\partial f_y}{\partial x}-\frac{\partial f_x}{\partial y}\right)e_z$$

$$=\begin{vmatrix} e_x & e_y & e_z \\ \frac{\partial}{\partial x} & \frac{\partial}{\partial y} & \frac{\partial}{\partial z} \\ f_x & f_y & f_z \end{vmatrix} \tag{1-71}$$

设闭合曲线 L 围着面积 ΔS，当 $\Delta S\to 0$ 时，f 对 L 的环量与 ΔS 之比的极限称为 f 的旋度沿该面法线的分量，

$$(\text{rot } f)_n=\lim_{\Delta S\to 0}\frac{\oint f\cdot \mathrm{d}l}{\Delta S} \tag{1-72}$$

当 $\Delta S\to 0$ 时，式(1-72)可写为(斯托克斯公式)

$$\oint_L f\cdot \mathrm{d}l=\oint_S (\text{rot } f)_n\cdot \mathrm{d}S \tag{1-73}$$

1.5.3 标量场的梯度

设沿线元 $\mathrm{d}l$ 上，标量场 $\varphi(x,y,z)$ 的数值改变 $\mathrm{d}\varphi$，$\mathrm{d}\varphi/\mathrm{d}l$ 称为 φ 的梯度沿 $\mathrm{d}l$ 方向的分量，即

$$(\text{grad } \varphi)_l=\frac{\mathrm{d}\varphi}{\mathrm{d}l} \tag{1-74}$$

也可写为

$$\mathrm{d}\varphi=(\text{grad } \varphi)_l\cdot \mathrm{d}l \tag{1-75}$$

直角坐标系中散度、旋度和梯度的表示式

$$\text{div } f=\frac{\partial f_x}{\partial x}+\frac{\partial f_y}{\partial y}+\frac{\partial f_z}{\partial_z}$$

$$\text{rot } f=\left(\frac{\partial f_z}{\partial y}-\frac{\partial f_y}{\partial z}\right)e_x+\left(\frac{\partial f_x}{\partial z}-\frac{\partial f_z}{\partial x}\right)e_y+\left(\frac{\partial f_y}{\partial x}-\frac{\partial f_x}{\partial y}\right)e_z$$

$$=\begin{vmatrix} e_x & e_y & e_z \\ \frac{\partial}{\partial x} & \frac{\partial}{\partial y} & \frac{\partial}{\partial z} \\ f_x & f_y & f_z \end{vmatrix} \tag{1-76}$$

$$\text{grad } \varphi=\frac{\partial\varphi}{\partial x}e_x+\frac{\partial\varphi}{\partial y}e_y+\frac{\partial\varphi}{\partial z}e_z$$

其中，e_x，e_y，e_z 是直角坐标系中的三个单位矢量。

1.5.4 相关理解

在直角坐标系中▽算符定义为

$$\nabla = e_x \frac{\partial}{\partial x} + e_y \frac{\partial}{\partial y} + e_z \frac{\partial}{\partial z} \tag{1-77}$$

利用▽算符，把散度、旋度和梯度表示为（理解向量·乘＝标量，投影大小；向量×乘＝旋度矢量，面法线方向）

$$\begin{aligned} &\text{div } f = \nabla \cdot f \\ &\text{rot } f = \nabla \times f \\ &\text{grad } \varphi = \nabla f \end{aligned} \tag{1-78}$$

通量是单位时间内通过某曲面的量，散度是通量强度。散度就是有源程度，从物理的角度解释：散度就是点电荷的电量密度，可以通过对电量密度的体积分求电通量，反之亦然；散度，可以理解为场源性质（比如电场的散度就是电场的场源，场源是电荷。相比，磁场是没有源的，磁场线闭合，所以磁场散度始终为0）。

环流量是单位时间内环绕某个曲线的量，旋度是环流量强度。旋度就是对整体旋转的贡献，从物理的角度解释：旋度就是导线的电流密度，可以通过对电流密度面积分求围绕导线一圈的磁场强度的闭合环路积分，反之亦然。同时旋度方向可理解为导线的电流方向。旋度描述的是偏转性质。静电场电场线是直线，不偏转，所以此时电场旋度为0。

标量场的梯度必为无旋场$\nabla \times \nabla \varphi \equiv 0$。

矢量场的旋度必为无源场$\nabla \cdot \nabla \times \varphi \equiv 0$。

无旋场必可表示为标量场的梯度。若$\nabla \times f = 0$，则$f = \nabla \varphi$。

无源场必可表示为另一矢量的旋度。若$\nabla \cdot f = 0$，则$f = \nabla \times A$。

1.6 希尔伯特变换

1.6.1 希尔伯特变换的定义

希尔伯特变换[3]是以数学家大卫·希尔波特来命名的。一个实值信信号$x(t)$的希尔伯特变换可以记作$\hat{x}(t)$，或者$H[x(t)]$

$$\hat{x}(t) = H[x(t)] = \frac{1}{\pi} \int_{-\infty}^{\infty} \frac{x(\tau)}{t-\tau} d\tau \tag{1-79}$$

其反变换可以写为

$$x(t) = H^{-1}[\hat{x}(t)] = -\frac{1}{\pi} \int_{-\infty}^{\infty} \frac{\hat{x}(\tau)}{t-\tau} d\tau \tag{1-80}$$

与卷积的概念进行相比，实际上信号的希尔伯特变换就可以看成信号与$1/\pi t$的卷积的结果，用来卷积的信号为$h(t)=1/\pi t$，此时变换可以写为

$$\hat{x}(t) = x(t) * h(t) = x(t) * \frac{1}{\pi t} \tag{1-81}$$

1.6.2 离散信号的希尔伯特变换

对于离散信号 $x(n)$，其希尔伯特变换的定义为

$$\hat{x}(n)=H[x(n)]=\frac{2}{\pi}\sum_{m=-\infty}^{+\infty}\frac{x(n-2m-1)}{(2m+1)} \tag{1-82}$$

其也可以写成卷积的形式

$$\hat{x}(n)=x(n)*h(n) \tag{1-83}$$

此时卷积的信号可以写为

$$h(n)=\frac{1-(-1)^n}{\pi n} \tag{1-84}$$

1.6.3 希尔伯特变换求包络

假设一个典型的窄带信号表示为

$$x(t)=A(t)\cos[\omega_0 t+\Phi(t)] \tag{1-85}$$

如果使用 $x(t)$ 作为实部，将它的希尔伯特变换 $\hat{x}(t)$ 作为虚部，则可以构成解析信号

$$z(t)=x(t)+j\hat{x}(t) \tag{1-86}$$

根据希尔伯特变换的性质，其实际上是一个 90°的理想移相器。余弦函数的希尔伯特变换为

$$H[\cos\omega_0 t]=\frac{1}{\pi}\int_{-\infty}^{\infty}\frac{\cos\omega_0\tau}{t-\tau}\mathrm{d}\tau=\sin\omega_0 t \tag{1-87}$$

因此，由希尔伯特变换可以得出实数信号的包络等信息，瞬时振幅可以写为

$$e(t)=|z(t)|=\sqrt{x^2(t)+\hat{x}^2(t)} \tag{1-88}$$

1.7 时频域变换

1.7.1 傅里叶变换

傅里叶(Fourier)于 1807 年在法国科学学会上发表了一篇论文，运用正弦曲线来描述温度分布，论文里有个在当时具有争议性的决断：任何连续周期信号可以由一组适当的正弦曲线组合而成。为什么要用正弦曲线来代替原来的曲线呢？其实也可以用方波或三角波来代替，分解信号的方法是无穷的，但分解信号的目的是更加简单地处理原来的信号。用正余弦来表示原信号会更加简单，因为正余弦拥有原信号所不具有的性质：正弦曲线保真度。一个正弦曲线信号输入后，输出的仍是正弦曲线，只有幅度和相位可能发生变化，但是频率和波的形状仍是一样的。

傅里叶变换的本质是时域的周期性连续信号可以在频域上表示为不同频率和幅度的正弦波的叠加，比如多个正弦波叠加成为一个方波。如图 1-13 所示，图(a)是 1 个正弦波；图(b)是 2 个正弦波的叠加；图(c)是 3 个正弦波的叠加，叠加的正弦波越多越像方波。

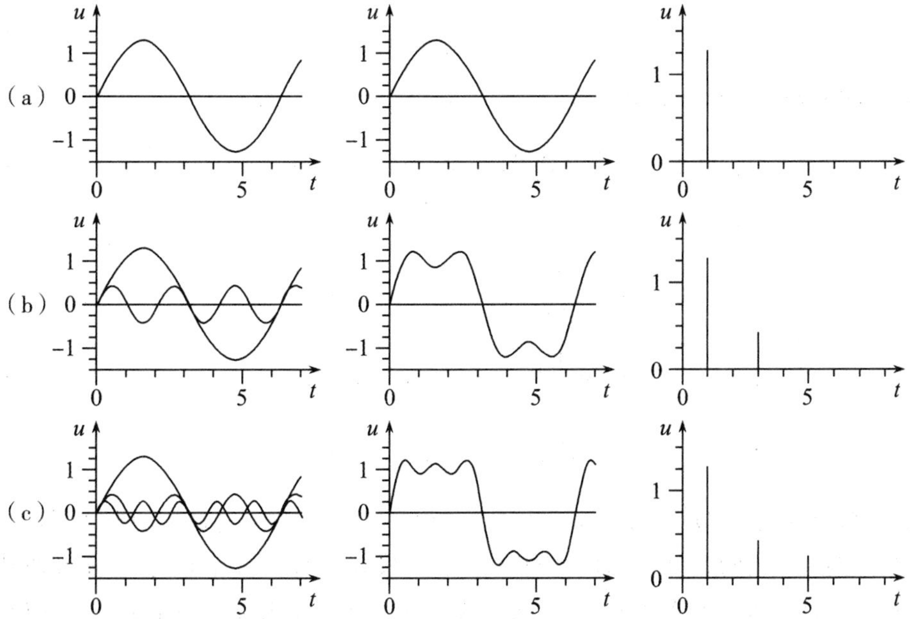

图 1-13　不同数量正弦波叠加后的效果

一般情况下，若"傅里叶变换"一词不加任何限定语，则指的是"连续傅里叶变换"。连续傅里叶变换将平方可积的函数 $f(t)$ 表示成复指数函数的积分或级数形式。

$$F(\omega)=F[f(t)]=\int_{-\infty}^{\infty}f(t)\mathrm{e}^{-i\omega t}\mathrm{d}t \tag{1-89}$$

这是将频率域的函数 $F(\omega)$ 表示为时间域的函数 $f(t)$ 的积分形式。连续傅里叶变换的逆变换为：

$$f(t)=F^{-1}[F(\omega)]=\frac{1}{2\pi}\int_{-\infty}^{\infty}F(\omega)\mathrm{e}^{i\omega t}\mathrm{d}\omega \tag{1-90}$$

即将时间域的函数 $f(t)$ 表示为频率域的函数 $F(\omega)$ 的积分。一般可称函数 $f(t)$ 为原函数，而称函数 $F(\omega)$ 为傅里叶变换的象函数，原函数和象函数构成一个傅里叶变换对。

在通信或是信号处理方面，常以 $f=\dfrac{\omega}{2\pi}$ 来代换，而形成新的变换对：

$$\begin{aligned}X(f)&=F[x(t)]=\int_{-\infty}^{\infty}x(t)\mathrm{e}^{-i2\pi ft}\mathrm{d}t\\X(f)&=F^{-1}[X(f)]=\int_{-\infty}^{\infty}X(f)\mathrm{e}^{i2\pi ft}\mathrm{d}f\end{aligned} \tag{1-91}$$

或者是因系数重分配而得到新的变换对：

$$\begin{aligned}F(\omega)&=F[f(t)]=\int_{-\infty}^{\infty}f(t)\mathrm{e}^{-i\omega t}\mathrm{d}t\\f(t)&=F^{-1}[F(\omega)]=\frac{1}{2\pi}\int_{-\infty}^{\infty}F(\omega)\mathrm{e}^{i\omega t}\mathrm{d}\omega\end{aligned} \tag{1-92}$$

连续形式的傅里叶变换其实是傅里叶级数 (Fourier series)的推广，因为积分其实是一种极限形式的求和算子而已[4]。对于周期函数，其傅里叶级数是存在的：

$$f(x)=\sum_{n=-\infty}^{\infty} F_n \mathrm{e}^{inx} \tag{1-93}$$

其中，F_n 为复幅度。对于实值函数，函数的傅里叶级数可以写成

$$f(x)=\frac{a_0}{2}+\sum_{n-1}^{\infty}[a_n\cos(nx)+b_n\sin(nx)] \tag{1-94}$$

式中，

$$\begin{aligned} a_0 &= \frac{1}{2\pi}\int_{-\pi}^{\pi} f(t)\mathrm{d}t \\ a_n &= \frac{1}{\pi}\int_{-\pi}^{\pi} f(t) * \cos(n\omega t)\mathrm{d}t \\ b_n &= \frac{1}{\pi}\int_{-\pi}^{\pi} f(t) * \sin(n\omega t)\mathrm{d}t \end{aligned} \tag{1-95}$$

离散傅里叶变换(DFT)是连续傅里叶变换在时域和频域上都离散的形式，将时域信号的采样变换为在离散时间傅里叶变换(DTFT)频域的采样。在形式上，变换两端(时域和频域上)的序列是有限长的，而实际上这两组序列都应当被认为是离散周期信号的主值序列。即使对有限长的离散信号作 DFT，也应当将其看作经过周期延拓成为周期信号再作变换。在实际应用中通常采用快速傅里叶变换以高效计算 DFT。

为了在科学计算和数字信号处理等领域使用计算机进行傅里叶变换，必须将函数 x_n 定义在离散点而非连续域内，且须满足有限性或周期性条件。这种情况下，使用离散傅里叶变换(DFT)，将函数 x_n 表示为下面的求和形式：

$$x_n=\sum_{k=0}^{N-1} X_k \mathrm{e}^{i\frac{2\pi}{N}kn} \quad n=0,\cdots,N-1 \tag{1-96}$$

式中，X_k 是傅里叶幅度。直接使用这个公式计算的计算复杂度为 $O(n*n)$，而快速傅里叶变换(FFT)可以将复杂度改进为 $O(n*\lg n)$。计算复杂度的降低以及数字电路计算能力的发展使得 DFT 成为在信号处理领域十分实用且重要的方法。傅里叶原理表明：任何连续测量的时序或信号，都可以表示为不同频率的正弦波信号的无限叠加。而根据该原理创立的傅立叶变换算法利用直接测量到的原始信号，以累加方式来计算该信号中不同正弦波信号的频率、振幅和相位。

1.7.2 短时傅里叶变换

短时傅里叶变换(STFT，short-time Fourier transform，或 short-term Fourier transform)是和傅里叶变换相关的一种数学变换[5]，用以确定时变信号其局部区域正弦波的频率与相位。它的思想是：选择一个时频局部化的窗函数，假定分析窗函数 $g(t)$ 在一个短时间间隔内是平稳(伪平稳)的，移动窗函数，使 $f(t)g(t)$ 在不同的有限时间宽度内是平稳信号，从而计算出各个不同时刻的功率谱。短时傅里叶变换使用一个固定的窗函数，窗函数一旦确定了以后，其形状就不再发生改变，短时傅里叶变换的分辨率也就确定了。如果要改变分辨率，则需要重新选择窗函数。短时傅里叶变换用来分析分段平稳

信号或者近似平稳信号犹可,但是对于非平稳信号,当信号变化剧烈时,要求窗函数有较高的时间分辨率;而波形变化比较平缓时,主要是低频信号,则要求窗函数有较高的频率分辨率。短时傅里叶变换不能兼顾频率与时间分辨率的需求。短时傅里叶变换窗函数受到 W. Heisenberg 不确定准则的限制[6],时频窗的面积不小于 2。这也就从另一个侧面说明了短时傅里叶变换窗函数的时间与频率分辨率不能同时达到最优。

短时傅里叶变换具体实现则是通过在傅立叶变换中,使用时间窗口函数 $g(t-b)$ 与源信号 $f(t)$ 相乘,实现在 b 附近的加窗口和平移,然后进行傅立叶变换。

$$Gf(a,b)=\int f(t)g(t-b)\mathrm{e}^{-ita}\,\mathrm{d}t \tag{1-97}$$

$Gf(a,b)$ 为 $f(t)$ 在窗口函数 g 下的短时傅里叶变换。其中,参数 b 用于平行移动窗口,以便于覆盖整个时域。对参数 b 积分,则有:

$$\int_{-\infty}^{+\infty} Gf(a,b)\,\mathrm{d}b=f(\omega) \tag{1-98}$$

信号的重构表达式为

$$f(t)=\frac{1}{2\pi}\int_{-\infty}^{+\infty}\mathrm{d}\omega\int_{-\infty}^{+\infty}\mathrm{e}^{it\omega}g(t-b)Gf(a,b)\,\mathrm{d}b \tag{1-99}$$

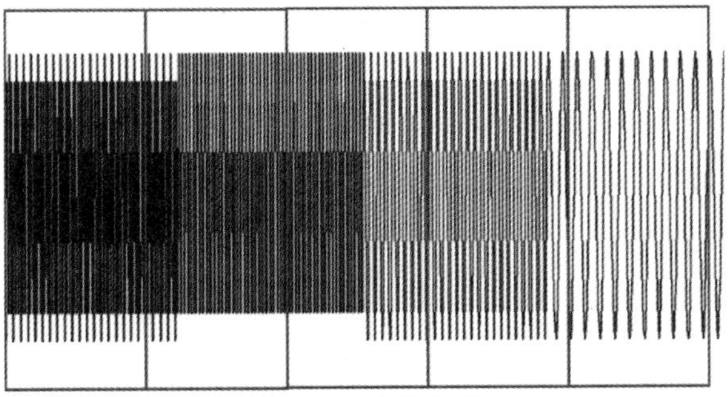

图 1-14　信号加窗

短时傅里叶变换在一定程度上解决了局部分析的问题,但对于突变信号和非平稳信号仍难以得到满意的结果,即短时傅里叶变换仍存在着较严重的缺陷。

(1) 短时傅里叶变换的时频窗口大小、形状不变,只有位置变化,而实际应用中常常希望时频窗口的大小、形状要随频率的变化而变化,因为信号的频率与周期成反比,对高频部分希望能给出相对较窄的时间窗口,以提高分辨率,在低频部分则希望能给出相对较宽的时间窗口,以保证信息的完整性,总之是希望能给出能够调节的时频窗。

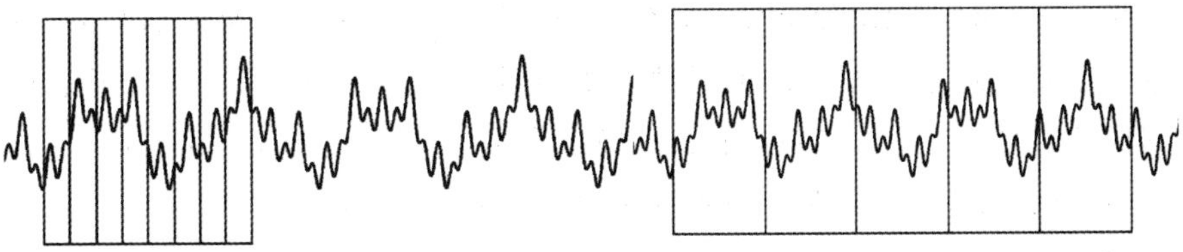

图 1-15　不同窗口大小

(2) 短时傅里叶变换基函数不能成为正交系,因此为了不丢失信息,在信号分析或数值计算时必须采用非正交的冗余基,这就增加了不必要的计算量和存储量。

1.7.3 小波变换

为了解决短时傅里叶变换的局限性,小波变换诞生了。小波变换更换了傅里叶变换的基,将无限长的三角函数基换成了有限长的会衰减的小波基[7]。它的能量有限,都集中在某一点附近,而且积分的值为零。以下是几种常用的小波基函数:

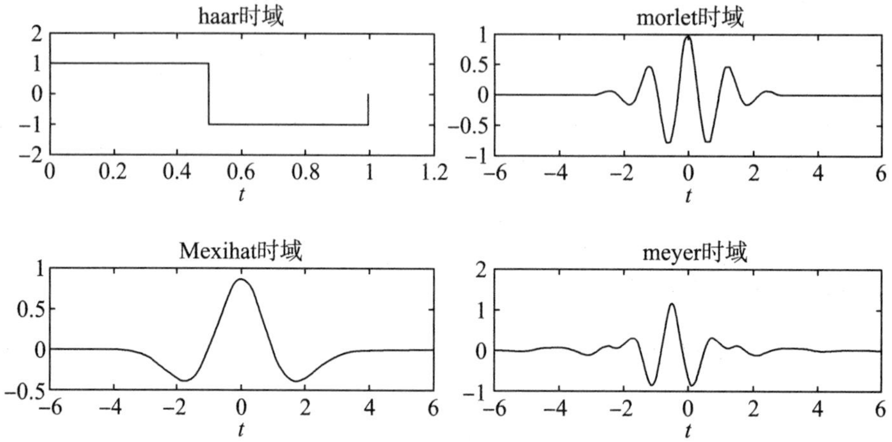

图 1-16　不同的小波基函数

傅里叶变换,变量只有 ω,而小波变换则有尺度因子 a 和平移因子 b,尺度因子对应于频率,平移因子对应于时间,所以小波变换可以用于时频分析,得到信号的时频谱。下面是小波函数的一般形式。

$$\psi_{a,b}(x)=\psi_a(x-b)=a^{-1/2}\overline{\psi(\frac{t-b}{a})} \tag{1-100}$$

它们是由同一母函数 $\psi(t)$经伸缩和平移后得到的一组函数系列。对信号 $s(t)$进行连续小波变换(CWT)[8],得到小波系数,定义为

$$W_{s(a,b)}=\langle f(t),\psi_{a,b}(t)\rangle=\int s(t)a^{-1/2}\overline{\psi(\frac{t-b}{a})}\mathrm{d}t \tag{1-101}$$

式中,$a^{-1/2}$ 为归一化常数,用来保证变换过程中的能量守恒;a 为尺度因子,又称伸缩因子;b 为平移因子;$\psi(x)$为适当选择的母小波。

连续小波变换 $W_{s(a,b)}$是 $f(t)$在小波函数 $\psi_{a,b}(t)$上的"投影",它将单变元信号 $f(t)$转换到时频空间上的二元函数 $W_{s(a,b)}$,将 $f(t)$的每一个瞬时分量映射到时频平面上的相应位置。小波变换能刻画 $f(t)$的局部性质,有效检测突变信号,确定奇异点位置,检测提取图像的边缘等。小波函数具有窗函数的作用,它的尺度因子和平移因子的变化互不相关,更具有灵活性。这就是小波被称为数学显微镜的原因。

1.7.4 同步压缩小波变换

同步压缩小波变换(SST)[9]算法是基于连续小波变换发展起来的一种时间与频率

重分配的方法。该算法是通过将小波变换后的时间-尺度平面向时间-频率平面进行重新分配,从而获得分辨率较高的时频分布。对于一些非线性信号函数,该算法仍能够精确求得信号的瞬时频率。同步压缩小波变换可以较好地改善信号中频率混叠现象,能够较好地将信号中不同的频率成分逐一提取出来。同步压缩小波变换在检测裂纹声发射信号(如焊接裂纹声发射信号)中有一定应用[10]。

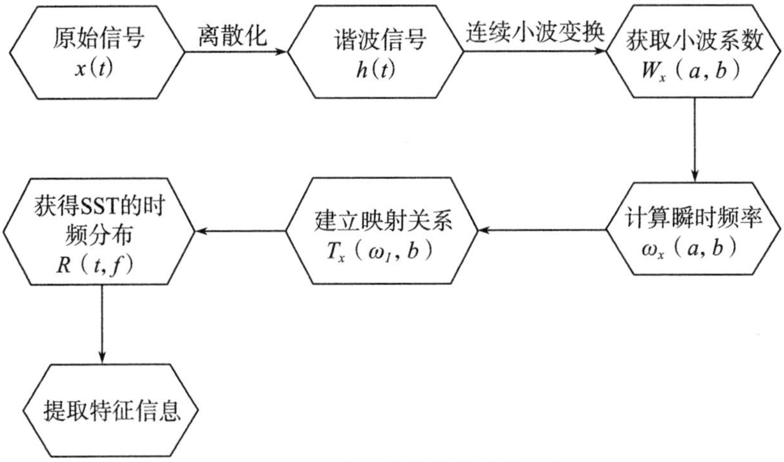

图 1-17　同步压缩小波变换算法实现流程图

对信号 $y(t)$ 进行连续小波变换,定义为

$$W_y(a,b;\psi)=\int_{-\infty}^{\infty} y(t)\psi_{a,b}(t)\mathrm{d}t \quad a>0 \tag{1-102}$$

式中,函数族 $\psi_{a,b}(t)$ 由基本小波函数 $\psi(t)$ 通过平移和伸缩产生

$$\psi_{a,b}(t)=\frac{1}{\sqrt{a}}\psi\left(\frac{t-b}{a}\right) \quad a,b\in R \tag{1-103}$$

其中,a 为尺度参数,又称尺度因子(伸缩因子),b 为定位参数,又称时间平移因子;$1/a$ 为归一化常数,用来保证变换过程中的能量守恒。

利用小波变换得到的小波系数 $W_y(a,b;\psi)$,求取瞬时频率 $\omega_y(a,b)$,定义

$$\omega_y(a,b)=\frac{-i}{2\pi W_y(a,b;\psi)}\frac{\delta W_y(a,b;\psi)}{\delta b} \tag{1-104}$$

经过式(1-104)计算,可将时间-尺度平面 (b,a) 转换到时间-频率平面 $(b,\omega_y(a,b))$。此时可将任意频率 ω_l 周围区间的值压缩到 ω_l 上,即可获得同步压缩的值 $T_y(\omega_l,b)$,从而达到提高时频分辨率的目的。同步压缩变换可表示

$$T_y(\omega_l,b)=\frac{1}{\Delta\omega}\sum_{a_k:\omega_y(a,b)-\omega_l\leqslant\frac{\Delta\omega}{2}} W_y(a,b;\psi)a_k^{-3/2}\Delta a_k \tag{1-105}$$

式中,a_k 为离散的尺度;k 为尺度个数。同步压缩小波变换是可逆的。其逆变换(ISWT)可表示为

$$y(t)=2Re\left[\frac{1}{C_{\varphi}}\sum_{l}T_{y}(\omega_{l},b)\Delta\omega\right]$$

$$C_{\varphi}=\int_{0}^{\infty}\frac{\psi^{*}(\xi)}{\xi}\mathrm{d}\xi \tag{1-106}$$

式中，C_{φ} 取有限值；$\psi^{*}(\xi)$为基本 dξ 小波函数共轭傅里叶变换。

第 2 章　Lamb 波方程与特性

2.1　引言

声波在薄板件中以 Lamb 波形态传播，因此，可以根据弹性波理论和 Lamb 波理论对超声导波的传播特性进行分析。

2.2　弹性波理论

由于固体材料具有弹性特性，当物质质点离开平衡位置时，周围质点的作用会使得这些离开平衡位置的质点恢复平衡位置，同时也离开平衡位置，即会引起周围颗粒的振动和应变。这种通过质点振荡的方式进行传播的波，称为是弹性波。这些质点振荡可产生 4 种模式的波：纵向波、剪切（横向）波、面波和薄材料中的板波。

当结构中的质点的振动方向垂直于波的传播方向，此时波称为横波，横波又分为水平剪切波和垂直剪切波。相反地，当结构中质点的振动方向平行于波的传播方向时，此时波称为纵波。在板厚度和激励波长数量级相当时，波导中有横波和纵波耦合成的板波称作是 Lamb 波[11]。

因为 Lamb 波是发生在自由板中的平面应变，如果只考虑厚度方向（y 方向）和波的传播方向（x 方向）的位移的话，在 x 轴向位移对应于纵向波和在 y 轴向位移对应垂直剪切波。如果考虑 z 轴向的位移时，在这个方向产生的波被称为是水平剪切波。类似于垂直剪切波，水平剪切波传播方向垂直于纵向波。图 2-1 描述了纵向波和横向波粒子的运动。

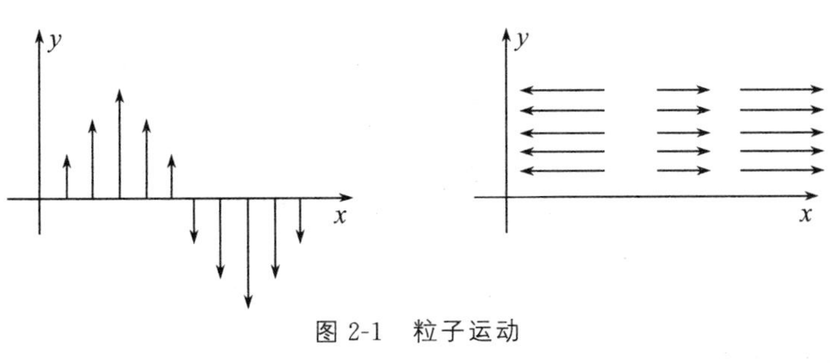

图 2-1　粒子运动

波的传播依赖于传播介质的密度和弹性性能，纵波的波速 C_L 依赖于材料的杨氏模量，横波的波速 C_T 依赖于材料的剪切模量。

$$C_L=\sqrt{\frac{E}{\rho}}$$
$$C_T=\sqrt{\frac{G}{\rho}} \tag{2-1}$$

在各向同性自由板中各方向上的模数相同，杨氏模量和剪切模量可以用拉梅常量（λ和μ）替代，波速的表达式可以表示为

$$C_L=\sqrt{\frac{E}{\rho}}=\sqrt{\frac{\lambda+2\mu}{\rho}}$$
$$C_T=\sqrt{\frac{G}{\rho}}=\sqrt{\frac{\mu}{\rho}} \tag{2-2}$$
$$M=\frac{E(1-v)}{(1-v-2v^2)}$$

其中，v表示泊松比。拉梅常数与杨氏模量和泊松比的关系为

$$\mu=G=\frac{E}{2(1+v)}$$
$$\lambda=\frac{Ev}{(1+v)(1-2v)} \tag{2-3}$$

横波和纵波的波速仅与材料属性相关，而 Lamb 波作为超声导波具有多模态和频散的特性，传播速度与横波、纵波有本质区别。

金属材料是各向同性的线弹性材料，金属板结构是各向同性线弹性板结构，因此对于金属板中传播的 Lamb 波动力学分析，可以应用经典弹性力学分析方法。在金属材料弹性体内任意点取一个如图 2-2 所示单元体，可以写出其在外力作用下的物理方程、几何方程和平衡微分方程。图中仅标出了 x 方向的应力分量情况，各应力分量的变化量以坐标原点为基准，其他方向类似。

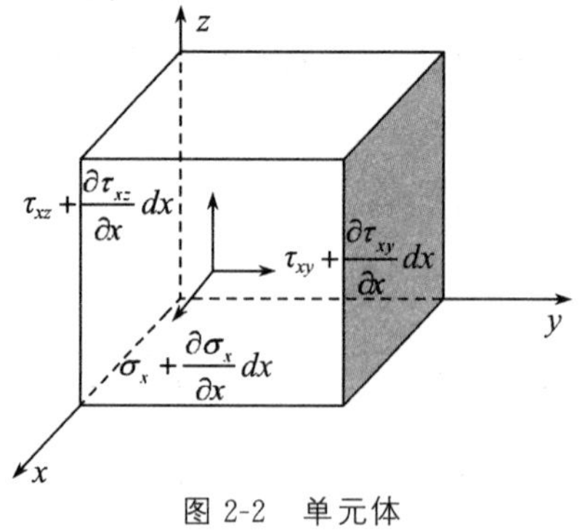

图 2-2　单元体

2.2.1 平衡微分方程

根据各方向力矩平衡原理可以得到：$\tau_{ij}=\tau_{ji}(i,j=x,y,z)$

由各方向的力平衡条件 $\sum F_i=0(i=x,y,z)$ 略去二阶及二阶以上的微分量，可求得：

$$\begin{aligned}
&\frac{\partial\sigma_x}{\partial x}+\frac{\partial\tau_{yx}}{\partial y}+\frac{\partial\tau_{zx}}{\partial z}+f_x=\rho\frac{\partial^2 u}{\partial t^2}\\
&\frac{\partial\tau_{xy}}{\partial x}+\frac{\partial\sigma_y}{\partial y}+\frac{\partial\tau_{zy}}{\partial z}+f_y=\rho\frac{\partial^2 v}{\partial t^2}\\
&\frac{\partial\tau_{xz}}{\partial x}+\frac{\partial\tau_{yz}}{\partial y}+\frac{\partial\sigma_z}{\partial z}+f_z=\rho\frac{\partial^2 w}{\partial t^2}
\end{aligned}\tag{2-4}$$

其中，σ 为正应力，τ 为剪切应力，f 为体力，ρ 为材料密度，方程右边表示静力不平衡存在运动加速度时的运动平衡方程。上式可简化成张量形式：

$$\sigma_{ji,j}+f_i=\rho\frac{\partial^2 u_i}{\partial t^2},i,j=x,y,z\tag{2-5}$$

2.2.2 几何方程

弹性力学中的几何方程是物体变形过程中位移和应变的关系，以 xOy 平面为例分析位移和应变的关系，弹性体内任一 P 点且沿任意方向的线元可以视为是 x 方向和 y 方向线元的合成，弹性体变形前位于 P,A,B 三点，在弹性体变形后移到了点 P',A',B'，如图 2-3 所示。

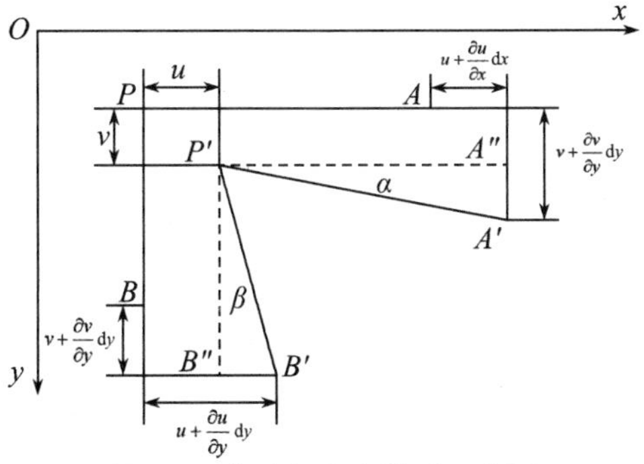

图 2-3 位移与应变关系示意图

P,A,B 三点的位置坐标分别为

$$\sigma_{ji,j}+f\sigma_{ji,j}+f_i=\rho\frac{\partial^2 u_i}{\partial t^2},i,j=x,y,z\tag{2-6}$$

在小变形条件下，正应变 $\varepsilon_x,\varepsilon_y$ 及转角 α,β 分别为

$$\begin{aligned}
&\varepsilon_x=\frac{\left(u+\dfrac{\partial u}{\partial x}\mathrm{d}x\right)-u}{\mathrm{d}x}=\frac{\partial u}{\partial x}\\
&\varepsilon_y=\frac{\left(v+\dfrac{\partial v}{\partial y}\mathrm{d}y\right)-v}{\mathrm{d}y}=\frac{\partial v}{\partial y}\\
&\alpha=\frac{\left(v+\dfrac{\partial v}{\partial x}\mathrm{d}x\right)-v}{\mathrm{d}x}=\frac{\partial v}{\partial y}\\
&\beta=\frac{\left(u+\dfrac{\partial u}{\partial y}\mathrm{d}y\right)-u}{\mathrm{d}y}=\frac{\partial u}{\partial x}
\end{aligned}\tag{2-7}$$

线元 PA 及 PB 间直角的改变，即剪应变 γ_{xy} 为

$$\gamma_{xy}=\alpha+\beta=\frac{\left(v+\frac{\partial v}{\partial x}dx\right)-v}{dx}+\frac{\left(u+\frac{\partial u}{\partial y}dy\right)-u}{dy}=\frac{\partial v}{\partial x}+\frac{\partial u}{\partial y} \tag{2-8}$$

其中，ε 为正应变，γ 为剪切应变，u、v 分别为 x、y 方向上的位移分量，z 方向上的位移分量为 w。

其他方向上的几何方程可同理得出，最终的方程组如下：

$$\begin{aligned}
\varepsilon_x&=\frac{\partial u}{\partial x},\gamma_{xy}=\gamma_{yx}=\frac{\partial u}{\partial y}+\frac{\partial v}{\partial x}\\
\varepsilon_y&=\frac{\partial v}{\partial y},\gamma_{yz}=\gamma_{zy}=\frac{\partial v}{\partial z}+\frac{\partial w}{\partial y}\\
\varepsilon_z&=\frac{\partial w}{\partial z},\gamma_{zx}=\gamma_{xz}=\frac{\partial w}{\partial x}+\frac{\partial u}{\partial z}
\end{aligned} \tag{2-9}$$

在张量分析中，为方便常引入半剪切应变作为应变张量分量，

$$\varepsilon_{ij}=\frac{1}{2}\gamma_{ij}(i,j=x,y,z;i\neq j) \tag{2-10}$$

正应变记为

$$\varepsilon_{ij}=\varepsilon_{ji}(i=j) \tag{2-11}$$

几何方程可简化为

$$\varepsilon_{ij}=\frac{1}{2}(u_{i,j}+u_{j,i}) \tag{2-12}$$

式中，$u_{i,j}$ 表示 i 方向的位移，在 j 方向的微分。

2.2.3 物理方程

各向同性线弹性体中的物理方程，通常有两种表述方式，即以应力为自变量、应变为因变量的 Hooke 公式，和以应变为自变量、以应力为因变量的 Lamé 公式。

(1) 应变-应力公式(Hooke 公式)。

在理想弹性体中，应变分量和应力分量之间的关系可以根据胡克定律导出：

$$\begin{aligned}
\varepsilon_x&=\frac{1}{E}[\sigma_x-v(\sigma_y+\sigma_z)]\\
\varepsilon_y&=\frac{1}{E}[\sigma_y-v(\sigma_z+\sigma_x)]\\
\varepsilon_z&=\frac{1}{E}[\sigma_z-v(\sigma_x+\sigma_y)]\\
\gamma_{yz}&=\frac{1}{G}\tau_{yz},\gamma_{zx}=\frac{1}{G}\tau_{zx},\gamma_{xy}=\frac{1}{G}\tau_{xy}
\end{aligned} \tag{2-13}$$

其中，$G=\frac{E}{2(1+v)}$ 为剪切模量，σ 为正应力，ε 为正应变，τ 为剪切应力，γ 为剪切应变，v 为泊松比，E 为杨氏模量。以张量形式简化为

$$\varepsilon_{ij}=\frac{1+v}{E}\sigma_{ij}-\frac{v}{E}\sigma_{kk}\delta_{ij} \tag{2-14}$$

其中，δ_{ij} 为 Kronecher 张量，$\delta_{ij}=\begin{cases}1 & i=j\\ 0 & i\neq j\end{cases}$

（2）应力-应变公式（Lamé 公式）。

将式(2-9)的前三式相加可得：

$$(\varepsilon_x+\varepsilon_y+\varepsilon_z)=\frac{1}{E}[1-2v(\sigma_x+\sigma_y+\sigma_z)] \tag{2-15}$$

则：

$$\sigma_{kk}=(\sigma_x+\sigma_y+\sigma_z)=\frac{E}{1-2v}(\varepsilon_x+\varepsilon_y+\varepsilon_z)=\frac{E}{1-2v}\varepsilon_{kk} \tag{2-16}$$

利用式(2-16)求解式(2-14)，可得到：

$$\begin{aligned}\sigma_{ij}&=\frac{E}{1+v}\varepsilon_{ij}+\frac{v}{1+v}\sigma_{kk}\delta_{ij}\\&=\frac{E}{1+v}\varepsilon_{ij}+\frac{v}{1+v}\frac{E}{1-2v}\varepsilon_{kk}\delta_{ij}\\&=2\mu\varepsilon_{ij}+\lambda\varepsilon_{kk}\delta_{ij}\end{aligned} \tag{2-17}$$

其中，$\mu=G=\frac{E}{2(1+v)}$，$\lambda=\frac{vE}{(1-2v)(1+v)}$，$G$ 和 λ 统称为 Lamé 系数。

2.3　Lamb 波问题

2.3.1 Lamb 波理论

对于有 Lamb 波传播的金属板结构，可以任取 Lamb 传播方向上的任意一个横截面为研究对象。问题转化为平面应变问题，可以通过势函数法求解。

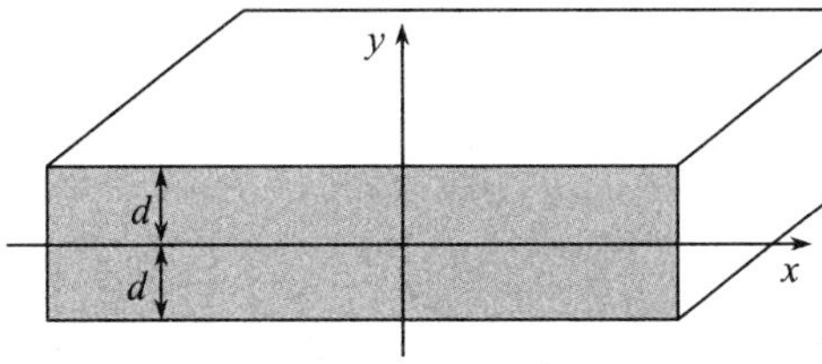

图 2-4　平面板

假设位移在某一方向的分量是和位移势函数 $\varphi(x,y,z)$ 在该方向的导数成正比，则位移矢量可表示为势函数在相应方向的导数。

定义拉普拉斯算子 $\nabla^2=\frac{\partial^2}{\partial x^2}+\frac{\partial^2}{\partial y^2}+\frac{\partial^2}{\partial z^2}$，梯度算子 $\nabla=\bar{i}\frac{\partial}{\partial x}+\bar{j}\frac{\partial}{\partial y}+\bar{k}\frac{\partial}{\partial z}$，则式(2-6)可以写成张量形式：

$$(\lambda+G)\nabla\nabla\cdot\bar{u}+G\nabla^2\bar{u}=\rho\frac{\partial^2\bar{u}}{\partial t^2} \tag{2-18}$$

同时由拉普拉斯、梯度算子定义，存在如下矢量恒等式：

$$\nabla^2\overline{u}=\nabla\nabla\cdot\overline{u}-\nabla\times\nabla\times\overline{u} \tag{2-19}$$

其中，位移矢量 $\overline{u}=(u,v,w)$，矢量 $\overline{u}$ 的旋度为 $\nabla\times\overline{u}=\begin{vmatrix}\overline{i} & \overline{j} & \overline{k}\\ \frac{\partial}{\partial x} & \frac{\partial}{\partial y} & \frac{\partial}{\partial z}\\ u & v & w\end{vmatrix}$，矢量 $\overline{u}$ 的散度为 $\nabla\overline{u}=\overline{i}\frac{\partial u}{\partial x}+\overline{j}\frac{\partial u}{\partial y}+\overline{k}\frac{\partial u}{\partial z}$。

在波动问题中常引入位移势函数标量势 ϕ 和矢量势 $\overline{\psi}$。由 Helmholtz 定理可知，可通过一个有旋无源场矢量 $\overline{\psi}$ 的旋度与有源无旋场标量 ϕ 的梯度的和来表示任何一个矢量场[12]，即有下式：

$$\overline{u}=\nabla\phi+\nabla\times\overline{\psi},\nabla\cdot\psi=0 \tag{2-20}$$

用导波的形态理解，有源无旋场即在外力作用下的行波，行波沿 x 轴传播，有散度无旋度；有旋无源场即导波传播中在上下表面之间的驻波，由于没有外力作用可认为是无源无散度，但是其环绕上下传播具有旋度。

将式(2-19)和(2-20)代入式(2-18)得到

$$(\lambda+\mu)\nabla\nabla\cdot(\nabla\phi+\nabla\times\overline{\psi})+\mu\nabla^2(\nabla\phi+\nabla\times\overline{\psi})=\rho\frac{\partial^2(\nabla\phi+\nabla\times\overline{\psi})}{\partial t^2}$$

$$\nabla[(\lambda+\mu)\nabla^2\phi]+\mu\nabla(\nabla^2\phi+\nabla^2\overline{\psi})=\rho\frac{\nabla(\partial^2\phi+\partial^2\overline{\psi})}{\partial t^2} \tag{2-21}$$

$$\nabla\left[(\lambda+2\mu)\nabla^2\phi-\rho\frac{\partial^2\phi}{\partial t^2}\right]+\nabla\left[\mu\nabla^2\overline{\psi}-\rho\frac{\partial^2\overline{\psi}}{\partial t^2}\right]=0$$

若使上式成立，须使其中两项均为零，从而有：

$$\nabla^2\phi=\frac{1}{C_L^2}\frac{\partial^2\phi}{\partial t^2}$$
$$\nabla^2\overline{\psi}=\frac{1}{C_T^2}\frac{\partial^2\overline{\psi}}{\partial t^2} \tag{2-22}$$

其中，$C_L^2=(\lambda+2G)/\rho$，$C_T^2=G/\rho$，根据波动方程定义，上式为两个简单的波动方程，即原波动方程被分解为纵波和横波的波动方程。分别求出两个势函数的解就可以得到质点的位移方程。

将平面应变情况下的位移势函数代入空间波动方程(2-22)，得到平面应变波动方程：

$$\begin{cases}\frac{\partial^2\phi}{\partial x^2}+\frac{\partial^2\phi}{\partial y^2}=\frac{1}{C_L^2}\frac{\partial^2\phi}{\partial t^2}\\ \frac{\partial^2\psi}{\partial_x^2}+\frac{\partial^2\psi}{\partial y^2}=\frac{1}{C_T^2}\frac{\partial^2\psi}{\partial t^2}\end{cases} \tag{2-23}$$

假设式(2-23)的解为如下的谐波：

根据 Achenbach 的描述[13]，位移的稳态解可以假设为

$$\begin{cases}\phi=\dfrac{1}{k}\Phi(y)\mathrm{e}^{i\omega t}\dfrac{\mathrm{d}}{\mathrm{d}x}\varphi(x)\\ \psi=\Psi(y)\mathrm{e}^{i\omega t}\varphi(x)\end{cases} \tag{2-24}$$

其中，k 为波数，φ 是行波波动函数，满足：

$$\frac{\mathrm{d}^2\varphi}{\mathrm{d}x^2}+k^2\varphi=0 \tag{2-25}$$

这个行波的解为

$$\varphi=\exp(\mp ikx) \tag{2-26}$$

其中，负号表示沿 x 轴正方向传播。因此，稳态解变为

$$\begin{cases}\phi=i\Phi(y)\mathrm{e}^{i(\omega t-kx)}\\ \varphi=\Psi(y)\mathrm{e}^{i(\omega t-kx)}\end{cases} \tag{2-27}$$

ϕ 和 φ 差别为 i，具有正交性。其中 $k=\omega/c$ 为波数，可以发现这些解代表沿 x 方向传播的行波和沿 y 方向传播的驻波，且指数项表达了 x 变量决定的时间变量，幅值函数是仅依赖于 y 的静态函数，这种现象称为横向共振。

对应的导数为

$$\begin{cases}\ddot{\phi}=-\omega^2\phi,\dfrac{\partial\phi}{\partial x}=-ik\phi,\dfrac{\partial^2\phi}{\partial x^2}=-k^2\phi\\ \ddot{\psi}=-\omega^2\psi,\dfrac{\partial\psi}{\partial x}=-ik\psi,\dfrac{\partial^2\psi}{\partial x^2}=-k^2\psi\end{cases} \tag{2-28}$$

将式(2-27)和(2-28)代入式(2-23)，

$$\begin{cases}ik^2\Phi(y)\mathrm{e}^{i(\omega t-kx)}-i\Phi''(y)\mathrm{e}^{i(\omega t-kx)}=i\dfrac{\omega^2}{C_L^2}\Phi(y)\mathrm{e}^{i(\omega t-kx)}\\ -k^2\Psi(y)\mathrm{e}^{i(\omega t-kx)}+\Psi''(y)\mathrm{e}^{i(\omega t-kx)}=-\dfrac{\omega^2}{C_T^2}\Psi(y)\mathrm{e}^{i(\omega t-kx)}\end{cases} \tag{2-29}$$

化简为

$$\begin{cases}\left(\dfrac{\omega^2}{C_L^2}-k^2\right)\Phi(y)+\Phi''(y)=0\\ \left(\dfrac{\omega^2}{C_T^2}-k^2\right)\Psi(y)+\Psi''(y)=0\end{cases} \tag{2-30}$$

假设 $p^2=\dfrac{\omega^2}{C_L^2}-k^2,q^2=\dfrac{\omega^2}{C_T^2}-k^2$，则

$$\begin{cases}p^2\Phi(y)+\Phi''(y)=0\\ q^2\Psi(y)+\Psi''(y)=0\end{cases} \tag{2-31}$$

得到未知函数 Φ 和 Ψ 的控制方程，其解如下：

$$\begin{cases}\Phi(y)=A_1\sin(py)+A_2\cos(py)\\ \psi(y)=B_1\sin(qy)+B_2\cos(qy)\end{cases}\qquad \begin{cases}\Phi(y)=A_1\exp(ipy)+A_2\exp(-ipy)\\ \psi(y)=B_1\exp(iqy)+B_2\exp(-iqy)\end{cases} \tag{2-32}$$

其中，A_1，A_2，B_1 和 B_2 是任意常数，

式(2-32)的一阶和二阶导数为：

$$\begin{cases}\Phi'(y)=A_1p\ \cos(py)-A_2p\ \sin(py)\\ \psi'(y)=B_1q\ \cos(qy)-B_2q\ \sin(qy)\end{cases}\qquad \begin{cases}\Phi''(y)=-A_1p^2\ \sin(py)-A_2p^2\ \cos(py)=-p^2\Phi(y)\\ \psi''(y)=-B_1q^2\ \sin(qy)-B_2q^2\ \cos(qy)=-q^2\psi(y)\end{cases} \tag{2-33}$$

平面应变假设，由式(2-17)可知：

$$u=\frac{\partial\phi}{\partial x}+\frac{\partial\psi}{\partial y}$$

$$v=\frac{\partial\phi}{\partial y}-\frac{\partial\psi}{\partial x}$$

$$w=0$$

$$\sigma_x=\lambda\left(\frac{\partial u}{\partial x}+\frac{\partial v}{\partial y}\right)+2G\ \frac{\partial u}{\partial x}=\lambda\left(\frac{\partial^2\phi}{\partial x^2}+\frac{\partial^2\phi}{\partial y^2}\right)+2\mu\left(\frac{\partial^2\phi}{\partial x^2}+\frac{\partial^2\psi}{\partial x\partial y}\right) \tag{2-34}$$

$$\sigma_y=\lambda\left(\frac{\partial u}{\partial x}+\frac{\partial v}{\partial y}\right)+2G\ \frac{\partial v}{\partial y}=\lambda\left(\frac{\partial^2\phi}{\partial x^2}+\frac{\partial^2\phi}{\partial y^2}\right)+2\mu\left(\frac{\partial^2\phi}{\partial y^2}+\frac{\partial^2\psi}{\partial x\partial y}\right)$$

$$\tau_{yx}=G\left(\frac{\partial v}{\partial x}+\frac{\partial u}{\partial y}\right)=\mu\left(2\ \frac{\partial^2\phi}{\partial x\partial y}-\frac{\partial^2\psi}{\partial x^2}+\frac{\partial^2\psi}{\partial y^2}\right)$$

根据式(2-27)，并且略去指数项，可以得到位移和应力的幅值表达式：

$$\begin{cases}u=-ik\phi+\dfrac{d\psi}{dy}\\ v=\dfrac{d\phi}{dy}+ik\psi\\ \sigma_x=\lambda\left(-k^2\phi+\dfrac{d^2\phi}{dy^2}\right)+2\mu\left(-k^2\phi-ik\ \dfrac{d\psi}{dy}\right)\\ \sigma_y=\lambda\left(-k^2\phi+\dfrac{d^2\phi}{dy^2}\right)+2\mu\left(\dfrac{d^2\phi}{dy^2}+ik\ \dfrac{d\psi}{dy}\right)\\ \tau_{yx}=\mu\left(-2ik\ \dfrac{d\phi}{dy}+k^2\psi+\dfrac{d^2\psi}{dy^2}\right)\end{cases} \tag{2-35}$$

带入式(2-27),得:

$$\begin{cases}\sigma_x=-[(\lambda+2\mu)k^2+\lambda p^2]\phi-2\mu ik\dfrac{\mathrm{d}\psi}{\mathrm{d}y}\\ \sigma_y=-[\lambda k^2+(\lambda+2\mu)p^2]\phi+2\mu ik\dfrac{\mathrm{d}\psi}{\mathrm{d}y}\\ \tau_{yx}=\mu\left(-2ik\dfrac{\mathrm{d}\phi}{\mathrm{d}y}+k^2\psi-q^2\psi\right)\end{cases}\tag{2-36}$$

由 $C_L^2=(\lambda+2G)/\rho$,$C_T^2=G/\rho$,$p^2=\dfrac{\omega^2}{C_L^2}-k^2$,$q^2=\dfrac{\omega^2}{C_L^2}-k^2$,可得到:$\lambda=C_L^2\rho-2G$,$p^2+k^2=\dfrac{\omega^2}{C_L^2}$,$\dfrac{\omega^2}{C_T^2}=\dfrac{\rho\omega^2}{G}=q^2+k^2$。利用以上关系简化

$$\begin{aligned}(\lambda+2\mu)k^2+\lambda p^2&=(\lambda+2\mu)(k^2+p^2)-2\mu p^2\\&=\frac{\omega^2}{C_L^2}(\lambda+2\mu)-2\mu p^2\\&=\omega^2\rho-2\mu p^2\\&=\mu(k^2+q^2-2p^2)\end{aligned}\tag{2-37}$$

$$\begin{aligned}\lambda k^2+(\lambda+2\mu)p^2&=(\lambda+2\mu)(k^2+p^2)-2\mu k^2\\&=\frac{\omega^2}{C_L^2}(\lambda+2\mu)-2\mu k^2\\&=\omega^2\rho-2\mu k^2\\&=\mu(q^2+k^2-2k^2)=\mu(q^2-k^2)\end{aligned}\tag{2-38}$$

因此,式(2-36)可以简化为

$$\begin{cases}\sigma_x=-\mu(k^2+q^2-2p^2)\phi-2i\mu k\dfrac{\mathrm{d}\psi}{\mathrm{d}y}\\ \sigma_y=-\mu(q^2-k^2)\phi+2i\mu k\dfrac{\mathrm{d}\psi}{\mathrm{d}y}\\ \tau_{yx}=-2i\mu k\dfrac{\mathrm{d}\phi}{\mathrm{d}y}-\mu(q^2-k^2)\psi\end{cases}\tag{2-39}$$

当金属板的上下表面为自由界面时,Lamb 波传播时在上下表面引起的应力均为零,即当 $y=\pm d$ 时,有 $\sigma_y=\tau_{yx}=0$。

$$\begin{aligned}&\frac{\sigma_y(d)}{i\mu}=0:-(q^2-k^2)(A_1\sin(pd)+A_2\cos(pd))-2k(B_1q\cos(qd)-B_2q\sin(qd))=0\\&\frac{\sigma_y(-d)}{i\mu}=0:-(q^2-k^2)(-A_1\sin(pd)+A_2\cos(pd))-2k(B_1q\cos(qd)+B_2q\sin(qd))=0\\&\frac{\tau_{yx}(d)}{\mu}=0:-2k(A_1p\cos(pd)-A_2p\sin(pd))+(q^2-k^2)(B_1\sin(qd)+B_2\cos(qd))=0\\&\frac{\tau_{yx}(-d)}{\mu}=0:-2k(A_1p\cos(pd)+A_2p\sin(pd))+(q^2-k^2)(-B_1\sin(qd)+B^2\cos(qd))=0\end{aligned}\tag{2-40}$$

因此，Lamb 波问题转化为式(2-40)，从而求得 A_1，A_2，B_1 和 B_2 的系数，带入式(2-32)和(2-39)，求得势函数，然后即可求得位移和应力。

2.3.2 Lamb 波的波结构

由于式(2-40)是关于 A_1，A_2，B_1 和 B_2 四个未知数的方程，较难处理。由上式(2-32)和式(2-35)可以发现位移和应力都是以 z 为自变量的三角函数。由于三角函数是关于 $y=0$ 的奇(偶)函数，所以可以把解分成两组模式，即对称模式和反对称模式。关于 $y=0$ 呈奇函数的解，y 方向上的位移矢量相反，x 方向的位移相同，运动是关于板的中性面对称的，这种波动称为对称模态；关于 $u=0$ 呈偶函数的解，y 方向上的位移矢量相同，x 方向上的位移矢量相反，这种波动称为反对称模态。两种模式的质点运动情况如图 2-5 所示。分解情况如下：

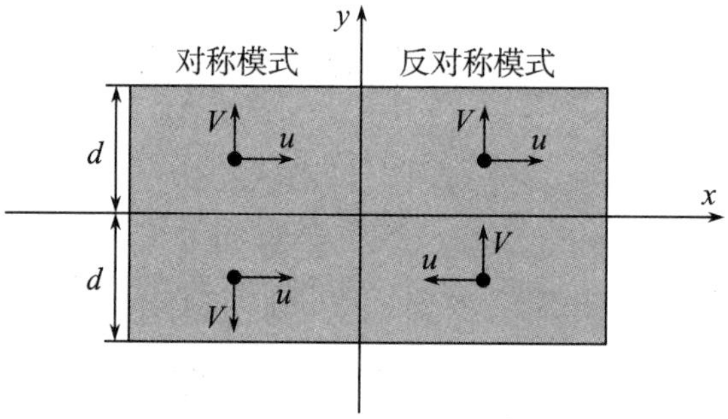

图 2-5　对称模式和非对称模式质点运动情况图

如前面公式(2-36)和(2-39)

$$\begin{cases} u=ik\phi+\dfrac{d\psi}{dy} \\ v=\dfrac{d\phi}{dy}-ik\psi \\ \sigma_x=-\mu(k^2+q^2-2p^2)\phi+2i\mu k\dfrac{d\psi}{dy} \\ \sigma_y=-\mu(q^2-k^2)\phi-2i\mu k\dfrac{d\psi}{dy} \\ \tau_{yx}=2i\mu k\dfrac{d\phi}{dy}-\mu(q^2-k^2)\psi \end{cases} \tag{2-41}$$

带入式(2-32)，

$$\begin{cases} u=-k[A_1\sin(py)+A_2\cos(py)]+q[B_1\cos(qy)-B_2\sin(qy)] \\ v=-ip[A_1\cos(py)-A_2\sin(py)]+ik[B_1\sin(qy)+B_2\cos(qy)] \\ \sigma_x=iu(k^2+q^2-2p^2)[A_1\sin(py)+A_2\cos(py)]-2i\mu kq[B_1\cos(qy)-B_2\sin(qy)] \\ \sigma_y=i\mu(q^2-k^2)[A_1\sin(py)+A_2\cos(py)]+2i\mu kq[B_1\cos(qy)-B_2\sin(qy)] \\ \tau_{yx}=-2\mu kp[A_1\cos(py)-A_2\sin(py)]-\mu(q^2-k^2)[B_1\sin(qy)+B^2\cos(qy)] \end{cases} \tag{2-42}$$

对称模式：

$$\begin{cases}u=-kA_2\cos(py)+qB_1\cos(qy)\\v=ipA_2\sin(py)+ikB_1\sin(qy)\\\sigma_x=i\mu(k^2+q^2-2p^2)A_2\cos(py)-2i\mu kqB_1\cos(qy)\\\sigma_y=i(q^2-k^2)\mu A_2\cos(py)+2i\mu kqB_1\cos(qy)\\\tau_{yx}=2\mu kpA_2\sin(py)-\mu(q^2-k^2)B_1\sin(qy)\end{cases} \tag{2-43}$$

反对称模式：

$$\begin{cases}u=-kA_1\sin(py)-qB_2\sin(qy)\\v=-ipA_1\cos(py)+ikB_2\cos(qy)\\\sigma_x=i\mu(k^2+q^2-2p^2)A_1\sin(py)+2i\mu kqB_2\sin(qy)\\\sigma_y=i(q^2-k^2)\mu A_1\sin(py)-2i\mu kqB_2\sin(qy)\\\tau_{yx}=-2\mu kpA_1\cos(py)-\mu(q^2-k^2)B_2\cos(qy)\end{cases} \tag{2-44}$$

当金属板的上下表面为自由界面时，Lamb 波传播时在上下表面引起的应力均为零，即当 $y=\pm d$ 时，有 $\sigma_y=\tau_{yx}=0$。

对称模式：

$$\begin{bmatrix}i\mu(q^2-k^2)\cos(pd) & 2iukq\ \cos(qd)\\2\mu kp\sin(pd) & -\mu(q^2-k^2)\sin(qd)\end{bmatrix}\begin{bmatrix}A_2\\B_1\end{bmatrix}=0 \tag{2-45}$$

反对称模式：

$$\begin{bmatrix}i\mu(q^2-k^2)\sin(pd) & -2i\mu kq\ \sin(qd)\\-2\mu kp\cos(pd) & -\mu(q^2-k^2)\cos(qd)\end{bmatrix}\begin{bmatrix}A_1\\B_2\end{bmatrix}=0 \tag{2-46}$$

由对称模式或反对称模式的应力方程，可以分别得到关于常数 A_2、B_1（对称模式）和 A_1、B_2（反对称模式）的齐次方程组：

$$D_S=\begin{vmatrix}(q^2-k^2)\cos(py) & 2kq\ \cos(qy)\\2kp\sin(py) & -(q^2-k^2)\sin(qy)\end{vmatrix}=0 \tag{2-47}$$

$$D_A=\begin{vmatrix}(q^2-k^2)\sin(py) & -2kq\ \sin(qy)\\-2kp\cos(py) & -(q^2-k^2)\cos(qy)\end{vmatrix}=0 \tag{2-48}$$

式(2-47)和(2-48)的通解为

$$A_2=2kq\cos(qd),B_1=-(q^2-k^2)\cos(pd) \tag{2-49}$$

$$A_1=-2kq\sin(qd),B_2=-(q^2-k^2)\sin(pd) \tag{2-50}$$

反向传播时，式(2-47)和(2-48)的通解为

$$A_2=2kq\cos(qd),B_1=-(q^2-k^2)\cos(pd) \tag{2-51}$$

$$A_1=-2kq\sin(qd),B_2=-(q^2-k^2)\sin(pd) \tag{2-52}$$

对于任意 Lamb 波数 k，可得到一组 A_1，A_2，B_1 和 B_2。然后带入式(2-42)可得到位移和应力。

对称模态

对于对称模态，A_1 和 B_2 为零，因此，式(2-42)的位移简化为

$$\begin{cases} u^S = -kA_2\cos(py) + qB_1\cos(qy) \\ v^S = ipA_2\sin(py) + ikB_1\sin(qy) \end{cases} \tag{2-53}$$

带入系数通解式(2-49)：

$$\begin{cases} u^S = -2k^2q\cos(qd)\cos(py) - q(q^2-k^2)\cos(pd)\cos(qy) \\ v^S = 2ikpq\cos(qd)\sin(py) - ik(q^2-k^2)\cos(pd)\sin(qy) \end{cases} \tag{2-54}$$

受激励源和衰减等因素影响，上式前可增加一个常数表示幅值。

$$\begin{cases} u^S = -C^s[2k^2q\cos(qd)\cos(py) + q(q^2-k^2)\cos(pd)\cos(qy)]\mathrm{e}^{i(\omega t-kx)} \\ v^S = ikC^s[2pq\cos(qd)\sin(py) - (q^2-k^2)\cos(pd)\sin(qy)]\mathrm{e}^{i(\omega t-kx)} \end{cases} \tag{2-55}$$

可以看出，u 随着 y 对称，v 随着 y 反对称。同时，不同频厚积下 u 和 v 的尺度及形态也不同，当 $fd>0$ 时，S0 类似于传统的轴向纵波，厚度方向上位移相同。

式(2-42)的应力解为

$$\begin{cases} \sigma_x = i\mu(k^2+q^2-2p^2)A_2\cos(py) - 2i\mu kqB_1\cos(qy) \\ \sigma_y = i\mu(q^2-k^2)A_2\cos(py) + 2i\mu kqB_1\cos(qy) \\ \tau_{yx} = 2\mu kpA_2\sin(py) - \mu(q^2-k^2)B_1\sin(qy) \end{cases} \tag{2-56}$$

因此带入通解简化为

$$\begin{cases} \sigma_x = 2i\mu kq[(k^2+q^2-2p^2)\cos(qd)\cos(py) + (q^2-k^2)\cos(pd)\cos(qy)] \\ \sigma_y = 2i\mu kq(q^2-k^2)[\cos(qd)\cos(py) - \cos(pd)\cos(qy)] \\ \tau_{yx} = \mu[4k^2pq\cos(qd)\sin(py) + (q^2-k^2)^2\cos(pd)\sin(qy)] \end{cases} \tag{2-57}$$

完整的显示表达式为

$$\begin{cases} \sigma_x = 2i\mu kqC^s[(k^2+q^2-2p^2)\cos(qd)\cos(py) + (q^2-k^2)\cos(pd)\cos(qy)]\mathrm{e}^{i(\omega t-kx)} \\ \sigma_y = 2i\mu kqC^s(q^2-k^2)[\cos(qd)\cos(py) - \cos(pd)\cos(qy)]\mathrm{e}^{i(\omega t-kx)} \\ \tau_{yx} = \mu C^s[4k^2(pq)\cos(qd)\sin(py) + (q^2-k^2)^2\cos(pd)\sin(qy)]\mathrm{e}^{i(\omega t-kx)} \end{cases} \tag{2-58}$$

反对称模态

对于反对称模态，系数 A_2 和 B_1 为零。因此，式(2-42)简化为

$$\begin{cases} u^A = -kA_1\sin(py) - qB_2\sin(qy) \\ v^A = -ipA_1\cos(py) + ikB_2\cos(qy) \end{cases} \tag{2-59}$$

带入常数的通解

$$\begin{cases} u^A = 2k^2q\sin(qd)\sin(qy) + (q^2-k^2)\sin(qd)\sin(qy) \\ v^A = 2ikpq\sin(qd)\cos(py) - ik(q^2-k^2)\sin(pd)\cos(qy) \end{cases} \tag{2-60}$$

乘以幅值系数

$$\begin{cases} u^A = qC^A[2k^2\sin(qd)\sin(py) + (q^2-k^2)\sin(pd)\sin(qy)]\mathrm{e}^{i(\omega t-kx)} \\ v^A = ikC^A[2pq\sin(qd)\cos(py) - (q^2-k^2)\sin(pd)\cos(qy)]\mathrm{e}^{i(\omega t-kx)} \end{cases} \tag{2-61}$$

可以看出，u 随着 y 反对称，v 随着 y 对称。同时，不同频厚积下 u 和 v 的尺度及形态也不同，当 $fd>0$ 时，A0 类似于传统的弯曲波，厚度方向上位移呈线性关系。

应力表达为

$$\begin{cases}\sigma_x^A=i\mu(k^2+q^2-2p^2)A_1\sin(py)+2i\mu kqB_2\sin(qy)\\ \sigma_y^A=i\mu(q^2-k^2)A_1\sin(py)-2i\mu kqB_2\sin(qy)\\ \tau_{yx}^A=-2\mu kpA_1\sin(py)-\mu(q^2-k^2)B_2\cos(qy)\end{cases} \tag{2-62}$$

带入系数

$$\begin{cases}\sigma_x^A=-2i\mu kq[(k^2+q^2-2p^2)\sin(qd)\sin(py)+(q^2-k^2)\sin(pd)\sin(qy)]\\ \sigma_y^A=-2i\mu kq(q^2-k^2)[\sin(qd)\sin(py)-\sin(pd)\sin(qy)]\\ \tau_{yx}^A=\mu[4k^2pq\sin(qd)\sin(py)+(q^2-k^2)^2\sin(pd)\cos(qy)]\end{cases} \tag{2-63}$$

完整的显示表达式为

$$\begin{cases}\sigma_x^A=-2iC^A\mu kq[(k^2+q^2-2p^2)\sin(qd)\sin(py)+(q^2-k^2)\sin(pd)\sin(qy)]\mathrm{e}^{i(\omega t-kx)}\\ \sigma_y^A=-2iC^A\mu kq(q^2-k^2)[\sin(qd)\sin(py)-\sin(pd)\sin(qy)]\mathrm{e}^{i(\omega t-kx)}\\ \tau_{yx}^A=C^A\mu[4k^2pq\sin(qd)\sin(py)+(q^2-k^2)^2\sin(pd)\cos(qy)]\mathrm{e}^{i(\omega t-kx)}\end{cases} \tag{2-64}$$

为了求得数值解，定义 $\overline{k}=kd$，$\Omega=\omega d/C_T=2\pi fd/C_T$，得

$$k=\frac{\overline{k}}{d},\omega=\frac{\Omega C_T}{d} \tag{2-65}$$

带入式 $p^2=\dfrac{\omega^2}{C_L^2}-k^2$，$q^2=\dfrac{\omega^2}{C_T^2}-k^2$ 得

$$p^2=\frac{\Omega^2C_L^2}{d^2C_L^2}-\frac{\overline{k^2}}{d^2},q^2=\frac{\Omega^2}{d^2}-\frac{\overline{k^2}}{d^2} \tag{2-66}$$

定义 $R_c=\dfrac{C_L}{C_T}$，定义无尺度波数

$$\overline{p^2}=p^2d^2=\frac{\Omega^2C_T^2}{C_L^2}-\overline{k^2}=\frac{\Omega^2}{R_c^2}-\overline{k^2},\overline{q^2}=q^2d^2=\Omega^2-\overline{k^2} \tag{2-67}$$

带入公式(2-55)和(2-58)，其中 $y\in[-1,1]$ *

$$\begin{cases}u^S=-\overline{C}^s[2\cos\overline{q}\cos(\overline{p}y)+\dfrac{\overline{q^2}-\overline{k^2}}{\overline{k^2}}\cos\overline{p}\cos(\overline{q}y)]\mathrm{e}^{i(\omega t-kx)}\\ v^S=i\overline{C}^s[2\dfrac{\overline{p}}{\overline{k}}\cos\overline{q}\,\mathrm{qin}(\overline{p}y)-\dfrac{\overline{q^2}-\overline{k^2}}{\overline{k}\overline{q}}\cos\overline{p}\sin(\overline{q}y)]\mathrm{e}^{i(\omega t-kx)}\\ \sigma_x=2i\mu\overline{C}^s[\dfrac{\overline{k^2}+\overline{q^2}-2\overline{p^2}}{\overline{k}}\cos\overline{q}\cos(\overline{p}y)+\dfrac{\overline{q^2}-\overline{k^2}}{\overline{k}}\cos\overline{p}\cos(\overline{q}y)]\mathrm{e}^{i(\omega t-kx)}\\ \sigma_y=2i\mu\overline{C}^s\dfrac{\overline{q^2}-\overline{k^2}}{\overline{k}}[\cos\overline{q}\cos(\overline{p}y)-\cos\overline{p}\cos(\overline{q}y)]\mathrm{e}^{i(\omega t-kx)}\\ \tau_{yx}=\mu\overline{C}^s[4\overline{p}\cos\overline{q}\sin(\overline{p}y)+\dfrac{(\overline{q^2}-\overline{k^2})^2}{\overline{k^2}\,\overline{q}}\cos\overline{p}\sin(\overline{q}y)]\mathrm{e}^{i(\omega t-kx)}\end{cases} \tag{2-68}$$

带入公式(2-61)和(2-64)，其中 $y\in[-1,1]$

$$\begin{cases}u^A=\overline{C}^A[2\sin\overline{q}\sin(\overline{p}y)+\dfrac{\overline{q}^2-\overline{k}^2}{\overline{k}^2}\sin\overline{p}\sin(\overline{q}y)]e^{i(\omega t-kx)}\\ v^A=i\overline{C}^A[2\dfrac{\overline{p}}{\overline{k}}\sin\overline{q}\cos(\overline{p}y)-\dfrac{\overline{q}^2-\overline{k}^2}{\overline{k}\overline{q}}\sin\overline{p}\cos(\overline{q}y)]e^{i(\omega t-kx)}\\ \sigma_x^A=-2i\mu\overline{C}^A[\dfrac{\overline{k}^2+\overline{q}^2-2\overline{p}^2}{\overline{k}}\sin\overline{q}\sin(\overline{p}y)+\dfrac{\overline{q}^2-\overline{k}^2}{\overline{k}}\sin\overline{p}\sin(\overline{q}y)]e^{i(\omega t-kx)}\\ \sigma_y^A=-2i\mu\overline{C}^A\dfrac{\overline{q}^2-\overline{k}^2}{\overline{k}}[\sin\overline{q}\sin(\overline{p}y)-\sin\overline{p}\sin(\overline{q}y)]e^{i(\omega t-kx)}\\ \tau_{yx}^A=\mu\overline{C}^A[4\overline{p}\sin\overline{q}\sin(\overline{p}y)+\dfrac{(\overline{q}^2-\overline{k}^2)^2}{\overline{k}^2\overline{q}}\sin\overline{p}\cos(\overline{q}y)]e^{i(\omega t-kx)}\end{cases}\tag{2-69}$$

若行波沿 x 负方向，位移和应力为

$$\begin{cases}u=-k[A_1\sin(py)+A_2\cos(py)]+q[B_1\cos(qy)-B_2\sin(qy)]\\ v=ip[A_1\cos(py)-A_2\sin(py)]-ik[B_1\sin(qy)+B_2\cos(qy)]\\ \sigma_x=-i\mu(k^2+q^2-2p^2)[A_1\sin(py)+A_2\cos(py)]+2i\mu kq[B_1\cos(qy)-B_2\sin(qy)]\\ \sigma_y=-i\mu(q^2-k^2)[A_1\sin(py)+A_2\cos(py)]-2i\mu kq[B_1\cos(qy)-B_2\sin(qy)]\\ \tau_{yx}=-2\mu kq[A_1\cos(py)-A_2\sin(py)]-\mu(q^2-k^2)[B_1\sin(qy)+B_2\cos(qy)]\end{cases}\tag{2-70}$$

其中，
$$A_2=2kq\cos qd,B_1=-(q^2-k^2)\cos pd$$
$$A_1=-2kq\sin qd,B_2=-(q^2-k^2)\sin pd$$

对称模态为

$$\begin{cases}u^S=-\overline{C}^s[2\cos\overline{q}\cos(\overline{p}y)+\dfrac{\overline{q}^2-\overline{k}^2}{\overline{k}^2}\cos\overline{p}\cos(\overline{q}y)]e^{i(\omega t+kx)}\\ v^S=-i\overline{C}^s[2\dfrac{\overline{p}}{\overline{k}}\cos\overline{q}\sin(\overline{p}y)-\dfrac{\overline{q}^2-\overline{k}^2}{\overline{k}\overline{q}}\cos\overline{p}\sin(\overline{q}y)]e^{i(\omega t+kx)}\\ \sigma_x=-2i\mu\overline{C}^s[\dfrac{\overline{k}^2+\overline{q}^2-2\overline{p}^2}{\overline{k}}\cos\overline{q}\cos(\overline{p}y)+\dfrac{\overline{q}^2-\overline{k}^2}{\overline{k}}\cos\overline{p}\cos(\overline{q}y)]e^{i(\omega t+kx)}\\ \sigma_y=-2i\mu\overline{C}^s\dfrac{\overline{q}^2-\overline{k}^2}{\overline{k}}[\cos\overline{q}\cos(\overline{p}y)-\cos\overline{p}\cos(\overline{q}y)]e^{i(\omega t+kx)}\\ \tau_{yx}=\mu\overline{C}^s[4\overline{p}\cos\overline{q}\sin(\overline{p}y)+\dfrac{(\overline{q}^2-\overline{k}^2)^2}{\overline{k}^2\overline{q}}\cos\overline{p}\sin(\overline{q}y)]e^{i(\omega t+kx)}\end{cases}\tag{2-71}$$

非对称模态

反对称模态，为

$$\begin{cases} u^A = \overline{C}^A[2\sin\overline{q}\sin(\overline{p}y) + \dfrac{\overline{q}^2 - \overline{k}^2}{\overline{k}^2}\sin\overline{p}\sin(\overline{q}y)]e^{i(\omega t + kx)} \\ v^A = -i\overline{C}^A[2\dfrac{\overline{p}}{\overline{k}}\sin\overline{q}\cos(\overline{p}y) - \dfrac{\overline{q}^2 - \overline{k}^2}{\overline{k}\overline{q}}\sin\overline{p}\cos(\overline{q}y)]e^{i(\omega t + kx)} \\ \sigma_x^A = 2i\mu\overline{C}^A[\dfrac{\overline{k}^2 + \overline{q}^2 - 2\overline{p}^2}{\overline{k}}\sin\overline{q}\sin(\overline{p}y) + \dfrac{\overline{q}^2 - \overline{k}^2}{\overline{k}}\sin\overline{p}\sin(\overline{q}y)]e^{i(\omega t + kx)} \\ \sigma_y^A = 2i\mu\overline{C}^A\dfrac{\overline{q}^2 - \overline{k}^2}{\overline{k}}[\sin\overline{q}\sin(\overline{p}y) - \sin\overline{p}\sin(\overline{q}y)]e^{i(\omega k + kx)} \\ \tau_{yx}^A = \mu\overline{C}^A[4\overline{p}\sin\overline{q}\sin(\overline{p}y) + \dfrac{(\overline{q}^2 - \overline{k}^2)^2}{\overline{k}^2\overline{q}}\sin\overline{p}\cos(\overline{q}y)]e^{i(\omega t + tx)} \end{cases} \tag{2-72}$$

在信号处理中，由于其傅里叶变换的基函数也可以为 $e^{-i\omega t}$，此时 x 正向传播的波指数项为 $e^{-i(\omega t - kx)}$，此时

$$\begin{cases} u^S = -\overline{C}^s[2\cos\overline{q}\cos(\overline{p}y) + \dfrac{\overline{q}^2 - \overline{k}^2}{\overline{k}^2}\cos\overline{p}\cos(\overline{q}y)]e^{-i(\omega t - kx)} \\ v^S = -i\overline{C}^s[2\dfrac{\overline{p}}{\overline{k}}\cos\overline{q}\sin(\overline{p}y) - \dfrac{\overline{q}^2 - \overline{k}^2}{\overline{k}\overline{q}}\cos\overline{p}\sin(\overline{q}y)]e^{-i(\omega t - kx)} \\ \sigma_x = -2i\mu\overline{C}^s[\dfrac{\overline{k}^2 + \overline{q}^2 - 2\overline{p}^2}{\overline{k}}\cos\overline{q}\cos(\overline{p}y) + \dfrac{\overline{q}^2 - \overline{k}^2}{\overline{k}}\cos\overline{p}\cos(\overline{q}y)]e^{-i(\omega t - kx)} \\ \sigma_y = -2i\mu\overline{C}^s\dfrac{\overline{q}^2 - \overline{k}^2}{\overline{k}}[\cos\overline{q}\cos(\overline{p}y) - \cos\overline{p}\cos(\overline{q}y)]e^{-i(\omega t - kx)} \\ \tau_{yx} = \mu\overline{C}^s[4\overline{p}\cos\overline{q}\sin(\overline{p}y) + \dfrac{(\overline{q}^2 - \overline{k}^2)^2}{\overline{k}^2\overline{q}}\cos\overline{p}\sin(\overline{q}y)]e^{-i(\omega t - kx)} \end{cases} \tag{2-73}$$

$$\begin{cases} u^A = \overline{C}^A[2\sin\overline{q}\sin(\overline{p}y) + \dfrac{\overline{q}^2 - \overline{k}^2}{\overline{k}^2}\sin\overline{p}\sin(\overline{q}y)]e^{-i(\omega t = kx)} \\ v^A = -i\overline{C}^A[2\dfrac{\overline{q}}{\overline{k}}\sin\overline{q}\cos(\overline{p}y) - \dfrac{\overline{q}^2 - \overline{k}^2}{\overline{k}\overline{q}}\sin\overline{p}\cos(\overline{q}y)]e^{-i(\omega t - kx)} \\ \sigma_x^A = 2i\mu\overline{C}^A[\dfrac{\overline{k}^2 + \overline{q}^2 - 2\overline{p}^2}{\overline{k}}\sin\overline{q}\sin(\overline{p}y) + \dfrac{\overline{q}^2 - \overline{k}^2}{\overline{k}}\sin\overline{p}\sin(\overline{q}y)]e^{-i(\omega t - kx)} \\ \sigma_y^A = 2i\mu\overline{C}^A\dfrac{\overline{q}^2 - \overline{k}^2}{\overline{k}}[\sin\overline{q}\sin(\overline{p}y) - \sin\overline{p}\sin(\overline{q}y)]e^{-i(\omega t - kx)} \\ \tau_{yx}^A = \mu\overline{C}^A[4\overline{p}\sin\overline{q}\sin(\overline{p}y) + \dfrac{(\overline{q}^2 - \overline{k}^2)^2}{\overline{k}^2\overline{q}}\sin\overline{p}\cos(\overline{q}y)]e^{-i(\omega t - kx)} \end{cases} \tag{2-74}$$

反向传播时：

$$\begin{cases} u^S=-\overline{C}^s[2\cos\overline{q}\cos(\overline{p}y)+\dfrac{\overline{q}^2-\overline{k}^2}{\overline{k}^2}\cos\overline{p}\cos(\overline{q}y)]e^{-i(\omega t+kx)} \\ v^S=i\overline{C}^s[2\dfrac{\overline{p}}{\overline{k}}\cos\overline{q}\sin(\overline{p}y)-\dfrac{\overline{q}^2-\overline{k}^2}{\overline{k}\overline{q}}\cos\overline{p}\sin(\overline{q}y)]e^{-i(\omega t+kx)} \\ \sigma_x=2i\mu\overline{C}^s[\dfrac{\overline{k}^2+\overline{q}^2-2\overline{p}^2}{\overline{k}}\cos\overline{q}\cos(\overline{p}y)+\dfrac{\overline{q}^2-\overline{k}^2}{\overline{k}}\cos\overline{p}\cos(\overline{q}y)]e^{-i(\omega t+kx)} \\ \sigma_y=2i\mu\overline{C}^s\dfrac{\overline{q}^2-\overline{k}^2}{\overline{k}}[\cos\overline{q}\cos(\overline{p}y)-\cos\overline{p}\cos(\overline{q}y)]e^{-i(\omega t+kx)} \\ \tau_{yx}=\mu\overline{C}^s[4\overline{p}\cos\overline{q}\sin(\overline{p}y)+\dfrac{(\overline{q}^2-\overline{k}^2)^2}{\overline{k}^2\overline{q}}\cos\overline{p}\sin(\overline{q}y)]e^{-i(\omega t+kx)} \end{cases} \tag{2-75}$$

$$\begin{cases} u^A=\overline{C}^A[2\sin\overline{q}\sin(\overline{p}y)+\dfrac{\overline{q}^2-\overline{k}^2}{\overline{k}^2}\sin\overline{p}\sin(\overline{q}y)]e^{-i(\omega t+kx)} \\ v^A=i\overline{C}^A[2\dfrac{\overline{p}}{\overline{k}}\sin\overline{q}\cos(\overline{p}y)-\dfrac{\overline{q}^2-\overline{k}^2}{\overline{k}\overline{q}}\sin\overline{p}\cos(\overline{q}y)]e^{-i(\omega t+kx)} \\ \sigma_x^A=-2i\mu\overline{C}^A[\dfrac{\overline{k}^2+\overline{q}^2-2\overline{p}^2}{\overline{k}}\sin\overline{q}\sin(\overline{p}y)+\dfrac{\overline{q}^2-\overline{k}^2}{\overline{k}}\sin\overline{p}\sin(\overline{q}y)]e^{-i(\omega t+kx)} \\ \sigma_y^A=-2i\mu\overline{C}^A\dfrac{\overline{q}^2-\overline{k}^2}{\overline{k}}[\sin\overline{q}\sin(\overline{p}y)-\sin\overline{p}\sin(\overline{q}y)]e^{-i(\omega t+kx)} \\ \tau_{yx}^A=\mu\overline{C}^A[4\overline{p}\sin\overline{q}\sin(\overline{p}y)+\dfrac{(\overline{q}^2-\overline{k}^2)^2}{\overline{k}^2\overline{q}}\sin\overline{p}\cos(\overline{q}y)]e^{-i(\omega t+kx)} \end{cases} \tag{2-76}$$

传统的薄板中的轴向和弯曲波假设位移场贯穿板厚度。然而，这个简单场把板上下表面的应力自由边界条件隔离了。当表面应力自由状态时，获得的解为 Lamb 波。Lamb 波表示了板厚方向的驻波和板长度方向的行波。Lamb 波每种模态具有不同的速度、波长、驻波模态并随频率而变化。在低频段，S 和 A 模态更接近于传统的轴向纵波和弯曲波。在高频段，S0 和 A0 越来越接近，更像 Rayleigh 波。在高频段，Lamb 波的粒子运动被自由表面限制，更类似于 Rayleigh 表面波。

2.4 Lamb 波频散方程

在 matlab 计算中，由于其 fft 函数的基函数为 $e^{-i\omega t}$，此时 x 正向传播的波指数项为 $e^{i(kx-\omega t)}$，此时，式(2-47)和(2-48)的通解为

$$A_2=2kq\cos qd, B_1=-(q^2-k^2)\cos pd \tag{2-77}$$

$$A_1-2kq\sin qd, B_2=-(q^2-k^2)\sin pd \tag{2-78}$$

令方程组系数矩阵的行列式为零，使方程组有非平凡解，对于对称模式有

$$\frac{\tan(qy)}{\tan(py)}=-\frac{4k^2pq}{(q^2-k^2)^2} \tag{2-79}$$

同理可得反对称模式 Lamb 波频散方程为

$$\frac{\tan(qy)}{\tan(py)}=-\frac{(q^2-k^2)^2}{4k^2pq} \tag{2-80}$$

式(2-79)和式(2-80)即为各向同性板结构中 Lamb 波的频散方程，也称为 Rayliegh-Lamb 方程。通过数值求解可得到特定厚度板结构中不同频率下的 Lamb 的传播速度曲线，即板结构中的 Lamb 波频散曲线。

2.4.1 Lamb 波群速度求解

群速度是 Lamb 波的另一个重要参数。根据 Lamb 波频散方程求得的频厚积与相速度的关系(fh-cp)，然后根据群速度的定义可以求得频厚积与群速度的关系。

$$c_g=c^2\left(c-fd\,\frac{\partial c}{\partial(fd)}\right)^{-1}=c^2\left(c-\omega\,\frac{\partial c}{\partial(\omega)}\right)^{-1} \tag{2-81}$$

从上面的方程可看出，Lamb 波的频谱可以由频率 ω 和波数 k 导出，Lamb 波的频散曲线可以由相速度 C_p 和频率 ω 导出。给定任意一个频率 ω，将有无数个波数 k 满足上面的频散方程，这些波数有部分是实数或纯虚数，大部分是复数。Lamb 波的频散曲线是由实数解构成的，所以只求实数解来绘制频散曲线。

求解方法 1

将 $p^2=\frac{\omega^2}{c_L^2}-k^2$ 和 $q^2=\frac{\omega^2}{c_L^2}-k^2$，$c_p=\frac{\omega}{k}$ 整理为

$$p=\frac{\omega}{c_p}\sqrt{\left(\frac{c_p^2-c_L^2}{c_L^2}\right)},q=\frac{\omega}{c_p}\sqrt{\left(\frac{c_p^2-c_T^2}{c_T^2}\right)} \tag{2-82}$$

代入频散方程，简化后得：

对称模式：

$$\frac{\tan\dfrac{\sqrt{c_p^2-c_T^2}\,\omega d}{c_pc_T}}{\tan\dfrac{\sqrt{c_p^2-c_L^2}\,\omega d}{c_pc_L}}=-\frac{4c_T^3\sqrt{(c_p^2-c_L^2)(c_p^2-c_T^2)}}{c_L(2c_T^2-c_p^2)^2} \tag{2-83}$$

反对称模式：

$$\frac{\tan\dfrac{\sqrt{c_p^2-c_T^2}\,\omega d}{c_pc_T}}{\tan\dfrac{\sqrt{c_p^2-c_L^2}\,\omega d}{c_pc_L}}=-\frac{c_L(2c_T^2-c_p^2)^2}{4c_L^3\sqrt{(c_p^2-c_L^2)(c_p^2-c_T^2)}} \tag{2-84}$$

频散方程是一组超越方程，不能直接求出频散曲线的解析表达式，只能通过数值求解的方式得到频散曲线。对于任意材料，结构中纵波速度 c_L 大于横波速度 c_T。因此，只有当相速度 c_p 大于纵波速度 c_L 时上述方程才成立。

当 $0<c_p\leqslant c_T$ 时，有：

$$\begin{cases}\dfrac{\tan\dfrac{{}^{i}\sqrt{c_T^2-c_p^2}\,\omega d}{c_p c_T}}{\tan\dfrac{{}^{i}\sqrt{c_L^2-c_p^2}\,\omega d}{c_p c_L}}=-\dfrac{4c_T^3\sqrt{(c_L^2-c_p^2)(c_T^2-c_p^2)}}{c_L(2c_T^2-c_p^2)^2}\\[2ex] \dfrac{\tan\dfrac{{}^{i}\sqrt{c_T^2-c_p^2}\,\omega d}{c_p c_T}}{\tan\dfrac{{}^{i}\sqrt{c_L^2-c_p^2}\,\omega d}{c_p c_L}}=-\dfrac{c_L(2c_T^2-c_p^2)^2}{4c_T^3\sqrt{(c_L^2-c_p^2)(c_T^2-c_p^2)}}\end{cases} \tag{2-85}$$

当 $c_T<c_p\leqslant c_L$ 时，有：

$$\begin{cases}\dfrac{\tan\dfrac{\sqrt{c_p^2-c_T^2}\,\omega d}{c_p c_T}}{\tan\dfrac{{}^{i}\sqrt{c_L^2-c_p^2}\,\omega d}{c_p c_L}}=-\dfrac{4ic_T^3\sqrt{(c_L^2-c_p^2)(c_p^2-c_T^2)}}{c_L(2c_T^2-c_p^2)^2}\\[2ex] \dfrac{\tan\dfrac{\sqrt{c_p^2-c_T^2}\,\omega d}{c_p c_T}}{\tan\dfrac{{}^{i}\sqrt{c_L^2-c_p^2}\,\omega d}{c_p c_L}}=-\dfrac{c_L(2c_T^2-c_p^2)^2}{4ic_T^3\sqrt{(c_L^2-c_p^2)(c_p^2-c_T^2)}}\end{cases} \tag{2-86}$$

当 $c_p>c_L$ 时，方程不变。

因此，可以对 Lamb 频散方程进行分段处理，然后求出在实数域范围内的 Rayleigh-Lamb 波方程解。为了便于编程计算，可将上式各因式相乘后化简为等式右侧为 0 的形式，则可以定义 Lamb 波频散函数为：

当 $0<c_p\leqslant c_T$ 时，有：

$$\begin{cases}y_S=c_L(2c_L^2-c_p^2)^2\tan\dfrac{{}^{i}\sqrt{c_T^2-c_p^2}\,\omega d}{c_p c_T}+4c_T^3\sqrt{(c_L^2-c_p^2)(c_T^2-c_p^2)}\tan\dfrac{{}^{i}\sqrt{c_T^2-c_p^2}\,\omega d}{c_p c_T}=0\\[2ex] y_A=4c_T^3\sqrt{(c_p^2-c_L^2)(c_p^2-c_T^2)}\tan\dfrac{{}^{i}\sqrt{c_T^2-c_p^2}\,\omega d}{c_p c_L}+c_L(2c_T^2-c_p^2)^2\tan\dfrac{{}^{i}\sqrt{c_L^2-c_p^2}\,\omega d}{c_p c_T}=0\end{cases} \tag{2-87}$$

当 $c_T<c_p\leqslant c_L$ 时，有：

$$\begin{cases}y_S=c_L(2c_T^2-c_p^2)^2\tan\dfrac{\sqrt{c_p^2-c_T^2}\,\omega d}{c_p c_T}-4c_T^3\,{}^{i}\sqrt{(c_L^2-c_p^2)(c_p^2-c_T^2)}\tan\dfrac{{}^{i}\sqrt{c_L^2-c_p^2}\,\omega d}{c_p c_L}=0\\[2ex] y_A=4c_T^3\,{}^{i}\sqrt{(c_L^2-c_p^2)(c_p^2-c_T^2)}\tan\dfrac{\sqrt{c_p^2-c_T^2}\,\omega d}{c_p c_L}-c_L(2c_T^2-c_p^2)^2\tan\dfrac{{}^{i}\sqrt{c_L^2-c_p^2}\,\omega d}{c_p c_T}=0\end{cases} \tag{2-88}$$

当 $c_p > c_L$ 时，有：

$$\begin{cases} y_S = c_L(2c_T^2 - c_p^2)^2 \tan\dfrac{\sqrt{c_p^2 - c_T^2}\,\omega d}{c_p c_T} + 4c_T^3\sqrt{(c_p^2 - c_L^2)(c_p^2 - c_T^2)}\tan\dfrac{\sqrt{c_p^2 - c_L^2}\,\omega d}{c_p c_L} = 0 \\ y_A = 4c_T^3\sqrt{(c_p^2 - c_L^2)(c_p^2 - c_T^2)}\tan\dfrac{\sqrt{c_p^2 - c_T^2}\,\omega d}{c_p c_L} + c_L(2c_T^2 - c_p^2)^2 \tan\dfrac{\sqrt{c_p^2 - c_L^2}\,\omega d}{c_p c_T} = 0 \end{cases} \tag{2-89}$$

由三角函数和双曲函数的关系，

$$\begin{aligned} &-i\sin(ix) = \sinh(x), i\sin(x) = \sinh(ix) \\ &\cos(ix) = \cosh(x), \cos(x) = \cosh(ix) \\ &\tan(ix) = i\tanh(x), \mathrm{i}\tan(x) = \tanh(ix) \\ &\tanh(x) = \frac{\sinh(x)}{\cosh(x)} \end{aligned} \tag{2-90}$$

可对式(2-89)进行化简。使用 matlab 进行 Lamb 波频散函数求解的流程如下：

1）在厚度 d 确定的条件下，建立频率矩阵 ω，确定初始值为 0 的模式矩阵 Modes$S$ 和 Modes$A$；

2）在每一个频率 ω 下，确定变量 c_p 的初始值 c_{p_0}，并将取值范围定义为 $[c_{p_0}, c_T] \cup [c_T, c_L] \cup [c_L, 10\ 000]$，设定变量 c_p 的增量 Δ_p，将 c_p 和 $c_p + \Delta p$ 代入函数 y_s 和 y_A 分别计算函数值；

3）如果 c_p 和 $c_p + \Delta p$ 计算出的 y_s 或 y_A 值变号，记录下此时值 $c_p + \Delta p$，同时记录对应的 Modes$S$ 或 Modes$A$ 当前值；

4）重复上述过程，直至 c_p 值达到上限 10 000；

5）设定变量的特定增量 ω，令 $\omega = \omega + \Delta\omega$，重复以上步骤；

6）直至变量在特定的范围内，求得 Lamb 波相速度 c_p 的所有值；

7）将 c_p 取值矩阵代入公式 $c_g = \dfrac{d\omega}{dk_0} = \dfrac{c_p}{1 - \dfrac{\omega}{c_p}\dfrac{dc_p}{d\omega}}$，可以得到群速度矩阵 c_g，需注意上式中 $\dfrac{dc_p}{d\omega}$ 求导时，会导致群速度矩阵少一个元素。为了不影响矩阵运算，将矩阵的最后一个有效值赋值给缺失的最后一个元素。

根据以上步骤，可以将求解过程用流程图表示出来，如图 2-6 所示。

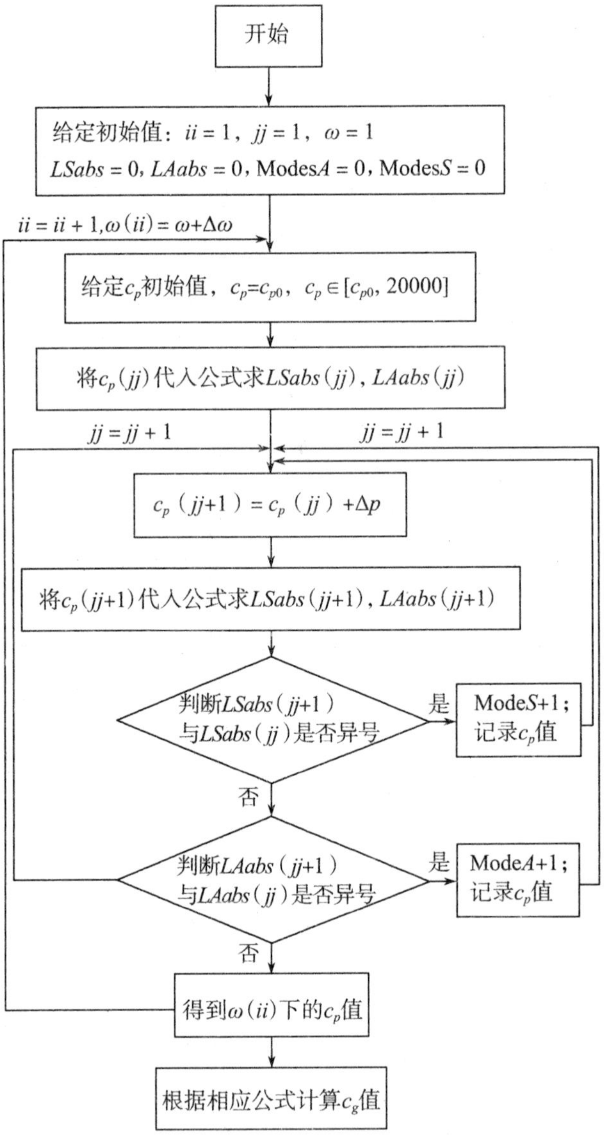

图 2-6　流程图

根据这一流程编程数值计算 Lamb 波相速度和群速度，可以得到各向同性的金属板结构中的频散曲线。试采用海洋平台结构中最常使用的 Q235 钢板作为计算对象，材料参数如表 2-1 所示。

表 2-1　材料参数

弹性模量 E/GPa	泊松比/μ	密度 ρ(kg/m^3)	板厚度 h/mm
200	0.25	7.85	2

通过计算可以得到各向同性钢板结构中 Lamb 波频散曲线如图 2-7 所示。

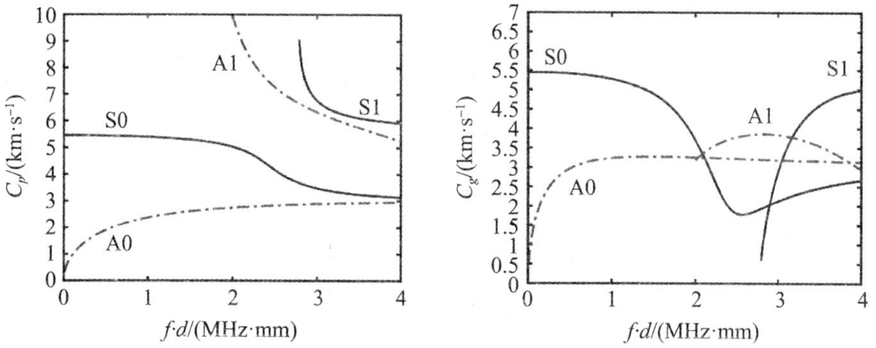

图 2-7　频散曲线

求解方法 2

在金属板结构中的 Lamb 波频散曲线的基础上，当板的物理参数已知时，即可以求得任意中心频率下的声发射波的相速度和群速度。

将 $p^2=\dfrac{\omega^2}{C_L^2}-k^2$ 和 $q^2=\dfrac{\omega^2}{C_T^2}-k^2$，$C_p=\dfrac{\omega}{k}$ 整理为

$$p=\frac{\omega}{C_p}\sqrt{\frac{C_p^2-C_L^2}{C_L^2}},q=\frac{\omega}{C_p}\sqrt{\frac{C_p^2-C_T^2}{C_T^2}} \tag{2-91}$$

定义

$$\tilde{p}=Re\left(\sqrt{\frac{C_p^2-C_L^2}{C_L^2}}\right),\tilde{q}=Re\left(\sqrt{\frac{C_p^2-C_T^2}{C_T^2}}\right) \tag{2-92}$$

频散方程是一组超越方程，不能直接求出频散曲线的解析表达式，只能通过数值求解的方式得到频散曲线。对于任意材料，结构中纵波速度 C_L 大于横波速度 C_T。因此，只有当相速度 C_p 大于纵波速度 C_L 时上述方程才成立。

由三角函数和双曲函数的关系：

$$\begin{aligned}
&\sin(ix)=i\sinh(x),i\sin(x)=\sinh(ix)\\
&\cos(ix)=\cosh(x),\cos(x)=\cosh(ix)\\
&\tan(ix)=i\tanh(x),i\tan(x)=\tanh(ix)\\
&\tanh(x)=\frac{\sinh(x)}{\cosh(x)}
\end{aligned} \tag{2-93}$$

当 $0<C_p\leqslant C_T$ 时，代入频散方程，对称模态和非对称模态分别为

$$\begin{cases}
\dfrac{\tan i\dfrac{\omega d}{C_p}\tilde{q}}{\tan i\dfrac{\omega d}{C_p}\tilde{p}}=-\dfrac{4\tilde{p}\tilde{q}}{(1+\tilde{q}^2)^2}\\[2ex]
\dfrac{\tan i\dfrac{\omega d}{C_p}\tilde{q}}{\tan i\dfrac{\omega d}{C_p}\tilde{p}}=-\dfrac{(1+\tilde{q}^2)^2}{4\tilde{p}\tilde{q}}
\end{cases} \tag{2-94}$$

当 $C_T<C_p\leqslant C_L$ 时，有：

$$\begin{cases}\dfrac{\tan\dfrac{\omega d}{c_p}\tilde{q}}{\tan i\dfrac{\omega d}{c_p}\tilde{p}}=-\dfrac{4i\tilde{p}\tilde{q}}{(\tilde{q}^2-1)^2}\\[2ex]\dfrac{\tan\dfrac{\omega d}{C_p}\tilde{q}}{\tan i\dfrac{\omega d}{C_p}\tilde{p}}=-\dfrac{(\tilde{q}^2-1)^2}{4i\tilde{p}\tilde{q}}\end{cases} \tag{2-95}$$

当 $C_p>C_L$ 时，方程不变。

因此，可以对 Lamb 频散方程进行分段处理，然后求出在实数域范围内的 Rayleigh-Lamb 波方程解。为了便于编程计算，可将上式各因式相乘后化简为等式右侧为 0 的形式，则可以定义 Lamb 波频散函数为

当 $0<C_p\leqslant C_T$ 时，有：

$$\begin{cases}y_s=4i^2\tilde{p}\tilde{q}i\sinh\dfrac{\omega d}{C_p}\tilde{p}\cosh\dfrac{\omega d}{C_p}\tilde{q}+(1+\tilde{q}^2)^2 i\sinh\dfrac{\omega d}{C_p}\tilde{q}\cosh\dfrac{\omega d}{C_p}\tilde{p}=0\\[2ex] y_A=4i^2\tilde{p}\tilde{q}i\sinh\dfrac{\omega d}{C_p}\tilde{q}\cosh\dfrac{\omega d}{C_p}\tilde{p}+(1+\tilde{q}^2)^2 i\sinh\dfrac{\omega d}{C_p}\tilde{p}\cosh\dfrac{\omega d}{C_p}\tilde{q}=0\end{cases} \tag{2-96}$$

当 $C_T<C_p\leqslant C_L$ 时，有：

$$\begin{cases}y_s=4i^2\tilde{p}\tilde{q}\sinh\dfrac{\omega d}{C_p}\tilde{p}\cos\dfrac{\omega d}{C_p}\tilde{q}+(\tilde{q}^2-1)^2\sin\dfrac{\omega d}{C_p}\tilde{q}\cosh\dfrac{\omega d}{C_p}\tilde{p}=0\\[2ex] y_A=4i\tilde{p}\tilde{q}\sin\dfrac{\omega d}{C_p}\tilde{q}\cosh\dfrac{\omega d}{C_p}\tilde{p}+(\tilde{q}^2-1)^2 i\sinh\dfrac{\omega d}{C_p}\tilde{p}\cos\dfrac{\omega d}{C_p}\tilde{q}=0\end{cases} \tag{2-97}$$

当 $C_p>C_L$ 时，有：

$$\begin{cases}y_s=4\tilde{p}\tilde{q}\sin\dfrac{\omega d}{C_p}\tilde{p}\cos\dfrac{\omega d}{C_p}\tilde{q}+(\tilde{q}^2-1)^2\sin\dfrac{\omega d}{C_p}\tilde{q}\cos\dfrac{\omega d}{C_p}\tilde{p}=0\\[2ex] y_A=4\tilde{p}\tilde{q}\sin\dfrac{\omega d}{C_p}\tilde{q}\cos\dfrac{\omega d}{C_p}\tilde{p}+(\tilde{q}^2-1)^2\sin\dfrac{\omega d}{C_p}\tilde{p}\cos\dfrac{\omega d}{C_p}\tilde{q}=0\end{cases} \tag{2-98}$$

2.4.2 群速度的泰勒展开

下面介绍泰勒展开法求群速度，根据泰勒级数公式，

$$\begin{aligned}f(x_{i+1})&=\sum_{n=0}^{\infty}\frac{(x_{i+1}-x_i)^n}{n!}\cdot f^{(n)}(x_i)\\&=f(x_i)+\Delta x\cdot f'(x_i)+\frac{\Delta x^2}{2}\cdot f''(x_i)+\cdots+\frac{\Delta x^n}{n!}\cdot f^{(n)}(x_i)+\cdots+O(\Delta x^n)\end{aligned} \tag{2-99}$$

N 阶泰勒展开的误差项为

$$O(\Delta x'')=\frac{\Delta x^{n+1}}{(n+1)!}\cdot f^{(n+1)}(x_i) \tag{2-100}$$

仅取一阶展开及之前的部分，一阶导数为

$$f'(x_i)=\frac{f(x_{i+1})-f(x_i)}{\Delta x}-O(\Delta x) \tag{2-101}$$

因此，通常用的斜率为一阶导数的近似值，其误差为 $O(\Delta x)$，该误差取决于间距大小及曲线的复杂程度。

采用上式求二阶导数

$$\begin{aligned} f''(x_i)&=\frac{f'(x_{i+1})-f'(x_i)}{\Delta x}-O(\Delta x^2) \\ &=\frac{f(x_{i+2})-2f(x_{i+1})+f(x_i)}{\Delta x^2}-O(\Delta x^2) \end{aligned} \tag{2-102}$$

为了提高精度取二阶级数及之前的部分，

$$\begin{aligned} f'(x_i)&=\frac{f(x_{i+1})-f(x_i)}{\Delta x}-\frac{f''(x_i)}{2}\Delta x+O(\Delta x^2) \\ &=\frac{-f(x_{i+2})+4f(x_{i+1})-3f(x_i)}{2\Delta x}+O(\Delta x^2) \end{aligned} \tag{2-103}$$

同理，求得三阶导数为

$$\begin{aligned} f'''(x_i)&=\frac{f''(x_{i+1})-f(x_i)}{\Delta x}-O(\Delta x^3) \\ &=\frac{f(x_{i+3})-2f(x_{i+2})+f(x_{i+1})}{\Delta x^2}-\frac{f(x_{i+2})-2f(x_{i+1})+f(x_i)}{\Delta x^2}-O(\Delta x^3) \\ &=\frac{f(x_{i+3})-3f(x_{i+2})+3f(x_{i+1})-f(x_i)}{\Delta x^3}-O(\Delta x^3) \end{aligned} \tag{2-104}$$

取三阶级数及之前部分求一阶导数为

$$\begin{aligned} f'(x_i)&=\frac{f(x_{i+1})-f(x_i)}{\Delta x}-\frac{f''(x_i)}{2}\Delta x-\frac{f'''(x_i)}{6}\Delta x^2+O(\Delta x^3) \\ &=\frac{-f(x_{i+2})+4f(x_{i+1})-3f(x_i)}{2\Delta x}-\frac{f(x_{i+3})-3f(x_{i+2})+3f(x_{i+1})-f(x_i)}{6\Delta x}+O(\Delta x^3) \\ &=\frac{-f(x_{i+3})+9f(x_{i+1})+8f(x_i)}{6\Delta x}+O(\Delta x^3) \end{aligned} \tag{2-105}$$

因此，在 $\Delta x=\Delta fh$ 的条件下，求 (f_ih, cp_i) 点处的一阶导数 $\frac{dc_p}{d(fd)}$，带入 $c_g=c_p^2\left[c_p-(fd)\frac{dc_p}{d(fd)}\right]^{-1}$ 求得对应的群速度 (f_ih, cg_i)。

2.5　Lamb 波传播特性

在无限均匀、各向同性弹性结构介质中，只存在两种波——横波和纵波，二者分别以各自的特征速度传播而无波形耦合现象。而在板中则不然，在板的某一点上激发出声波，由于横波和纵波传播到板的上、下界面时会发生波形转换，两种波之间互相耦合发生波形的变化，因累加而产生不同的模式的波包，波包累加结果表现为在板结构中传播的 Lamb 波。

2.5.1 多模式特性分析

Lamb 波在板结构传播时，板中的质点产生振动，其振动方式十分复杂。根据薄板两表面质点的振动相位关系，可以将 Lamb 波分为不同模态的波，主要有对称波和反对称波两种[14]。其中，对称波分为 $S_0,S_1,\cdots,S_n$ 等多种模态，反对称波又分为 $A_0,A_1,\cdots,A_n$ 等多种模态。通常以 S_n 表示对称模态，A_n 表示反对称模态，这就是 Lamb 波的多模式特性。

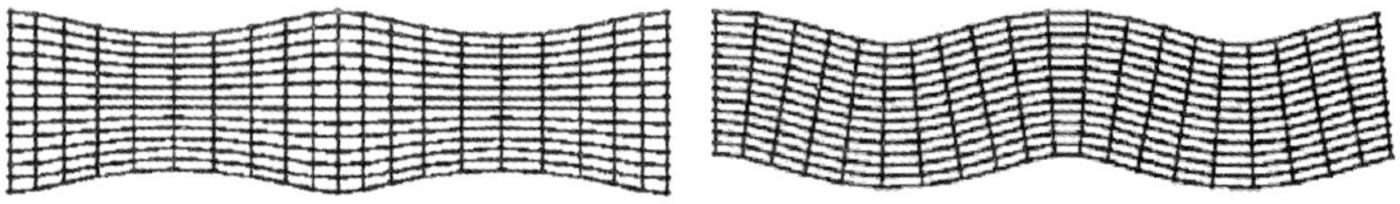

图 2-8　对称与反对称模态

对于对称模态，Lamb 波在传播过程中，质点在板中的振动方向与板的中心面是互相对称的，即质点振动方向矢量具有相同的水平分量和反向的垂直分量。粒子的振动轨迹为椭圆，薄板上下面粒子具有相同的振动相位，而薄板中部粒子振动传播形式为纵波；对于反对称模态，质点振动相位在板厚的中心轴是反对称的，即质点振动方向矢量具有相反的水平分量和相同的垂直分量。薄板上下面粒子具有相同的振动相位，粒子的振动轨迹也为椭圆，薄板中部的粒子振动传播形式为横波。对称模态波和反对称模态波在板中传播时是相互独立的。

2.5.2 频散特性分析

Lamb 波在板结构中传播时，存在相同相位振动形式的波和相同振幅形式的波。将同相位振动波的传播速度称为相速度 c_p，将等振幅波的传播速度称为群速度 c_g。当 Lamb 波在板结构中传播时发生频散，每一频率成分的波的分量以它自己的相速度传播，由于各波分量的传播速度不同，相位相同的点振动叠加起来形成的最大振幅也在不断变化，于是复合波群表现为一团一团振动向前传播，这样的一团一团的复合波群又称为波包，这些波包的传播速度就成为群速度。板结构中沿特定方向传播的两个不同频率、相同幅值的谐波的相速度和群速度示意如图所示。以中心频率为 100 kHz 兰姆波在传播 0.4 米时为例，其变化的过程如图 2-9 所示。

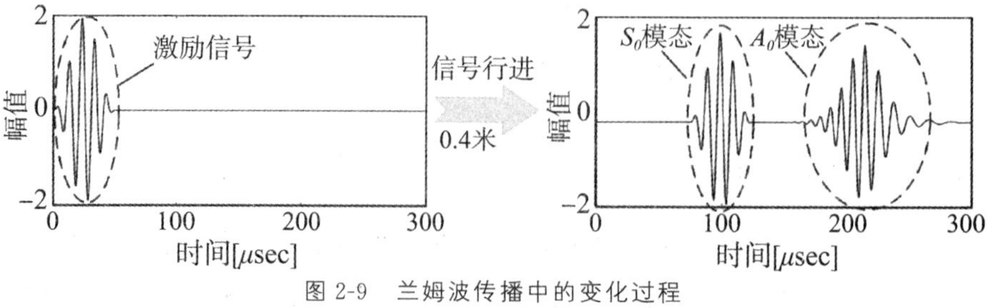

图 2-9　兰姆波传播中的变化过程

从上图可以直观地看出，接收的信号形态也不再与激励信号相同，这是由于信号的频散效应导致的。兰姆波的这两种性质会使得信号变得复杂，各种波包相互叠加，降低了信号的可读性。

2.5.3 相速度和群速度

由 Lamb 波的频散特性可知，Lamb 波的频散是由于 Lamb 波信号内各频率成分信号传播的相速度不同造成的。为了简化对 Lamb 波相速度和群速度的解释，假设有两个频率分别为 ω_1 和 ω_2（$\omega_1 \approx \omega_2$）同振幅简谐波在板结构中向同一方向传播，如图 2-10 所示。它们各自的传播速度不同而产生相位差，两者的叠加形成合成波向同一方向传播，如图 2-11 所示。合成波的包络称为波包。合成信号的能量是以一个波包一个波包的形式进行传播。

设合成波沿 x 轴传播，其表达式为

$$h(x,t)=A\cos(k_1x-\omega_1t)+A\cos(k_2x-\omega_2t) \tag{2-106}$$

其中，k_1、k_2 分别为两谐波的波数，$k_1\approx k_2$，A 为振幅。假设：$(k_1+k_2)/2=k_c$，$(\omega_1+\omega_2)/2=\omega_c$，$(k_1-k_2)/2=\Delta k$，$(\omega_1-\omega_2)/2=\Delta\omega$

使用三角恒等式可将上式转换为

$$h(x,t)=2A\cos(\Delta kx-\Delta\omega t)\cos(k_cx-\omega_ct) \tag{2-107}$$

可以看出，合成波含有 $\cos(k_cx-\omega_ct)$ 和 $\cos(\Delta kx-\Delta\omega t)$ 两部分，分别称为高频载波和低频调制波。高频载波在板中传播过程主要与相速度 $V_p=\omega_c/k_c$ 和合成波的中心频率 ω_c 有关。低频调制波与群速度 $V_g=\Delta\omega/\Delta k=\mathrm{d}\omega/\mathrm{d}k$ 和频率 $\Delta\omega$ 有关。

如果 $k_1\approx k_2$，$\omega_1\approx\omega_2$，则 $\Delta k\ll k_C$，$\Delta\omega\ll\omega_C$，合成波相当于一个变化缓慢的调制波 $\cos(\Delta kx-\Delta\omega t)$ 包络的高频载波 $\cos(k_cx-\omega_ct)$ 波动，即群速度在传播过程中幅值的变化比较缓慢。

将相速度和群速度的公式进行合并，可求得两者的关系：

$$c_g=\mathrm{d}\omega[\mathrm{d}k]^{-1}=\mathrm{d}\omega\left[\mathrm{d}\left(\frac{\omega}{c_p}\right)\right]^{-1}=\mathrm{d}\omega\left[\frac{\mathrm{d}\omega}{c_p}-\omega\frac{\mathrm{d}c_p}{c_p^2}\right]^{-1}=c_p^2\left[c_p-\omega\frac{\mathrm{d}c_p}{\mathrm{d}\omega}\right]^{-1} \tag{2-108}$$

将 $\omega=2\pi f$ 代入上式可得：

$$c_g=c_p^2\left[c_p-(fd)\frac{\mathrm{d}c_p}{\mathrm{d}(fd)}\right]^{-1} \tag{2-109}$$

其中，fd 表示频率与板厚的乘积。

当上式中 $\mathrm{d}c_p/\mathrm{d}(fd)$ 趋向于零时，$c_g=c_p$；当 $\mathrm{d}c_p/\mathrm{d}(fd)$ 趋向于无穷大时，群速度趋向于零，即处于截止频率处。

在以下两种情况下群速度和相速度相等：① 单一频率的 Lamb 波；② 不频散的一种波（如体波）而非 Lamb 波。所以对于频率宽带和窄带的 Lamb 波来说，群速度和相速度不相等。当 $\mathrm{d}c_p/\mathrm{d}(fd)>0$ 时，群速度大于相速度，当 $\mathrm{d}c_p/\mathrm{d}(fd)<0$ 时群速度小于相速度。

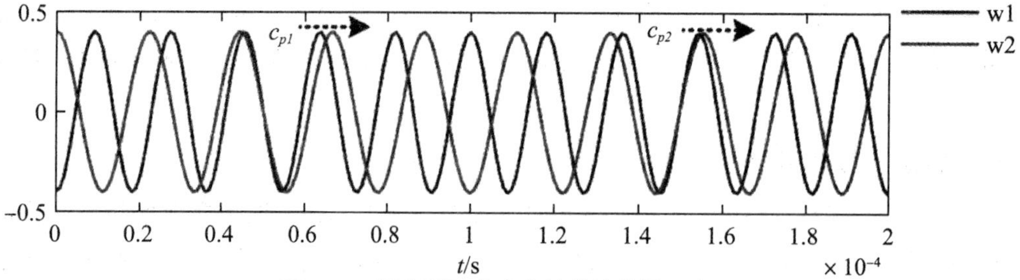

图 2-10　两个不同频率的简谐波传播示意图

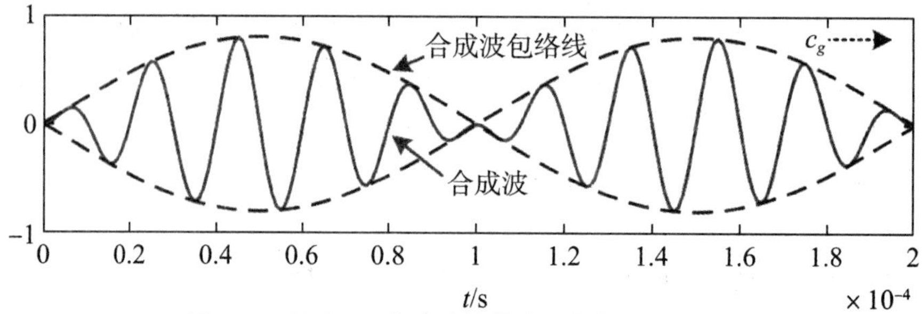

图 2-11　两个不同频率的简谐波的合成波及其波包

第 3 章　管结构中的导波

3.1　引言

由于超声导波具有传播距离广、检测灵敏度高的优点，因此在板、杆以及管结构的无损检测中具有较为广泛的应用。超声导波在管道中沿着轴向与周向传播，因此可以根据管道模型的几何参数、材料属性以及边界条件，构建管道中的导波模型。

3.2　管结构中的 Lamb 波

3.2.1 圆管结构中的波动方程

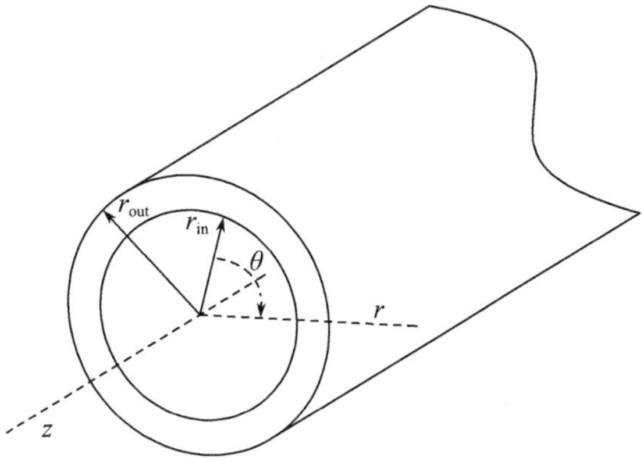

图 3-1　自由边界圆管示意图

如图 3-1 所示，当弹性各向同性管道在内外界面都满足零应力边界条件时，导波轴向传播的波动方程可表示为

$$\begin{cases}\dfrac{\partial^2 \phi}{\partial r^2}+\dfrac{1}{r}\dfrac{\partial \phi}{\partial r}+\dfrac{\partial^2 \phi}{\partial z^2}=\dfrac{1}{c_1^2}\dfrac{\partial^2 \phi}{\partial t^2}\\ \dfrac{\partial^2 \varphi}{\partial r^2}+\dfrac{1}{r}\dfrac{\partial \varphi}{\partial r}+\dfrac{\partial^2 \varphi}{\partial z^2}=\dfrac{1}{c_2^2}\dfrac{\partial^2 \varphi}{\partial t^2}\end{cases} \tag{3-1}$$

公式(3-1)中 t 代表时间，φ 和 ϕ 为势函数。材料的体波波速由密度 ρ 和拉梅常数 μ 及 Λ 决定。其中，纵波体波波速 c_1；和横波体波波速 c_2，分别可表示为

$$c_1=\sqrt{\frac{\Lambda+2\mu}{\rho}}, c_2=\sqrt{\frac{\mu}{\rho}} \tag{3-2}$$

3.2.2 无约束圆管的边界条件及频散方程

超声导波在管道中的传播属于空间波动问题，研究根据弹性力学理论，空间问题应满足运动方程、几何方程以及物理方程等三类方程：

（1）运动方程：

$$\begin{cases}\dfrac{\partial\sigma_x}{\partial x}+\dfrac{\partial\tau_{yx}}{\partial y}+\dfrac{\partial\tau_{zx}}{\partial z}+X-\rho\dfrac{\partial^2 u}{\partial t^2}=0\\ \dfrac{\partial\tau_{xy}}{\partial x}+\dfrac{\partial\sigma_y}{\partial y}+\dfrac{\partial\tau_{zy}}{\partial z}+Y-\rho\dfrac{\partial^2 v}{\partial t^2}=0\\ \dfrac{\partial\tau_{xz}}{\partial x}+\dfrac{\partial\tau_{yz}}{\partial y}+\dfrac{\partial\sigma_z}{\partial z}+Z-\rho\dfrac{\partial^2 w}{\partial t^2}=0\end{cases}\tag{3-3}$$

式中，$\sigma_x,\sigma_y,\sigma_z$ 表示 x，y，z 方向的正应力；τ_{ij} 表示剪应力，i 表示作用面垂直于哪一个坐标轴，j 表示作用方向沿着哪一个坐标轴；X，Y，Z 表示 x、y、z 方向的体力；ρ 表示密度；u,v,w 表示位移在 x、y、z 方向上的投影；t 表示时间。

（2）几何方程：

$$\begin{cases}\varepsilon_x=\dfrac{\partial u}{\partial x},\varepsilon_y=\dfrac{\partial v}{\partial y},\varepsilon_z=\dfrac{\partial w}{\partial z}\\ \gamma_{yz}=\dfrac{\partial w}{\partial y}+\dfrac{\partial v}{\partial z},\gamma_{zx}=\dfrac{\partial u}{\partial z}+\dfrac{\partial w}{\partial x},\gamma_{xy}=\dfrac{\partial v}{\partial x}+\dfrac{\partial u}{\partial y}\end{cases}\tag{3-4}$$

式中，$\varepsilon_x,\varepsilon_y,\varepsilon_z$ 表示 x、y、z 方向的正应变；γ_{ij} 表示 i、j 两坐标轴之间的剪应变。

（3）物理方程：

$$\begin{cases}\varepsilon_x=\dfrac{1}{E}[\sigma_x-v(\sigma_y+\sigma_z)]\\ \varepsilon_y=\dfrac{1}{E}[\sigma_y-v(\sigma_z+\sigma_x)]\\ \varepsilon_z=\dfrac{1}{E}[\sigma_z-v(\sigma_x+\sigma_y)]\\ \gamma_{yz}=\dfrac{2(1+v)}{E}\tau_{yz},\gamma_{zx}=\dfrac{2(1+v)}{E}\tau_{zx},\gamma_{xy}=\dfrac{2(1+v)}{E}\tau_{xy}\end{cases}\tag{3-5}$$

式中，E 表示材料的弹性模量；v 表示泊松比。

根据式(3-3)、(3-4)和(3-5)，消去应力、应变，并将最终结果写成矢量形式，就可以得到波在各向同性弹性介质中传播的控制方程——Navier 方程[15]：

$$(\Lambda+\mu)\nabla\nabla\cdot\boldsymbol{u}+\mu\nabla^2\boldsymbol{u}=\rho\left(\frac{\partial^2\boldsymbol{u}}{\partial t^2}\right)\tag{3-6}$$

式中，$\boldsymbol{u}$ 表示位移矢量；∇ 表示 Hamilton 算子；∇^2 表示 Laplace 算子；Λ,μ 表示拉梅常数，其定义见式(3-7)

$$\Lambda=\frac{vE}{(1+v)(1-2v)},\mu=\frac{E}{2(1+v)}\tag{3-7}$$

利用 Helmholtz 分解，我们可以将位移矢量 $\boldsymbol{u}$ 表达为标量势 ϕ 的梯度和矢量势 $\boldsymbol{H}$ 的旋度，如式

$$\boldsymbol{u}=\nabla\phi+\nabla\times\boldsymbol{H} \tag{3-8}$$

把式(3-8)带入式(3-6)，可得

$$\nabla\left[(\Lambda+2\mu)\nabla^2\phi-\rho\frac{\partial^2\phi}{\partial t^2}\right]+\nabla\times\left[\mu\nabla^2\boldsymbol{H}-\rho\frac{\partial^2\boldsymbol{H}}{\partial t^2}\right]=0 \tag{3-9}$$

要使式(3-9)在任意情况下有解，需要式中两项分别为零，可得

$$\begin{cases}c_1^2\nabla^2\phi=\dfrac{\partial^2\phi}{\partial t^2}\\ c_2^2\nabla^2\boldsymbol{H}=\dfrac{\partial^2\boldsymbol{H}}{\partial t^2}\end{cases} \tag{3-10}$$

令 $\boldsymbol{H}=H_r\boldsymbol{e}_r+H_\theta\boldsymbol{e}_\theta+H_z\boldsymbol{e}_z$，根据 Gazis 的线弹性理论，设

$$\begin{cases}\phi=g(r)\cos(n\theta)\cos(\omega t+\xi z)\\ H_r=g_r(r)\sin(n\theta)\sin(\omega t+\xi z)\\ H_\theta=g_\theta(r)\cos(n\theta)\sin(\omega t+\xi z)\\ H_z=g_z(r)\sin(n\theta)\cos(\omega t+\xi z)\end{cases} \tag{3-11}$$

式中，g，g_r，g_θ，g_z 均为半径 r 的函数；n 表示波动的周向阶数；ω 表示波动的角频率；ξ 表示波数。

在柱坐标下，标量势与矢量势的 Laplace 算子式如式(3-12)所示：

$$\begin{cases}\nabla^2\phi=\dfrac{\partial^2\phi}{\partial r^2}+\dfrac{1}{r}\dfrac{\partial\phi}{\partial r}+\dfrac{1}{r^2}\dfrac{\partial^2\phi}{\partial\theta^2}+\dfrac{\partial^2\phi}{\partial z^2}\\ \nabla^2H=\left(\nabla^2H_r-\dfrac{H_r}{r^2}-\dfrac{2}{r^2}\dfrac{\partial^2H_\theta}{\partial\theta^2}\right)\boldsymbol{e}_r+\left(\nabla^2H_\theta-\dfrac{H_\theta}{r^2}+\dfrac{2}{r^2}\dfrac{\partial^2H_r}{\partial\theta^2}\right)\boldsymbol{e}_\theta+\nabla^2H_z\boldsymbol{e}_z\end{cases} \tag{3-12}$$

将式(3-12)和(3-11)带入式(3-10)可得：

$$\begin{cases}\left(\nabla^2+\dfrac{\omega^2}{c_1^2}\right)\phi=0\\ \left(\nabla^2+\dfrac{\omega^2}{c_2^2}\right)H_z=0\\ \left(\nabla^2-\dfrac{1}{r^2}+\dfrac{\omega^2}{c_2^2}\right)H_r-\dfrac{2}{r^2}\dfrac{\partial H_\theta}{\partial\theta}=0\\ \left(\nabla^2-\dfrac{1}{r^2}+\dfrac{\omega^2}{c_2^2}\right)H_\theta+\dfrac{2}{r^2}\dfrac{\partial H_r}{\partial\theta}=0\end{cases} \tag{3-13}$$

定义微分算子$\mathfrak{I}_{n,i}=\left[\dfrac{\partial^2}{\partial i^2}+\dfrac{1}{i}\dfrac{\partial}{\partial i}-\left(\dfrac{n^2}{i^2}-1\right)\right]$，可以将(3-13)写为

$$\begin{cases}\mathfrak{I}_{n,\alpha r}[f]=0\\ \mathfrak{I}_{n,\beta r}[g_z]=0\\ \mathfrak{I}_{n+1,\beta r}[g_r-g_\theta]=0\\ \mathfrak{I}_{n-1,\beta r}[g_r+g_\theta]=0\end{cases} \tag{3-14}$$

式中，$\alpha^2=\dfrac{\omega^2}{c_1^2}-\xi^2$，$\beta^2=\dfrac{\omega^2}{c_2^2}-\xi^2$。

注意到算子$\mathfrak{I}_{n,i}$的形式正是 Bessel 方程，其解需要用 Bessel 函数来描述。由 Bessel 方程一般解的形式，可得(3-14)的解为

$$\begin{cases}g=AZ_n(\alpha_1 r)+BW_n(\alpha_1 r)\\ g_3=A_3Z_n(\beta_1 r)+B_3W_n(\beta_1 r)\\ 2g_1=(g_r-g_\theta)=2A_1Z_{n+1}(\beta_1 r)+2B_1W_{n+1}(\beta_1 r)\\ 2g_2=(g_r+g_\theta)=2A_2Z_{n-1}(\beta_1 r)+2B_2W_{n-1}(\beta_1 r)\end{cases} \tag{3-15}$$

式中，Z_n 表示 n 阶第一类 Bessel 函数 J_n 或 n 阶第一类修正 Bessel 函数 I；W_n 表示 n 阶第二类 Bessel 函数 Y 或 n 阶第二类修正 Bessel 函数 K；α_1，β_1，Z_n，W_n 的计算规则见表 3-1。

表 3-1　贝塞尔(**Bessel**)函数参数计算规则

$\xi<\dfrac{\omega}{c_1}$或 $\alpha^2,\beta^2>0$	$\dfrac{\omega}{c_1}<\xi<\dfrac{\omega}{c_2}$或 $\alpha^2<0,\beta^2>0$	$\xi>\dfrac{\omega}{c_2}$或 $\alpha^2,\beta^2<0$
$\alpha_1=\sqrt{\alpha^2}$；$\beta_1=\sqrt{\beta^2}$	$\alpha_1=\sqrt{-\alpha^2}$；$\beta_1=\sqrt{\beta^2}$	$\alpha_1=\sqrt{-\alpha^2}$；$\beta_1=\sqrt{-\beta^2}$
$Z_n(\alpha_1 r)=J_n(\alpha_1 r)$	$Z_n(\alpha_1 r)=I_n(\alpha_1 r)$	$Z_n(\alpha_1 r)=I_n(\alpha_1 r)$
$W_n(\alpha_1 r)=Y_n(\alpha_1 r)$	$W_n(\alpha_1 r)=K_n(\alpha_1 r)$	$W_n(\alpha_1 r)=K_n(\alpha_1 r)$
$Z_n(\beta_1 r)=J_n(\beta_1 r)$	$Z_n(\beta_1 r)=J_n(\beta_1 r)$	$Z_n(\beta_1 r)=I_n(\beta_1 r)$
$W_n(\beta_1 r)=Y_n(\beta_1 r)$	$W_n(\beta_1 r)=Y_n(\beta_1 r)$	$W_n(\beta_1 r)=K_n(\beta_1 r)$

根据规范场论，令式(3-15)中的三个变量 g_1，g_2，g_3 中的任意一个等于零，都不会影响求一般解，为了简化计算，这里可令 $g_2=0$，则 $g_1=g_r=-g_\theta$。

在柱坐标下，用标量势 ϕ 和矢量势 H 来表达位移矢量 u 的各分量：

$$\begin{cases}u_r=\dfrac{\partial\phi}{\partial r}+\dfrac{1}{r}\dfrac{\partial H_z}{\partial\theta}-\dfrac{\partial H_\theta}{\partial z}\\ u_\theta=\dfrac{1}{r}\dfrac{\partial\phi}{\partial\theta}+\dfrac{\partial H_r}{\partial z}-\dfrac{\partial H_z}{\partial r}\\ u_z=\dfrac{\partial\phi}{\partial z}+\dfrac{1}{r}\dfrac{\partial(rH_\theta)}{\partial r}-\dfrac{1}{r}\dfrac{\partial H_r}{\partial\theta}\end{cases} \tag{3-16}$$

将式(3-11)和(3-15)带入式(3-16)，可得：

$$\begin{cases} u_r = \left[g + \dfrac{n}{r}g_3 + \xi g_1\right]\cos(n\theta)\cos(\omega t + \xi z) \\ u_\theta = \left[-\dfrac{n}{r}g + \xi g_1 - g_3\right]\sin(n\theta)\cos(\omega t + \xi z) \\ u_z = \left[-\xi g - g_1 + \dfrac{(n+1)}{r}g_1\right]\cos(n\theta)\sin(\omega t + \xi z) \end{cases} \tag{3-17}$$

接下来可以通过应力与位移的关系得到应力的波动解。在柱坐标下，应力 σ_r，τ_{rz}，$\tau_{r\theta}$ 与位移 u_r，u_θ，u_z 的关系如下式：

$$\begin{cases} \sigma_r = (\Lambda + 2\mu)\dfrac{\partial u_r}{\partial r} + \dfrac{\Lambda}{r}u_r + \Lambda\dfrac{\partial u_z}{\partial_z} \\ \tau_{rz} = \mu\left[\dfrac{\partial u_r}{\partial z} + \dfrac{\partial u_z}{\partial r}\right] \\ \tau_{r\theta} = \mu\left[r\dfrac{\partial}{\partial r}\left(\dfrac{u_\theta}{r}\right) + \dfrac{1}{r}\dfrac{\partial u_r}{\partial\theta}\right] \end{cases} \tag{3-18}$$

将式(3-17)带入式(3-18)，得：

$$\begin{cases} \sigma_r = \left\{-\Lambda(\alpha^2 + \xi^2)g + 2\mu\left[g + \dfrac{n}{r}\left(g_3 - \dfrac{g_3}{r}\right) + \xi g_1\right]\right\}\cos(n\theta)\cos(\omega t + \xi z) \\ \tau_{rz} = \mu\left\{-\dfrac{2n}{r}\left(g - \dfrac{g}{r}\right) - (2g_3 - \beta^2 g_3) - \xi\left(\dfrac{n+1}{r}g_1 - g_1\right)\right\}\sin(n\theta)\cos(\omega t + \xi z) \\ \tau_{r\theta} = \mu\left\{-2\xi g - \dfrac{n}{r}\left[g_1 + \left(\dfrac{n+1}{r} - \beta^2 + \xi^2\right)g_1\right] - \dfrac{n\xi}{r}g_3\right\}\cos(n\theta)\sin(\omega t + \xi z) \end{cases} \tag{3-19}$$

对于无约束的均匀各向同性圆管道，其内外表面均不受力，所以它的边界条件(在 $r = r_{in}$ 和 $r = r_{out}$ 处)为

$$\sigma_r = \tau_{rz} = \tau_{r\theta} \tag{3-20}$$

将式(3-19)带入式(3-20)，可得：

$$[m_{ij}]_{6\times6}[A \quad A_1 \quad A_2 \quad B \quad B_1 \quad B_2]^{\mathrm{T}} = [0 \quad 0 \quad 0 \quad 0 \quad 0 \quad 0]^{\mathrm{T}} \tag{3-21}$$

要使式(3-21)有非零解，则需其系数矩阵的行列式为零，即，

$$|m_{ij}| = 0,(i,j = 1,2,\cdots,6) \tag{3-22}$$

则式(3-22)就是均匀各向同性圆管道中的频散方程。

根据频散方程可以利用数值求解软件例如 MATLAB 对频散曲线进行求解，以 Q235 材料为例，求解的管道群速度与相速度的频散曲线如图 3-2 所示，在频散曲线中可以看到在激励频率在 0～500 kHz 的范围内，管道中存在纵向模态(L)、弯曲模态(F)和扭转模态(T)三种模态的导波，在选择激励频率时，首先应该根据被检测结构件的尺寸参数、弹性模量、泊松比、密度等参数求解该构件的频散曲线，即各个激励频率下模态种类以及频率与波速的关系。为了减小多模态效应的影响，应该选择模态种类较少时的激励频率。如果某些模态的导波没有频散现象，例如板中的 SH0 模态、管道中的 L(0,2)

模态等,应优先选择此类在近似群速度内没有其他模态的导波的激励频率,以降低信号处理的复杂度,从而实现对缺陷的高效定位。

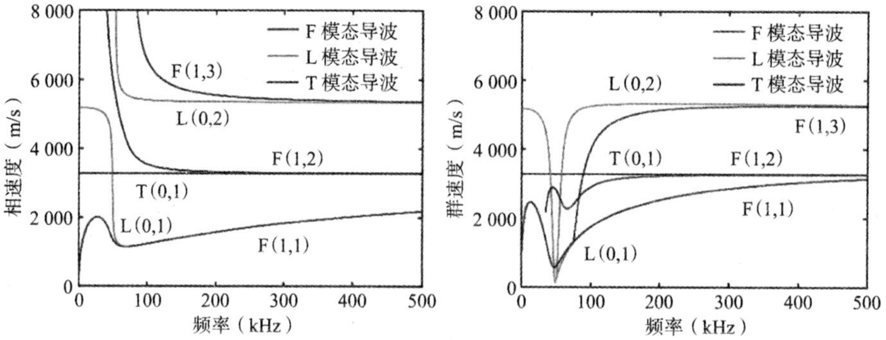

图 3-2　管道群速度与相速度频散曲线

第4章　电耦合导波模型

4.1　引言

智能材料既可以用作作动器，又可以用于传感器。本质上说，作动器或传感器均是能量转换器，作动器是电能或磁能转化为机械能，传感器相反。以压电应变传感器为例，其无须电桥，信号放大器即可获得信噪比高的信号，广泛用于振动，超声传感器。实施导波主动检测方案的先决条件是结构中超声导波的激励，通常使用表面黏结或嵌入式压电传感器来激发兰姆波。虽然无损检测的相关理论已经被很好地理解，但是很少有研究人员针对结构嵌入式压电传感器进行分析，而且通常不会提供具体数学模型。为进一步提升压电超声导波损伤检测领域的应用，需要建立更加准确而详细的压电耦合驱动模型，以此预测结构在压电激励作用下的响应。

4.2　压电智能材料基础

压电传感器具有宽带宽、通用性强、结构简单、高刚性、高稳定性、高重复性、响应时间快、工作温度范围宽、对电场和磁场不敏感等特点，已广泛应用于 SHM 领域[16]。小型化、对运动部件依赖性小、功耗低，压电材料和压电机构选择广泛，有利于 SHM 器件的设计。压电效应于 1880 年首次报道[17]，并在 α-SiO_2（石英晶体）中得到证明。在 19 世纪 40 年代，通过使用多晶陶瓷形式获得的压电体的方法实现了突破。这些压电体中的第一个具有钙钛矿结构的钛酸钡（$BaTiO_3$，BT）已被报道并迅速用于声学换能器[18]。然而，由于在纯钛酸钡中伴随多重多晶相变的去极化稳定性和低场稳定性，有必要探索其他具有增强性能的铁电钙钛矿化合物。Jaffe 等人[19]进行了里程碑式的研究，将 $PbZrO_3$-$PbTiO_3$（PZT）固溶体系统确立为非常合适的压电材料配方。PZT 组合物的领先地位是由于其强大的压电效应和相对较高的居里温度，还允许化学改性的广泛变化以获得广泛的工作参数，而不会严重降低压电效应。不同的组合物表现出有利于不同应用的不同特性。毫无疑问，到目前为止，PZT 系列是压电元件最重要和最通用的组成基础。

4.2.1 压电效应

压电效应是某些材料响应施加的机械应力而产生电荷的能力。Piezoelectric 一词源自希腊语 piezein，意思是挤压或按压，而 piezo 则是希腊语中“推”的意思。压电材料是一种介电材料。从电气角度来看，基于压电材料的结构是一个电容器。当对压电材料施加力或压力时，表面电荷将产生并建立电压电位。这种效应称为直接压电效应(DPE)。相反，当对压电结构施加电压时，它会变形。这种效应称为逆压电效应(IPE)。压电效应的独特特征之一是它是可逆的，这意味着表现出直接压电效应(施加应力时产生电)的材料也表现出逆压电效应(施加电场时产生应力)。直接压电效应预测给定机械应力产生的电场大小，被用于压电传感器和能量收集器的开发；逆压电效应预测给定电场产生多少机械应变，被用于各种动态控制致动器的开发。

压电性能在某些晶体材料中自然产生，例如石英晶体(SiO_2)和罗谢尔盐，也可以由某些多晶材料(如压电陶瓷)的电极化引起。自发极化是在不施加外部电场的情况下出现极化的现象，在某些晶体中观察到自发极化，其中正负电荷的中心不重合。在钙钛矿晶体结构中更容易发生自发极化。压电与永久极化有关，可归因于当材料因外加应力而发生机械变形时永久极化发生变化。相反，永久极化的变化会产生机械变形，即应变。在钛酸钡 $BaTiO_3$ 中，相变温度约为 130℃。当钙钛矿冷却到转变温度 TC 以下时，顺电相转变为铁电相，伴随着自发应变 S_S 和自发极化 P_S 的显示，当钙钛矿被加热到转变温度以上时，铁电相转变为顺电相，自发应变和自发极化不再存在。

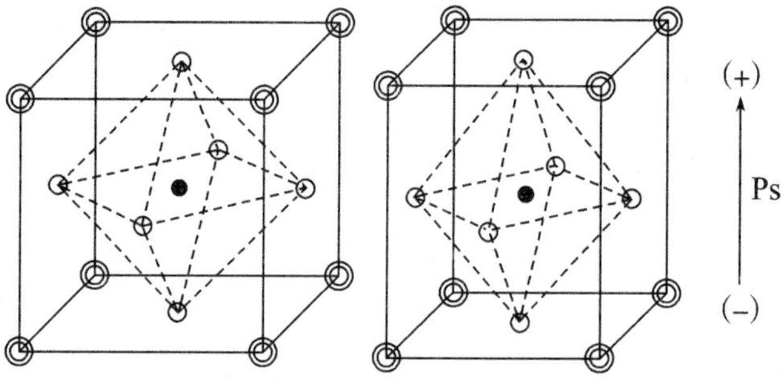

图 4-1　钙钛矿结构中的自发应变和极化

在基于晶体晶胞中发生的晶格变化对压电现象进行解释的基础上，将概念扩展到多晶钙钛矿陶瓷的分析。要考虑到增加的复杂性有两个方面。一方面，在多晶材料中，单个晶粒可以具有彼此不同的取向。另一方面，即使在单晶内部，自发极化和应变的取向也会出现点到点的变化念。压电材料必须被极化以使偶极矩在所需的特定方向上对齐才能成为压电状态，在极化之前，铁电陶瓷具有多晶结构(晶粒)和随机取向的铁电畴，各个极化相互抵消，原始铁电陶瓷的净极化为零，如图 4-2(a)所示。当在材料的居里温度以上施加直流场时，偶极矩沿电场方向排列，如图 4-2(b)所示。在压电材料极化并且偶极矩沿某个方向对齐后，如图 4-2(c)所示。

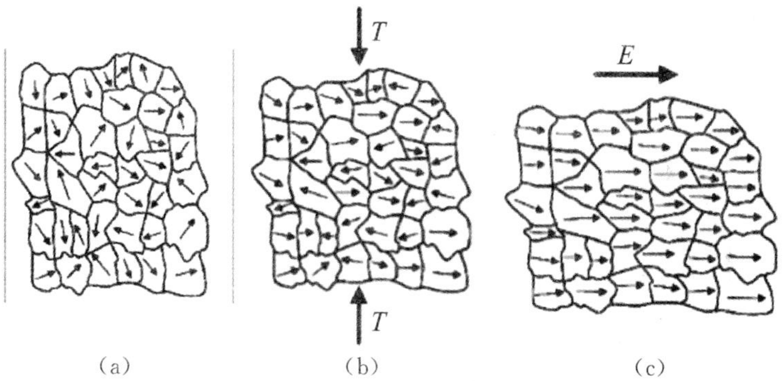

图 4-2　多晶钙钛矿陶瓷中的压电效应

压电材料强烈依赖于方向，其基本原理是使用压电材料产生和储存电荷，在一块压电材料的表面上产生的电荷与施加的力成正比。压电工作原理有两种常见模式，如图 4-3 所示，当施加的机械力/压力/应力垂直于偶极矩方向时，称为“31”(或横向)模式。当施加的机械力/压力/应力平行于偶极矩方向时，称为“33”(或纵向)模式。对于大多数压电材料，“33”模式下的压电系数(即在外加力上产生的电荷)是“31”模式的两倍。此外，“33”模式结构的能量转换效率是相同材料的“31”模式结构的三到五倍。然而，“31”模式更广泛地用于设备应用。这是当前技术的能量收集效率仍然相对较低的主要原因之一。

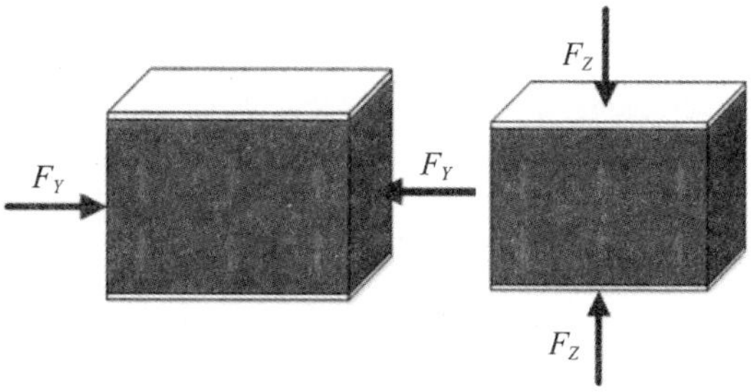

图 4-3　(a) “31”和(b) “33”模型压电结构图

4.2.2 压电方程

(1) 应变-电荷型本构方程。

对于线性压电材料，电场、机械场和温度场之间具有线性关系[20]。其本构方程为

$$\begin{aligned} S_{ij} &= s^{E}_{ijkl} T_{kl} + d_{kij} E_k + \delta_{ij} \alpha^{E}_{i} \theta \\ D_i &= d_{ikl} T_{kl} + \varepsilon^{T}_{ik} E_k + \tilde{D}_i \theta \end{aligned} \tag{4-1}$$

其中，S_{ij} 是应变张量(二阶张量 3×3)，s^{E}_{ijkl} 柔度矩阵(四阶张量 3×3×3×3)，表示单位应力对应的应变(单位：m^2/N)，T_{kl} 应力张量(二阶张量 3×3)，d_{kij} 压电系数(三阶张量 3×3×3，单位：m/V)，E_k 电场强度(单位：V/m)，δ_{ij} 是 Kronecker Delta 函数，α^{E}_{i} 是热膨胀系数，θ 为温度；D_i 为电位移(一阶张量，单位：Coulomb/m^2)，d_{ikl} 压电应力常数(单位：Coulomb/N)，ε^{T}_{ik} 介电系数(单位：F/m)，表示单位电压对应的电荷，实质是电容型，$\varepsilon^{T}_{ik} = \varepsilon_0 \varepsilon^{T}_{rik}$，其中 ε_0 是真空介电常数，ε^{T}_{rik} 是相对介电常数，$\tilde{D}_i$ 是电位移温度系数。上标

E、D 和 T 表示该参数是在 $E=0$、$D=0$ 或者 $T=0$ 的条件下测量得到。实际上,零电位移对应于开环,零电流流经电极;零电场对应于闭环,电极间零电压。

应变 S_{ij} 为

$$S_{ij}=\frac{1}{2}(u_{i,j}+u_{j,i}) \tag{4-2}$$

其中,$u_{i,j}$ 表示 i 轴方向的位移在 j 方向的偏微分。

式(4-1)中的公式 1 是作动方程。用来表征应力、电场和温度导致的应变。由电场引起的应变

$$S_{ij}^{ISA}=d_{kij}E_k \tag{4-3}$$

因此,d_{kij} 也可以称为压电应变系数。

式(4-1)中的公式 2 用来表征由应力、电场和温度同时作用产生的电荷。d_{kij} 也被称为压电电荷系数。

(2) 应力-电荷型本构方程。

$$\begin{aligned}T_{ij}&=c_{ijkl}^{E}S_{kl}-e_{kij}E_k-c_{ijkl}^{E}\delta_{kl}\alpha_k^{E}\theta\\ D_i&=e_{ikl}S_{kl}+\varepsilon_{ik}^{T}E_k+\tilde{D}_i\theta\end{aligned} \tag{4-4}$$

其中,T_{ij} 是应力张量 6×1(单位:N/m^2),c_{ijkl}^{E} 是刚度张量(单位:N/m^2),S_{kl} 是应变张量 6×1,e_{kij} 是压电应力常数 6×3,E_k 是外加电场强度向量 3×1(单位:V/m),$c_{ijkl}^{E}\delta_{kl}\alpha_k^{E}\theta$ 是当应变变为零时,温度变化引起的应力变化;D_i 是 3×1 电位移向量(单位:Coulomb/m^2),e_{ikl} 是压电应力常数 3×6(单位:C/m^2),ε_{ik}^{T} 是介电常数 3×3(单位:F/m)。上标 E,T 表示此参数是常电场(0)或者常应力(0)下测得的参数。

(3) 压缩矩阵记号。

为了将弹性和压电张量写成矩阵形式,压缩矩阵记号用来代替张量记号。压缩矩阵记号利用矩阵的对称性,用 p 或 q 代替 ij 或 kl,其中,$i,j,k,l=1,2,3$,$p,q=1,2,3,4,5,6$。

表 4-1 参数值

ij 或 kl	11	22	33	23 或 32 平面的法向 1 轴	31 或 13 平面的法向 2 轴	12 或 21 平面的法向 3 轴
p 或 q	1	2	3	4	5	6

因此,应力张量 S_{ij} 和应变张量 T_{ij}(3×3)可以被 6×1 的列矩阵 $S_P T_P$ 代替。刚度张量 c_{ijkl}^{E} 和柔度张量 S_{ijkl}^{E}(3×3×3×3)被 6×6 的刚度矩阵 c_{pq}^{E} 和柔度矩阵 s_{pq}^{E} 替代。压电系数 d_{ikl}、d_{kij} 和压电应力系数 e_{kij}、e_{ikl}(3×3×3)可以用压电矩阵 d_{ip}、e_{ip}(3×6)替代。

压电本构方程可以改为

$$\begin{Bmatrix}S_1\\S_2\\S_3\\S_4\\S_5\\S_6\end{Bmatrix}=\begin{bmatrix}s_{11}^{E}&s_{12}^{E}&s_{13}^{E}&0&0&0\\s_{21}^{E}&s_{22}^{E}&s_{23}^{E}&0&0&0\\s_{31}^{E}&s_{32}^{E}&s_{33}^{E}&0&0&0\\0&0&0&s_{44}^{E}&0&0\\0&0&0&0&s_{55}^{E}&0\\0&0&0&0&0&s_{66}^{E}\end{bmatrix}=\begin{Bmatrix}T_1\\T_2\\T_3\\T_4\\T_5\\T_6\end{Bmatrix}+\begin{bmatrix}d_{11}&d_{21}&d_{31}\\d_{12}&d_{22}&d_{32}\\d_{13}&d_{23}&d_{33}\\d_{14}&d_{24}&d_{34}\\d_{15}&d_{25}&d_{35}\\d_{16}&d_{26}&d_{36}\end{bmatrix}\begin{Bmatrix}E_1\\E_2\\E_3\end{Bmatrix}+\begin{Bmatrix}\alpha_1\\\alpha_2\\\alpha_3\\0\\0\\0\end{Bmatrix}\theta \tag{4-5}$$

$$\begin{Bmatrix} D_1 \\ D_2 \\ D_3 \end{Bmatrix} = \begin{bmatrix} d_{11} & d_{12} & d_{13} & d_{14} & d_{15} & d_{16} \\ d_{21} & d_{22} & d_{23} & d_{24} & d_{25} & d_{26} \\ d_{31} & d_{32} & d_{33} & d_{34} & d_{35} & d_{36} \end{bmatrix} \begin{Bmatrix} T_1 \\ T_2 \\ T_3 \\ T_4 \\ T_5 \\ T_6 \end{Bmatrix} + \begin{bmatrix} \varepsilon_{11}^T & \varepsilon_{12}^T & \varepsilon_{13}^T \\ \varepsilon_{21}^T & \varepsilon_{22}^T & \varepsilon_{23}^T \\ \varepsilon_{31}^T & \varepsilon_{32}^T & \varepsilon_{33}^T \end{bmatrix} \begin{Bmatrix} D_1 \\ D_2 \\ D_3 \end{Bmatrix} + \begin{Bmatrix} \tilde{D}_1 \\ \tilde{D}_2 \\ \tilde{D}_3 \end{Bmatrix} \theta \tag{4-6}$$

简化写法为

$$\begin{aligned} S_p &= s_{pq}^E T_q + d_{kp} E_k + \delta_{pq} \alpha_q^E \theta, p, q = 1, \cdots, 6; k = 1, 2, 3 \\ D_i &= d_{iq} T_q + \varepsilon_{ik}^T E_k + \tilde{D}_i \theta, \quad q = 1, \cdots, 6; i, k = 1, 2, 3 \end{aligned} \tag{4-7}$$

矩阵形式：

$$\begin{aligned} \{S\} &= [s^E]\{T\} + [d]'\{E\} + \{\alpha\}\theta \\ \{D\} &= [d]\{T\} + [\varepsilon^T]\{E\} + \{\tilde{D}\}\theta \end{aligned} \tag{4-8}$$

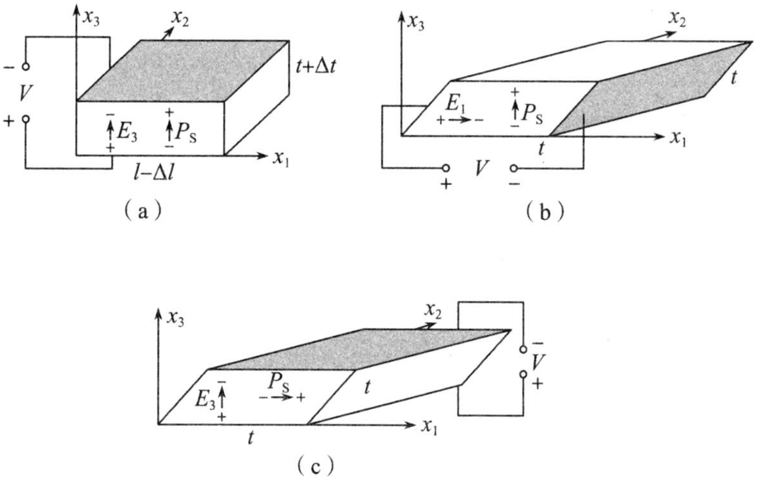

图 4-4　压电材料的应变响应

如图 4-4 所示，坐标轴 1-2-3，压电系数矩阵 d_{ij} 可以忽略很多变量。如图 4-4(a)，E_3 平行于极化方向 P_s 作用下，会造成厚度方向的变化，$\varepsilon_3 = d_{33} E_3$ 同时造成其他两轴变化，$\varepsilon_1 = d_{31} E_3$；$\varepsilon_2 = d_{32} E_3$，因此，$d_{31}$ 和 d_{32} 与 d_{33} 符号相反，且 $d_{31} = d_{32}$。

图 4-4(b)，如果电场垂直于极化方向，将产生剪切应变 $\varepsilon_5 = d_{15} E_1$，同理，电场沿 2 轴，剪切应变相同 $\varepsilon_4 = d_{24} E_2$。因此，$d_{15} = d_{24}$。

图 4-4(c)，若极化方向沿 1 轴，电场沿 3 轴，剪切应变为 $\varepsilon_5 = d_{35} E_3$。

如果极化方向为 3 轴，各向同性压电陶瓷本构方程(应变型)为

$$\begin{Bmatrix} S_1 \\ S_2 \\ S_3 \\ S_4 \\ S_5 \\ S_6 \end{Bmatrix} = \begin{bmatrix} s_{11}^E & s_{12}^E & s_{13}^E & 0 & 0 & 0 \\ s_{12}^E & s_{22}^E & s_{23}^E & 0 & 0 & 0 \\ s_{13}^E & s_{32}^E & s_{33}^E & 0 & 0 & 0 \\ 0 & 0 & 0 & s_{44}^E & 0 & 0 \\ 0 & 0 & 0 & 0 & s_{55}^E & 0 \\ 0 & 0 & 0 & 0 & 0 & s_{66}^E \end{bmatrix} \begin{Bmatrix} T_1 \\ T_2 \\ T_3 \\ T_4 \\ T_5 \\ T_6 \end{Bmatrix} + \begin{bmatrix} 0 & 0 & d_{31} \\ 0 & 0 & d_{32} \\ 0 & 0 & d_{33} \\ 0 & d_{15} & 0 \\ d_{15} & 0 & 0 \\ 0 & 0 & 0 \end{bmatrix} \begin{Bmatrix} E_1 \\ E_2 \\ E_3 \end{Bmatrix} + \begin{Bmatrix} \alpha_1 \\ \alpha_2 \\ \alpha_3 \\ 0 \\ 0 \\ 0 \end{Bmatrix} \theta \quad (4\text{-}9)$$

$$\begin{Bmatrix} D_1 \\ D_2 \\ D_3 \end{Bmatrix} = \begin{bmatrix} 0 & 0 & 0 & 0 & d_{15} & 0 \\ 0 & 0 & 0 & d_{15} & 0 & 0 \\ d_{31} & d_{32} & d_{33} & 0 & 0 & 0 \end{bmatrix} \begin{Bmatrix} T_1 \\ T_2 \\ T_3 \\ T_4 \\ T_5 \\ T_6 \end{Bmatrix} + \begin{bmatrix} \varepsilon_{11}^T & 0 & 0 \\ 0 & \varepsilon_{22}^T & 0 \\ 0 & 0 & \varepsilon_{33}^T \end{bmatrix} \begin{Bmatrix} E_1 \\ E_2 \\ E_3 \end{Bmatrix} + \begin{Bmatrix} \tilde{D}_1 \\ \tilde{D}_2 \\ \tilde{D}_3 \end{Bmatrix} \theta \quad (4\text{-}10)$$

本构方程(应力型)：

$$\begin{Bmatrix} T_1 \\ T_2 \\ T_3 \\ T_4 \\ T_5 \\ T_6 \end{Bmatrix} = \begin{bmatrix} c_{11}^E & c_{12}^E & c_{13}^E & 0 & 0 & 0 \\ c_{12}^E & c_{22}^E & c_{23}^E & 0 & 0 & 0 \\ c_{13}^E & c_{32}^E & c_{33}^E & 0 & 0 & 0 \\ 0 & 0 & 0 & c_{55}^E & 0 & 0 \\ 0 & 0 & 0 & 0 & c_{55}^E & 0 \\ 0 & 0 & 0 & 0 & 0 & c_{66}^E \end{bmatrix} \begin{Bmatrix} S_1 \\ S_2 \\ S_3 \\ S_4 \\ S_5 \\ S_6 \end{Bmatrix} - \begin{bmatrix} 0 & 0 & e_{31} \\ 0 & 0 & e_{32} \\ 0 & 0 & e_{33} \\ 0 & e_{15} & 0 \\ e_{15} & 0 & 0 \\ 0 & 0 & 0 \end{bmatrix} \begin{Bmatrix} E_1 \\ E_2 \\ E_3 \end{Bmatrix} - c_i^E \begin{Bmatrix} \alpha_1 \\ \alpha_2 \\ \alpha_3 \\ 0 \\ 0 \\ 0 \end{Bmatrix} \theta \quad (4\text{-}11)$$

其中，$c_{66}^E=(c_{11}^E-c_{12}^E)/2$

$$\begin{Bmatrix} D_1 \\ D_2 \\ D_3 \end{Bmatrix} = \begin{bmatrix} 0 & 0 & 0 & 0 & e_{15} & 0 \\ 0 & 0 & 0 & e_{15} & 0 & 0 \\ e_{31} & e_{32} & e_{33} & 0 & 0 & 0 \end{bmatrix} \begin{Bmatrix} S_1 \\ S_2 \\ S_3 \\ S_4 \\ S_5 \\ S_6 \end{Bmatrix} + \begin{bmatrix} \varepsilon_{11}^T & 0 & 0 \\ 0 & \varepsilon_{22}^T & 0 \\ 0 & 0 & \varepsilon_{33}^T \end{bmatrix} \begin{Bmatrix} E_1 \\ E_2 \\ E_3 \end{Bmatrix} \begin{Bmatrix} \tilde{D}_1 \\ \tilde{D}_2 \\ \tilde{D}_3 \end{Bmatrix} \theta \quad (4\text{-}12)$$

4.2.3 应力-电荷与应变-电荷的转换

通常，制造商或公开发表的数据报告给出的各 PZT 参数数据关系满足第一类压电方程(应变-电荷型)，忽略温度影响。

$$\begin{aligned} \{S\} &= [s^E]\{T\}+[d]^t\{E\} \\ \{D\} &= [d]\{T\}+[\varepsilon^T]\{E\} \end{aligned} \quad (4\text{-}13)$$

式中，其中，S 和 T 分别为应变和应力分量(6 个元素，x、y、z、yz、xz、xy)，E_k 和 D_i 分别为电场强度和电位移矢量(3 个元素，x、y、z)。s^E 短路弹性柔顺矩阵，表示单位应力对应的应变。ε^T 自由介电系数，表示单位电压对应的电荷，实质是电容型，在恒定应力条件下测得，如自由边界。$\varepsilon_{ik}^{T}=\varepsilon_{0}\varepsilon_{ril}^{T}$，其中 ε_0 是真空介电常数，ε_{rik}^{T} 相对介电常数。

通常，仿真软件需要第二类压电方程（应力-电荷型），边界条件为机械夹持、电学短路。

$$\begin{aligned}\{T\}&=[c^{E}]\{S\}-[e]^{t}\{E\}\\ \{D\}&=[e]\{S\}+[\varepsilon^{s}]\{E\}\end{aligned}\tag{4-14}$$

其中，c^E 是短路弹性刚度常数矩阵；e 压电应力常数矩阵；ε^s 夹持介电常数矩阵。

为了将两类方程进行转化，将第一类压电逆效应方程变换为

$$[s^{E}]\{T\}=\{S\}-[d]^{t}\{E\}\tag{4-15}$$

两边左乘 s 逆

$$\{T\}=[s^{E}]^{-1}\{S\}-[s^{E}]-1[d]^{t}\{E\}\tag{4-16}$$

带入第一类压电正效应方程

$$\begin{aligned}\{D\}&=[d]([s^{E}]^{-1}\{S\}-[s^{E}]^{-1}[d]^{t}\{E\})+[\varepsilon^{T}]\{E\}\\ &=[d][s^{E}]^{-1}\{S\}+([\varepsilon^{T}]-[d][s^{E}]^{-1}[d]^{t})\{E\}\end{aligned}\tag{4-17}$$

与第二类压电方程进行比较可得

$$\begin{aligned}&[c^{E}]=[s^{E}]^{-1}\\ &[\varepsilon^{s}]=[\varepsilon^{T}]-[d][s^{E}]^{-1}[d]^{t}\\ &[\mathrm{e}]=[d][s^{E}]^{-1}=[d][c^{E}]\end{aligned}\tag{4-18}$$

即

$$[c^{E}]=[s^{E}]^{-1}=\begin{bmatrix}c_{11}^{E} & c_{21}^{E} & c_{31}^{E} & 0 & 0 & 0\\ c_{12}^{E} & c_{22}^{E} & c_{32}^{E} & 0 & 0 & 0\\ c_{13}^{E} & c_{23}^{E} & c_{33}^{E} & 0 & 0 & 0\\ 0 & 0 & 0 & c_{44}^{E} & 0 & 0\\ 0 & 0 & 0 & 0 & c_{55}^{E} & 0\\ 0 & 0 & 0 & 0 & 0 & c_{66}^{E}\end{bmatrix}\tag{4-19}$$

如果 c_{66}^{E} 未给出，可以按照 $c_{66}^{E}=(c_{11}^{E}-c_{12}^{E})/2$

假如压电陶瓷极化轴为 z 轴（3 轴），

$$[s^{E}]=[c^{E}]^{-1}=\begin{bmatrix}1/E_{x} & -v_{xy}/E_{y} & -v_{xz}/E_{z} & 0 & 0 & 0\\ & 1/E_{y} & -v_{yz}/E_{z} & 0 & 0 & 0\\ & & 1/E_{z} & 0 & 0 & 0\\ & & & 1/G_{zy} & 0 & 0\\ & & & & 1/G_{yz} & 0\\ & & & & & 1/G_{xy}\end{bmatrix}\tag{4-20}$$

通常，压电陶瓷片处于平面应力状态，$\sigma_{z}=\tau_{yz}=\tau_{xz}=0$

$$\begin{Bmatrix}\sigma_x\\ \sigma_y\\ \tau_{xy}\end{Bmatrix}=\begin{bmatrix}c_{11}^p & c_{12}^p & 0\\ c_{12}^p & c_{11}^p & 0\\ 0 & 0 & c_{66}\end{bmatrix}\begin{Bmatrix}u_{,x}\\ v_{,y}\\ u_{,y}+v_{,x}\end{Bmatrix}-e_{31}^p\begin{Bmatrix}1\\ 1\\ 0\end{Bmatrix}E_z \tag{4-21}$$

$$D_z=e_{31}^p(u_{,x}+v_{,y})+\in_{33}^p E_z$$

其中，$c_{11}^p=c_{11}-c_{13}^2/c_{33}$，　$c_{12}^p=c_{12}-c_{13}^2/c_{33}$

$e_{31}^p=e_{31}-e_{33}c_{13}/c_{33}$，　$\in_{33}^p=\in_{33}+e_{33}^2/c_{33}$

通常采用的 PZT-5A 压电陶瓷材料的参数如表 4-2 至表 4-4 所列。

表 4-2　相对介电常数

ε_{rX}^T	ε_{rY}^T	ε_{rZ}^T
919.1	919.1	826.6

表 4-3　弹性常数

c_{11}	1.2035×10^{11}	c_{23}	7.509×10^{10}	c_{36}	0
c_{12}	7.5179×10^{10}	c_{24}	0	c_{44}	2.1053×10^{10}
c_{13}	7.509×10^{10}	c_{25}	0	c_{45}	0
c_{14}	0	c_{26}	0	c_{46}	0
c_{15}	0	c_{33}	1.1087×10^{11}	c_{55}	2.1053×10^{10}
c_{16}	0	c_{34}	0	c_{56}	0
c_{22}	1.2035×10^{11}	c_{35}	0	c_{66}	2.2584×10^{10}

表 4-4　压电常数

	X	Y	Z
X	0	0	−5.351 2
Y	0	0	−5.351 2
Z	0	0	15.784
YZ	0	12.259	0
XZ	12.259	0	0
XY	0	0	0

4.3　PZT 换能器与结构的耦合作用

4.3.1 模型假设

模型设置为厚度为 t_s、单位宽度为 $b=1$、弹性模量为 E_s 的薄板结构，其上表面通过厚度为 t_b、剪切模量为 G_b 的黏结层附着有厚度为 t_a、长度是 $l_a=2a$、弹性模量为 E_a 的 PWAS。需要注意，分析是在 xOy 平面内按单位宽度进行的，平面应变效应可以忽略，但可以通过$(1-v^2)$校正引入。

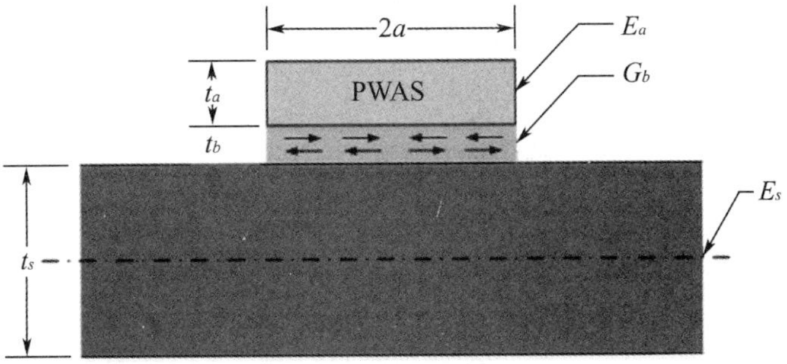

图 4-5　耦合模型

PWAS 和结构之间的耦合作用是通过黏合层来实现的，压电作动器诱导应变通过黏结层界面剪应力传递给结构。对于简谐激励，剪应力的表达式为

$$\tau(x,t)=\tau(x)e^{i\omega t} \tag{4-22}$$

对于高频运动，板厚方向的位移场表现为与兰姆波模式相关的复杂形式。因此限于静态和低频动态条件下的分析。在静态和低频动态条件下，可以应用与简单的拉伸和弯曲变形相关的通用假设，即轴向运动的恒定位移，弯曲运动的线性位移。可以按照 Crawley[21]的方案将施加到上表面的剪应力 τ 被划分为施加于上表面和下表面的对称力($\tau_{upper}=\tau/2,\tau_{lower}=\tau/2$)和反对称力($\tau_{upper}=\tau/2,\tau_{lower}=-\tau/2$)。

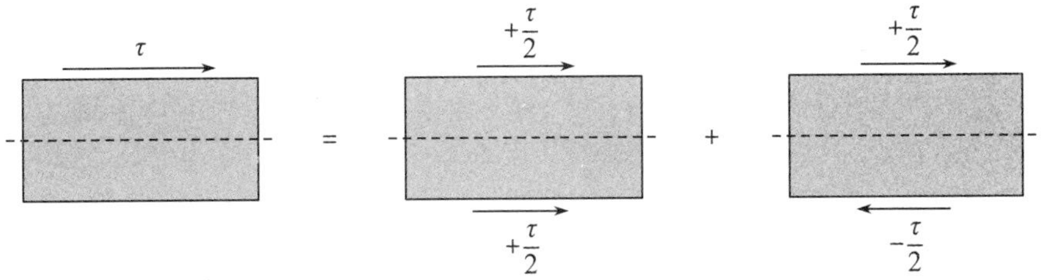

图 4-6　对称力示意图

4.3.2 粘贴层耦合作用

(1) 对于对称情况，假定应力和应变沿厚度分布均匀。

在对称的情况下，假设应力和应变在厚度上是恒定的。这相当于一个纯粹的轴向运动。因为假设应力在厚度上是均匀的，所以应力分布可以表示为

$$\sigma(y)=\sigma_s \tag{4-23}$$

其中，σ_s 是薄板上表面的应力值。

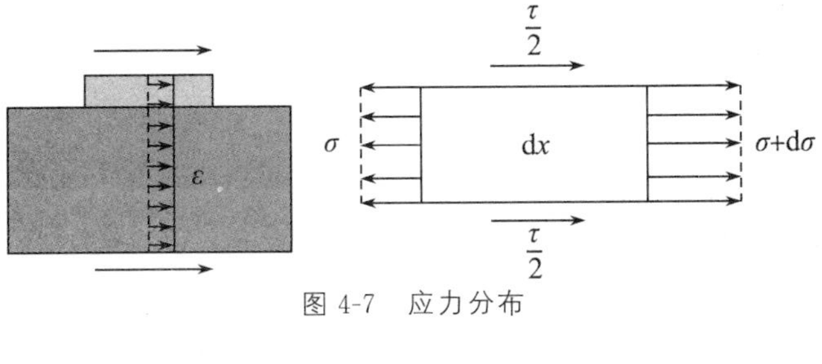

图 4-7　应力分布

应力是通过厚度上的应力积分来表示的，因为应力分布是对称的，所以应力是单位宽度的轴向力。即，

$$F=\int_{-t_s/2}^{t_s/2}\sigma(y)\mathrm{d}y=\int_{-t_s/2}^{t_s/2}\sigma_s\mathrm{d}y=t_s\sigma_s \tag{4-24}$$

在微小单元体 $\mathrm{d}x$ 上施加于板表面的剪应力所产生的力为

$$\mathrm{d}F_\tau=2\times\frac{\tau}{2}\mathrm{d}x=\tau\mathrm{d}x \tag{4-25}$$

因此，给出平衡方程，

$$(F+\mathrm{d}F)+\mathrm{d}F_\tau-F=0 \tag{4-26}$$

将公式(4-24)和(4-25)带入等式(4-26)，化简得

$$\frac{\mathrm{d}\sigma_s}{\mathrm{d}x}+\frac{\tau}{t_s}=0 \tag{4-27}$$

改写为标准形式，即

$$\frac{\mathrm{d}\sigma_s}{\mathrm{d}x}+\alpha_s\frac{\tau}{t_s}=0 \tag{4-28}$$

其中，$\alpha_s=1$。

(2) 对于反对称情况，假定应力和应变沿厚度呈线性分布。

在反对称情况下，假设应力和应变沿厚度呈线性变化，压电片与耦合表面应变相同，这对应纯粹的弯曲运动。由于假设应力沿厚度呈线性变化，因此应力分布可表示为

$$\sigma(y)=\frac{y}{t_s/2}\sigma_s \tag{4-29}$$

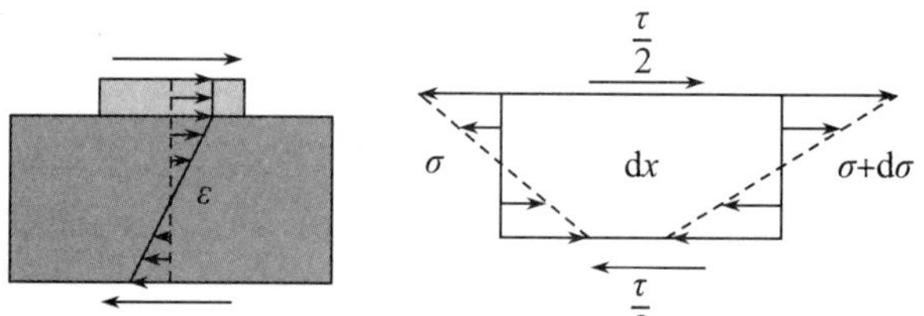

图 4-8 应力分布

因为应力分布是反对称的，所以产生的应力是单位宽度的力矩。即，

$$M=\int_{-t_s/2}^{t_s/2}\sigma(y)\mathrm{d}y=\int_{-t_s/2}^{t_s/2}\frac{y}{t_{s/2}}\sigma_s\mathrm{d}y=\frac{t_s^2}{6}\sigma_s \tag{4-30}$$

在微小单元体 $\mathrm{d}x$ 上施加于板的顶面和底面的剪应力所产生的力矩为

$$\mathrm{d}M_\tau=t_s\times\frac{\tau}{2}\mathrm{d}x \tag{4-31}$$

因此，给出平衡方程

$$(M+\mathrm{d}M)+\mathrm{d}M_\tau-M=0 \tag{4-32}$$

将公式(4-30)和(4-31)带入等式(4-32)，化简得

$$\frac{t_s^2}{6}\mathrm{d}\sigma_s+\frac{t_s}{2}\tau\mathrm{d}x=0 \tag{4-33}$$

改写为标准形式，即

$$\frac{\mathrm{d}\sigma_s}{\mathrm{d}x}+\alpha_A\frac{\tau}{t_s}=0 \tag{4-34}$$

其中，$\sigma_A=3$。

4.3.3 剪切力滞后效应

由于结构整体响应是由对称和反对称结果叠加而成的。所以可以得到在无限小长度 $\mathrm{d}x$ 上的薄板结构的单元体平衡方程：

$$t_s\frac{\mathrm{d}\sigma_s}{\mathrm{d}x}+\alpha\tau=0(\text{Structre}) \tag{4-35}$$

方程中的系数 $\alpha=\alpha_S+\alpha_A=4$ 由两种模式系数叠加而成。

由于 PWAS 相对结构而言厚度方向上要薄得多，因此不考虑压电片的弯曲变形，即压电片只存在均匀变形。在无限小长度 $\mathrm{d}x$ 上的 PWAS 的单元体平衡方程为

$$t_a\frac{\mathrm{d}\sigma_a}{\mathrm{d}x}-\tau=0(\text{PWAS}) \tag{4-36}$$

压电材料属于各向异性材料，薄板结构为各向同性材料，根据材料的本构方程可得压电片与结构的应变为

$$\varepsilon_a=\frac{\sigma_a}{E_a}+\Lambda(\text{PWAS}) \tag{4-37}$$

$$\varepsilon_s=\frac{\sigma_s}{E_s}(\text{Structre}) \tag{4-38}$$

其中，$\Lambda=-\frac{d_{31}V}{t_a}$，表示在施加电压 V 时，PWAS 产生的感应应变。

将公式(4-37)代入公式(4-36)，将公式(4-38)代入公式(4-35)，整理化简可得

$$t_aE_a\varepsilon_a'-\tau=0(\text{PWAS}) \tag{4-39}$$

$$t_sE_s\varepsilon_s'+\alpha\tau=0(\text{Structre}) \tag{4-40}$$

考虑结构的应变与位移关系为

$$\varepsilon_a=\frac{\mathrm{d}u_a}{\mathrm{d}x}=u_a'(\text{PWAS}) \tag{4-41}$$

$$\varepsilon_s=\frac{\mathrm{d}u_s}{\mathrm{d}x}=u_s'(\text{Structre}) \tag{4-42}$$

公式(4-39)和(4-40)可以进一步化简为

$$u_a''=\frac{\tau}{E_at_a} \tag{4-43}$$

$$u_s''=-\frac{\alpha\tau}{E_st_s} \tag{4-44}$$

综上，可以得到

$$u_a''-u_s''=\left(\frac{1}{E_at_a}+\frac{\alpha}{E_st_s}\right)\tau \tag{4-45}$$

另一方面，分析黏结层的应变-位移关系和应力-应变关系，可以得到

$$\gamma=\frac{u_a-u_s}{t_b} \tag{4-46}$$

$$\tau=G_b\times\gamma \tag{4-47}$$

将公式(4-46)和(4-47)整合化简得

$$u_a-u_s=\frac{t_b}{G_b}\tau \tag{4-48}$$

对公式(4-48)求位移的二阶导数(d^2x)并联立公式(4-45)得

$$\frac{t_b}{G_b}\tau''=\left(\frac{1}{E_at_a}+\frac{\alpha}{E_st_s}\right)\tau \tag{4-49}$$

化简得

$$\tau''-\frac{G_b}{E_a}\frac{1}{t_bt_a}\left(\frac{E_st_s+\alpha E_at_a}{E_st_s}\right)\tau=0 \tag{4-50}$$

定义 $\psi_s=\frac{E_st_s}{E_at_a}$ 是一个无量纲参数，将结构的刚度与压电片的刚度关联，化简可得

$$\tau''-\frac{G_b}{E_a}\frac{1}{t_bt_a}\left(\frac{\alpha+\psi}{\psi}\right)\tau=0 \tag{4-51}$$

为化简上述表达，定义一个全新参数 Γ，

$$\Gamma^2=\frac{G_b}{E_a}\frac{1}{t_at_b}\left(\frac{\alpha+\psi}{\psi}\right) \tag{4-52}$$

公式(4-51)可以进一步化简为

$$\tau''-\Gamma^2\tau=0 \tag{4-53}$$

根据二阶齐次常微分方程的一般解形式，可得方程(4-53)的通解形式为 $\tau(x)=C_1\sinh\Gamma X+C_2\cosh\Gamma x$。然而，由于压电片两侧应力对称分布会造成 $C_2=0$。因此，方程通解可化简为

$$\tau(x)=C\sinh\Gamma x \tag{4-54}$$

常数 C 是根据压电片和结构的边界条件确定，首先考虑的边界条件是应力条件

$$\begin{cases}\sigma_a(\pm a)=0\\ \sigma_s(\pm a)=0\end{cases} \tag{4-55}$$

将应力条件(4-55)代入材料本构方程(4-37)(4-38)，结合公式(4-41)(4-42)可以得到应变条件

$$\begin{cases}u_a'(\pm a)=\varepsilon_a(\pm a)=\Lambda\\ u_s'(\pm a)=\varepsilon_s(\pm a)=0\end{cases} \tag{4-56}$$

将公式(4-56)相减可得

$$u_a'(\pm a)-u_s'(\pm a)=\Lambda \tag{4-57}$$

对公式(4-47)求导,并将公式(4-57)代入得

$$\tau'(\pm a)=\frac{G_b}{t_b}[u_a'(\pm a)-u_s'(\pm a)]=\frac{G_b}{t_b}\Lambda \tag{4-58}$$

将公式(4-54)求导,并与公式(4-58)联立得

$$\tau'(\pm a)=C\Gamma\cosh\Gamma a=\frac{G_b}{t_b}\Lambda \tag{4-59}$$

因此可以解得

$$C=\frac{G_b\Lambda}{t_b\Gamma\cosh\Gamma a} \tag{4-60}$$

将公式(4-60)代到公式(4-54)可得到剪切力的完整解,即

$$\tau(x)=\frac{G_b\Lambda}{t_b\Gamma}\frac{\sinh\Gamma X}{\cosh\Gamma a} \tag{4-61}$$

对剪切力表达式的分子分母同时乘以压电片半长 a,并将公式(4-52)代入化简可以得到与 Crawley 模型相同的表达形式[22]。即

$$\begin{aligned}\tau(x)&=\frac{G_b\Lambda}{t_b(\Gamma^2/\Gamma)}\frac{\sinh\Gamma x}{\cosh\Gamma a}\times\frac{a}{a}\\&=\frac{t_a}{a}\frac{\psi}{\alpha+\psi}E_a\Lambda\left(\Gamma a\frac{\sinh\Gamma x}{\cosh\Gamma a}\right)\end{aligned} \tag{4-62}$$

剪切滞后分析表明,随着黏结厚度的减小,Γa 增大,剪应力在 PWAS 执行器的末端集中在一个无限小的区域内。在极限情况下,所有的载荷转移都可以假定发生执行器末端,这也就理想结合模型(也称为销钉力模型)。还应该注意的是,由于感兴趣的是 PWAS 和结构之间耦合的整体影响,所有相关分析没有解决 PWAS 端部出现的应力集中和应力奇异性效应。

借助狄拉克函数 $\delta(x)$ 描述理想条件下的应力集中现象,

$$\int_{-\infty}^{+\infty}\delta(x)\mathrm{d}x=1 \tag{4-63}$$

狄拉克函数具有局部化性质,

$$\int_{-\infty}^{+\infty}f(x)\delta(x-x_0)\mathrm{d}x=f(x_0) \tag{4-64}$$

理想黏结条件下黏结层中的界面剪应力分布可以表达为

$$\tau(x)=\frac{\psi}{\alpha+\psi}E_at_a\Lambda[-\delta(x+a)+\delta(x-a)] \tag{4-65}$$

单位宽度的端部剪切应力

$$\tau_a=\frac{\psi}{\alpha+\psi}\frac{t_a}{a}E_a\Lambda \tag{4-66}$$

单位宽度的销钉端力

$$F_a=a\tau_a=\frac{\psi}{\alpha+\psi}E_at_a\Lambda \tag{4-67}$$

4.4 导波激励-传播-感知模型

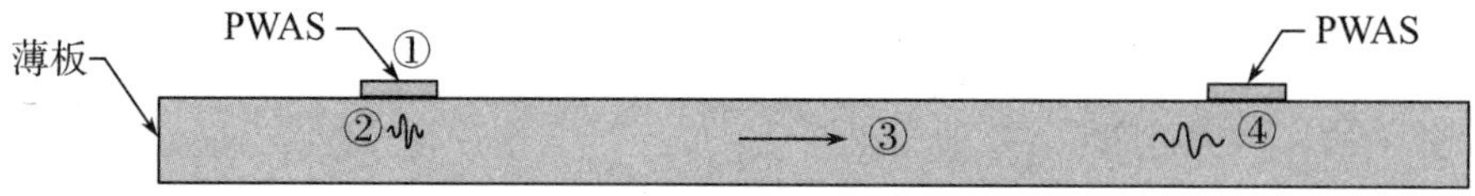

图 4-9 振动传播模型

假设板在 y 方向上足够长，因此，某一剖面可认为是处于平面应变状态；同时，与板长宽相比，板和 PZT 厚度较小，因此，PZT 致动器可认为是处于平面应力状态。

在频域中，传感器输出电压的响应是

$$\overline{V}_{out}(x,\omega)=\left[\sum_{n=0}^{\infty}K_s^n(\omega)G_n(x,\omega)\right]K_a(\omega)\overline{V}_{in}(\omega) \tag{4-68}$$

其中，$\overline{V}_{in}(\omega)$是致动器的输入电压，$K_a(\omega)$是致动器的机电耦合响应，$G_n(x,\omega)$是第 n 阶 Lamb 波的格林函数，$K_s^n(\omega)$是传感器的响应函数。

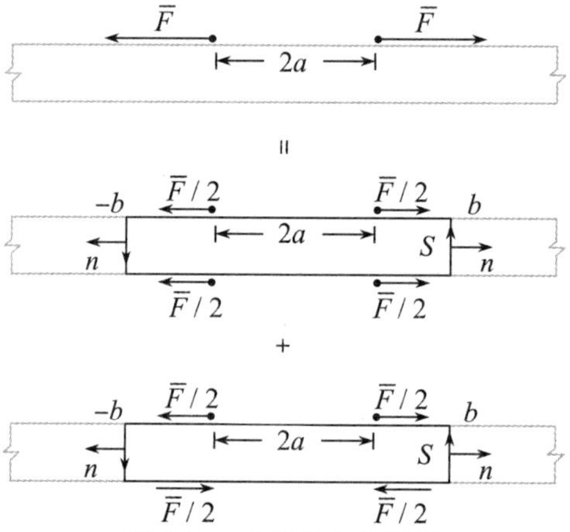

图 4-10 分解点力示意图

如图 4-10 所示，压电致动器的作用简化为具有相反方向的两个谐波力。相对于板的中间平面，将模型线力分解为对称模式和反对称模式讨论，通过互异性定理确定线力诱导 Lamb 波的幅度系数。

4.4.1 平面应变中的 Lamb 波

Lamb 波起源于平面应变变形中的弹性层或板的波动运动。假设空间坐标系的 xOy 平面与板的中间平面一致，板的厚度由$|z|\leqslant h$ 限定(h 是板的半厚度)。令 u，v 和 w 分别表示 x，y 和 z 方向上的位移分量，xOz 平面为平面应变状态，位移分量 v 相应地设置为零，因此位移(u,w)仅取决于 x，z 和 t。

根据广义胡克(Hooke)定律，均匀各向同性板的位移运动方程组可表示为

$$\begin{aligned}(\lambda+2\mu)\frac{\partial^2 u}{\partial x^2}+\mu\frac{\partial^2 u}{\partial z^2}+(\lambda+\mu)\frac{\partial^2 w}{\partial x\partial z}+f_x=\rho\ddot{u}\\(\lambda+2\mu)\frac{\partial^2 w}{\partial z^2}+\mu\frac{\partial^2 w}{\partial x^2}+(\lambda+\mu)\frac{\partial^2 u}{\partial x\partial z}+f_z=\rho\ddot{w}\end{aligned} \tag{4-69}$$

其中，f_x 和 f_z 是 x 和 z 方向上的体力，λ 和 μ 是拉梅常数(Lamé)，ρ 是材料密度。

边界条件是

$$\sigma_z=\tau_{xz}=0 \quad \text{at} z=\pm h \tag{4-70}$$

根据 Achenbach[23] 和 Phan[24] 的公式，位移的稳态解可以巧妙地表示为

$$\begin{aligned} u&=\frac{1}{k}U(z)\mathrm{e}^{i\omega t}\frac{\mathrm{d}}{\mathrm{d}x}\phi(x) \\ w&=W(z)\mathrm{e}^{i\omega t}\phi(x) \end{aligned} \tag{4-71}$$

其中 k 是波数，φ 是满足下式的载波函数：

$$\frac{\mathrm{d}^2\phi}{\mathrm{d}x^2}+k^2\phi=0 \tag{4-72}$$

载波的解决方案是

$$\phi=\exp(\mp ikx) \tag{4-73}$$

这里，正负号分别表示沿 x 负方向或 x 正方向的传播，假设推导过程仅考虑沿 x 正方向传播。请注意，稳态解中的时间谐波因数 $\exp(i\omega t)$ 通常会在下列分析中省略，即使它总是隐含在分析中。

利用本征函数展开和载波方法，体力产生的波动可以表示为对称和反对称模态的未知系数之和。对于 $x>0$ 的 x 正方向传播的波，位移解可以写为

$$\begin{aligned} \overline{u}(x,z,\omega)&=\sum_{n=0}^{\infty}A_n^S U_n^S(z)\exp(-ik_n x)+\sum_{n=0}^{\infty}A_n^A U_n^A(z)\exp(-ik_n x) \\ \overline{w}(x,z,\omega)&=\sum_{n=0}^{\infty}A_n^S W_n^S(z)i\exp(-ik_n x)+\sum_{n=0}^{\infty}A_n^A W_n^A(z)i\exp(-ik_n x) \end{aligned} \tag{4-74}$$

(ω,k) 是频率和波数，$(\overline{u},\overline{w})$ 表示稳态时间调和解，其中省略谐波因子 $\exp(i\omega t)$。参数 n 表示第 n 个模态，波数 k_n 表示给定频率的 Rayleigh-Lamb 方程的第 n 个模态，参数 S 和 A 分别表示对称和反对称运动，A_n^S 和 A_n^A 是根据体力或规定的载荷确定的常数，$[U_n(z),W_n(z)]$ 是振型，其表达式如附录 A 所示。

根据广义胡克定律，对应于位移的应力由下式给出：

$$\begin{aligned} \sigma_{xx}&=\sum_{n=0}^{\infty}A_n^S T_{xx}^{nS}(z)i\exp(-ik_n x)+\sum_{n=0}^{\infty}A_n^A T_{xx}^{nA}(z)i\exp(-ik_n x) \\ \tau_{xz}&=\sum_{n=0}^{\infty}A_n^S T_{xz}^{nS}(z)\exp(-ik_n x)+\sum_{n=0}^{\infty}A_n^A T_{xz}^{nA}(z)\exp(-ik_n x) \end{aligned} \tag{4-75}$$

其中，T_{xx}^{nS}，T_{xx}^{nA}，T_{xz}^{nS}，T_{xz}^{nA} 的表达式在附录中给出。

对于 $x<0$ 且波在 x 负方向传播的波，位移解可写为

$$\begin{aligned} \overline{u}(x,z,\omega)&=\sum_{n=0}^{\infty}A_n^S U_n^S(z)\exp(ik_n x)+\sum_{n=0}^{\infty}A_n^A U_n^A(z)\exp(ik_n x) \\ \overline{w}(x,z,\omega)&=-\sum_{n=0}^{\infty}A_n^S W_n^S(z)i\exp(ik_n x)-\sum_{n=0}^{\infty}A_n^A W_n^A(z)i\exp(ik_n x) \end{aligned} \tag{4-76}$$

应力解为：

$$\begin{aligned}\sigma_{xx} &= -\sum_{n=0}^{\infty} A_n^S T_{xx}^{nS}(z) i\exp(ik_n x) - \sum_{n=0}^{\infty} A_n^A T_{xx}^{nA}(z) i\exp(ik_n x) \\ \tau_{xz} &= \sum_{n=0}^{\infty} A_n^S T_{xz}^{nS}(z)\exp(ik_n x) + \sum_{n=0}^{\infty} A_n^A T_{xz}^{nA}(z)\exp(ik_n x)\end{aligned} \tag{4-77}$$

4.4.2 弹性动力学互易性定理

通常采用积分变换技术来计算由激励产生的时间谐波运动。利用弹性动力互易定理以非常简单的方式确定弹性波导的时间简谐运动[25]。这种功能强大的方法将位移直接表示为波模展开，并将互易定理应用于波模展开，并选择适当的辅助解来获得相关系数。互易定理将同一弹性体的两种弹性动力学状态联系起来，可表示为

$$\int_v [(f_i^A - \rho \ddot{u}_i^A) u_i^B - (f_i^B - \rho \ddot{u}_i^b) u_i^A] \mathrm{d}V = \int_S (u_i^A \sigma_{ij}^B - u_i^B \sigma_{ij}^A) n_j \mathrm{d}S \tag{4-78}$$

其中，V 是弹性体的区域，S 是弹性体的边界，上标 A 和 B 表示两种状态，n_j 是曲面 S 的外法向。

对于同一频率的两个不同的时间谐波状态，互易关系可以简化为

$$\int_v (f_i^A u_i^B - f_i^B u_i^A) \mathrm{d}V = \int_S (u_i^A \sigma_{ij}^B - u_i^B \sigma_{ij}^A) n_j \mathrm{d}S \tag{4-79}$$

考虑频域中的互易关系，板与表面黏结 PZT 驱动器之间的相互作用力转化为积分变换形式。这样，我们就可以用互易定理计算激励产生的时间谐波运动。考虑在($x=\pm a, z=h$)处沿 x 坐标轴方向施加的两个大小相同、方向相反的线力所构成的波源。施加在板上的点力可以用体力的形式表示

$$\begin{aligned} f_x &= F(t)[\delta(x-a) - \delta(x+a)]\delta(z-h) \\ f_z &= 0 \end{aligned} \tag{4-80}$$

其中，$2a$ 是压电致动器的长度，(f_x, f_z)是体力，$F(t)$是载荷的振幅。

利用傅立叶积分将时域上的体力变换为积分变换。线力可以写成

$$f_x = [\delta(x-a) - \delta(x+a)]\delta(z-h) \frac{1}{2\pi}\int_{-\infty}^{\infty} \overline{F}(\omega) \mathrm{e}^{i\omega t} \mathrm{d}\omega \tag{4-81}$$

其中，$\overline{F}(\omega)$是 $F(t)$的傅里叶变换，即

$$\overline{F}(\omega) = \int_{-\infty}^{\infty} \mathrm{e}^{-i\omega t} F(t) \mathrm{d}t \tag{4-82}$$

同理可得，一旦时间谐解可用，就可以通过叠加所有的时间谐解来获得总的板响应，即

$$\boldsymbol{u}(x, z, t) = \frac{1}{2\pi}\int_{-\infty}^{\infty} \overline{\boldsymbol{u}}(x, z, \omega) \mathrm{e}^{i\omega t} \mathrm{d}\omega \tag{4-83}$$

其中，$\overline{u}$ 是 $\boldsymbol{u}=(u, w)$的傅里叶变换。

(1) 对称问题。

关于对称问题，顶面和底面上的两个方向相同、大小为 $\overline{F}/2$ 的线力。考虑域中的互

易性恒等式 $|z|\leqslant h,-b\leqslant x\leqslant b(b>a)$。对于状态 A，选择由公式(4-74)定义的位移，即由真实体力产生的位移场和应力场。对于状态 B，选择在负 x 方向传播的虚拟波，即单个对称模式，例如第 n 个模式：

$$\begin{aligned} u^B &= U_n^S(z)\exp(ik_n x) \\ w^B &= -W_n^S(z)i\exp(ik_n x) \\ \sigma_x^B &= -T_{xx}^{nS}(z)i\exp(ik_n x) \\ \tau_{xz}^B &= T_{xz}^{nS}(z)\exp(ik_n x) \end{aligned} \tag{4-84}$$

由于表面($z=\pm h$)对积分结果没有贡献。因此，沿 $x=\pm b$ 的积分只产生来自状态 A 和 B 的贡献。同时，对于 $x=b$，$s-z$ 和 $n-x$ 的正向是一致的，对于 $x=-b$，$s-z$ 和 $n-x$ 的正向是相反的。四个力可以表示为 $-\frac{F}{2}\cdot U(h)$，$-\frac{F}{2}\cdot U(-h)$，$\frac{F}{2}\cdot U(h)$，$\frac{F}{2}\cdot U(-h)$，对称模态下有，$U(h)=U(-h)$，因此当 $x=\pm a$ 时有

$$\overline{F}U_n^S(z)(-\exp(-ik_n a)+\exp(ik_n a))=\int(F_{AB}\mid_{x=b}+F_{AB}\mid_{x=-b})\mathrm{d}z \tag{4-85}$$

其中，$F_{AB}(x,z)|_{x=b}=u_x^A\tau_{xx}^B+u_z^A\tau_{xz}^B-u_x^B\tau_{xx}^A-u_z^B\tau_{xz}^A$

$$\begin{aligned} &= -\sum_{n=0}^{\infty}A_n^S U_n^S(z)i\exp(-ik_n x)T_{xx}^{nS}(z)\exp(ik_n x)+\sum_{n=0}^{\infty}A_n^S W_n^S(z)\exp(-ik_n x)T_{xz}^{nS}(z)i\exp(ik_n x) \\ &\quad -U_n^S(z)i\exp(ik_n x)\sum_{n=0}^{\infty}A_n^S T_{xx}^{nS}(z)\exp(-ik_n x)+W_n^S(z)\exp(ik_n x)\sum_{n=0}^{\infty}A_n^S T_{xz}^{nS}(z)i\exp(-ik_n x) \\ &= -2iA(u_x\tau_{xx}-u_z\tau_{xz}) \end{aligned}$$

$$F_{AB}(x,z)|_{x=b}=-2iA(U_n^S T_{xx}^{nS}-W_n^S T_{xz}^{nS})$$

由欧拉公式可得

$$-\exp(-ik_n a)+\exp(ik_n a)=2i\sin(k_n a) \tag{4-86}$$

互易定理可以进一步简化为

$$A_n^S=-\overline{F}(\omega)U_n^S(h)\frac{\sin k_n a}{I_{nn}^S} \tag{4-87}$$

其中，I_{nn}^S 的表达式为

$$I_{nn}^S=\int_{-h}^{h}[T_{xx}^{nS}U_n^S(z)-T_{xz}^{nS}W_n^S(z)]\mathrm{d}z \tag{4-88}$$

(2) 反对称问题。

对于反对称问题，顶面和底面上存在两个方向相反、大小为 $\overline{F}/2$ 的线力。对于状态 A，相应的位移场由方程(4-74)和(4-76)表示。对于状态 B(虚拟波)，选择单个反对称模，该反对称模在 x 负方向上传播：

$$\begin{aligned} u^B &= U_n^A(z)\exp(ik_n x) \\ w^B &= -W_n^A(z)i\exp(ik_n x) \\ \sigma_x^B &= -T_{xx}^{nA}(z)i\exp(ik_n x) \\ \tau_{xz}^B &= T_{xz}^{nA}(z)\exp(ik_n x) \end{aligned} \tag{4-89}$$

类似地，再次使用互异性定理并执行类似的操作，可以验证反对称模式的系数由下式给出

$$A_n^A = -\overline{F}(\omega)U_n^A(h)\frac{\sin k_n a}{I_{nn}^A} \tag{4-90}$$

其中，I_{nn}^A 的表达式为

$$I_{nn}^A = \int_{-h}^{h}[T_{xx}^{nA}U_n^A(z) - T_{xz}^{nA}W_n^A(z)]\mathrm{d}z \tag{4-91}$$

(3) 系数的测定。

将公式(4-87)和(4-90)代入公式(4-74)中，体力产生的位移场可以表示为

$$\begin{aligned}\overline{u} &= \overline{F}\sum_{n=0}^{\infty}\frac{\sin k_n a}{I_{nn}^S}U_n^S(h)U_n^S(z)\exp(-ik_n x) + \overline{F}\sum_{n=0}^{\infty}\frac{\sin k_n a}{I_{nn}^A}U_n^A(h)U_n^A(z)\exp(-ik_n x)\\ \overline{w} &= -i\overline{F}\sum_{n=0}^{\infty}\frac{\sin k_n a}{I_{nn}^S}U_n^S(h)W_n^S(z)\exp(-ik_n x) - i\overline{F}\sum_{n=0}^{\infty}\frac{\sin k_n a}{I_{nn}^S}U_n^A(h)W_n^A(z)\exp(-ik_n x)\end{aligned} \tag{4-92}$$

通过用紧凑形式简化，公式(4-92)可以重写为

$$\begin{aligned}\overline{u} &= \overline{F}\sum_{n=0}^{\infty}\frac{\sin k_n a}{I_{nn}}U_n(h)U_n(z)\exp(-ik_n x)\\ \overline{w} &= -i\overline{F}\sum_{n=0}^{\infty}\frac{\sin k_n a}{I_{nn}}U_n(h)W_n(z)\exp(-ik_n x)\end{aligned} \tag{4-93}$$

其中，$\sum_n$ 表示所有对称和反对称模式的总和。这种简化的求和记法也将在续集中使用。

表面应变 $\varepsilon_{\alpha\alpha} \equiv (\varepsilon_x + \varepsilon_y)_{z=h} = (\varepsilon_x)_{z=h}$ 可以通过求和得到

$$\overline{\varepsilon}_x = \left[\sum_{n=0}^{\infty}G_n(x,\omega)\right]\overline{F}(\omega) \tag{4-94}$$

其中，将应变与线力对联系起来的格林函数为

$$G_n(x,\omega) = -i\frac{\sin k_n a}{I_{nn}}[U_n(h)]^2 k_n\exp(-ik_n x) \tag{4-95}$$

4.4.3 Lamb 波的瞬态解

在结构健康监测中，为了获得板在体力作用下的瞬态响应，采用载波方法的稳态解对于获得较为闭合的解是非常有用的，并且可以将这些解用于其他更实际的有限时间窗输入电压的损伤诊断。假设在开始时已经应用了体力的傅立叶变换，然后等式(4-92)表示给定频率分量的基本解。因此，通过将所有频率的所有贡献相加，即通过积分公式(4-93)，可以获得板对载荷的瞬态解或总响应。因此，应用逆傅立叶变换可以得到瞬态解：

$$\begin{aligned}u &= \frac{1}{2\pi}\sum_{n=0}^{\infty}\int_{-\infty}^{\infty}\frac{\sin k_n a}{I_{nn}}\overline{F}(\omega)U_n(h)U_n(z)\exp(-ik_n x + i\omega t)\mathrm{d}\omega\\ w &= \frac{i}{2\pi}\sum_{n=0}^{\infty}\int_{-\infty}^{\infty}\frac{\sin k_n a}{I_{nn}}\overline{F}(\omega)U_n(h)W_n(z)\exp(-ik_n x + i\omega t)\mathrm{d}\omega\end{aligned} \tag{4-96}$$

表面应变

$$(\varepsilon_x)_{z=h} = \frac{1}{2\pi}\sum_{n=0}^{\infty}\int_{-\infty}^{\infty} G_n(x,\omega)\overline{F}(\omega)\exp(i\omega t)\mathrm{d}\omega$$
$$= -\frac{i}{2\pi}\sum_{n=0}^{\infty}\int_{-\infty}^{\infty}\frac{\sin k_n a}{I_{nn}}[U_n(h)]^2\overline{F}(\omega)k_n\exp(-ik_n x + i\omega t)\mathrm{d}\omega \tag{4-97}$$

Z 方向的应变可以写为

$$w = \frac{i}{2\pi}\sum_{n=0}^{\infty}\int_{-\infty}^{\infty}\frac{\sin k_n a}{I_{nn}}\overline{F}(\omega)U_n(h)W'_n(z)\exp(-ik_n x + i\omega t)\mathrm{d}\omega \tag{4-98}$$

以及它们的速度 $\dot{u}$ 和 $\dot{w}$

$$\dot{u} = \frac{i}{2\pi}\sum_{n=0}^{\infty}\int_{-\infty}^{\infty}\frac{\sin k_n a}{I_{nn}}\omega\overline{F}(\omega)U_n(h)U_n(z)\exp(-ik_n x + i\omega t)\mathrm{d}\omega$$
$$\dot{w} = -\frac{1}{2\pi}\sum_{n=0}^{\infty}\int_{-\infty}^{\infty}\frac{\sin k_n a}{I_{nn}}\omega\overline{F}(\omega)U_n(h)W_n(z)\exp(-ik_n x + i\omega t)\mathrm{d}\omega \tag{4-99}$$

4.4.4 压电传感器的响应模型

对于粘贴在板的上表面的 PZT 传感器，由于逆压电效应，板的表面应变之和 $\varepsilon_{\alpha\alpha} = (\varepsilon_x + \varepsilon_y)_{z=h}$ 可以引起传感器输出的输出电压。以矩形表面键合 PZT 传感器为例，假设传感器很薄（$t_a/t \ll 1$）且传感器刚度远小于平板刚度（$E_a/E \ll 1$）。因此，在下面的推导中，假定传感器的存在不会显著改变到入射波的应变场。在以下开路条件下，对 PZT 传感器进行建模。

传感器的压电本构方程可以变形为方程(4-100)，即

$$D_z = e_{31}^p(u_{,x} + v_{,y}) + \in_{33}^p E_2 \tag{4-100}$$

传感器电极两端的电压可以通过对 PZT 传感器厚度上的电场进行积分来获得，根据公式(4-100)变形并积分得

$$V_s = -\int_{t/2}^{t/2+t_s} E_z\mathrm{d}z = h_s\frac{e_{31}^p(\varepsilon_x + \varepsilon_y) - D_z}{\in_{33}^p} \tag{4-101}$$

其中，t_s 是 PZT 传感器的厚度，t 是平板的厚度。

由于 D_z 定义为单位面积电荷量，因此积分公式(4-101)在电极表面上的电荷量是估算的表面总电荷。考虑到压电传感器的电边界条件是开路的[26]，电极上的总电荷为零，因此，

$$\int_A D_z\mathrm{d}A = 0 \tag{4-102}$$

其中，A 是传感器电极表面积。

设 V_s 为传感器平均输出电压 $V_s = \frac{1}{A}\int_A V\mathrm{d}A$。通过对区域 A 上的电势进行积分并将电荷设置为零，可以获得开路电压 V_s。因此在频域中，V_s 可以写成

$$\overline{V}_s = C_{vs}\frac{1}{A}\int_A\overline{\varepsilon}_x\mathrm{d}A \tag{4-103}$$

其中，$\bar{\varepsilon}_x$ 的表达式由等式给出，机电转换系数可定义为

$$C_{vs}=\frac{t_s e_{31}^p}{\in_{33}^p}=t_s\frac{e_{31}-e_{33}c_{13}/c_{33}}{\in_{33}+e_{33}^2/c_{33}} \tag{4-104}$$

用下面的恒等式计算格林函数中指数项上的积分

$$\frac{1}{A}\int_A \exp(-ik_m x)\mathrm{d}A=\frac{1}{2a_s}\int_{x_0-a_s}^{x_0+a_s}\exp(-ik_m x)\mathrm{d}x=\exp(-ik_m x_0)\frac{\sin k_m a_s}{k_m a_s} \tag{4-105}$$

传感器的响应函数为

$$K_s^n(\omega)=C_{vs}\frac{\sin k_n a_s}{k_n a_s} \tag{4-106}$$

4.4.5 总体响应

致动器-板-传感器结构在频域中对输入电压 V_a 的总体响应为

$$\bar{V}_s(x,\omega)=\left[\sum_{n=0}^{\infty}K_s^n(\omega)G_n(x,\omega)\right]K_a(\omega)\bar{V}_a(\omega) \tag{4-107}$$

那么，时域中的总体响应是

$$V_s(x,t)=\frac{1}{2\pi}\sum_{n=0}^{\infty}\int_{-\infty}^{\infty}K_s^n(\omega)G_n(x,\omega)K_a(\omega)\bar{V}(\omega)\exp(i\omega t)\mathrm{d}\omega \tag{4-108}$$

或者以无量纲的形式

$$\begin{gathered}\bar{V}_{\text{out}}(x,\omega)=\left[\sum_{n=0}^{\infty}K_s^n(\omega)G_n(x,\omega)\right]K_a(\omega)\bar{V}_{\text{in}}(\omega)\\ V_{\text{out}}(x,t)=\frac{1}{2\pi}\sum_{n=0}^{\infty}\int_{-\infty}^{\infty}K_s^n(\omega)G_n(x,\omega)K_a(\omega)\bar{V}_{\text{in}}(\omega)\exp(i\omega t)\mathrm{d}\omega\end{gathered} \tag{4-109}$$

其中，

$$\begin{gathered}V_a(t)=V_0V_{\text{in}}(t)\\ V_s=V_0V_{\text{out}}(x,t)\end{gathered} \tag{4-110}$$

V_0 是输入电压的幅值，并且具有维度电压。

4.5 模型验证与分析

4.5.1 解析模型分析

导波在结构中传播的解析模型关键在于能够对结构中的多模式波进行建模研究，从 Rayleigh-Lamb 方程出发可以发现某种 Lamb 模的存在与频厚积有关，基本的 S0 和 A0 模态将永远存在，但是更高的模式只会出现截止频率以上的频率范围内，因此研究压电 Lamb 波基本模态的传播规律意义便由此而来。压电耦合导波模型的求解流程如图 4-11 所示，具体来讲，我们可以将数值解析过程归纳为如下步骤：

① 对时域激励信号进行傅里叶变换，以获得频域激励谱；

② 依据压电耦合模型，计算致动器的频域响应函数；

③ 选择合适的模态展开阶数，计算频域的结构传递函数；

④ 根据应变传感器的模型，计算传感器的频域响应；

⑤ 将致动器响应、传感器响应、结构传递函数与频域中的激励函数相乘，以获得信号接收处的频域响应；

⑥ 对传感器处的信号进行逆傅里叶变换，以获得 PZT 感知信号的预测结果。

需要说明的是，由于 Lamb 波传播的多模态特性，接收信号至少有两个单独的波包，加之所有的模态在结构中都是独立传播，因此在步骤(5)中将所有传播波的叠加，最终获得各模态 Lamb 波的整体响应信号。

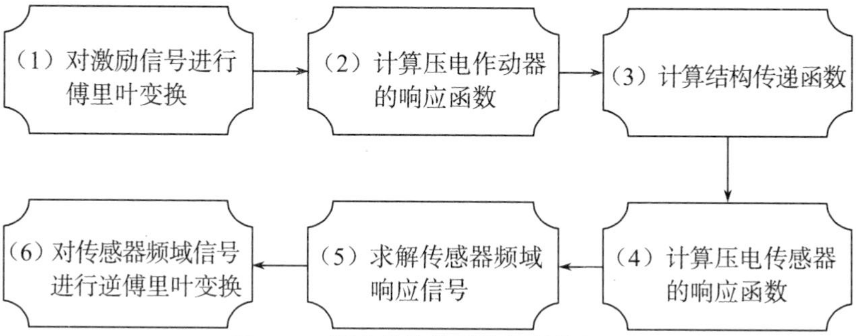

图 4-11　压电导波模型的解析流程图

纵观完整的压电导波分析框架，其中正逆压电现象的相关规律是明确的，模型中 PZT 与结构耦合作用和压电激励下的结构响应成为了整个模型的探究核心。分析剪切力模型公式，不考虑相关材料属性间关系，可以发现参数 Γ 起到了控制剪力传递的作用，当 Γ 数值较小时，剪力传递相对滞后，反之较大数值时，剪切传递应力强度高。而公式中的 α 取决于整个结构厚度的应力和应变分布，在仅考虑拉伸和弯曲的条件下 $\alpha=4$，预计该数值会随着频率的增加而改变。

图 4-12 显示了不同黏结层厚度下界面剪切应力的分布图，黏结层厚度设置为 1 到 100 毫米之间变化。很明显，相对较厚的黏结层会在整个 PZT 长度范围内产生缓慢的应力迁移，而较薄的黏结层则会产生非常快速的应力转移，黏结层越薄越硬，剪应力越来越局限于黏结层的端部。对于粘结材料为薄层状态($tb=1\ \mu$m)时，剪切应力仅在 PZT 的两端一个无穷小的区域上传递到结构中，这是理想粘贴条件假设的出发点，也可以认为是利用一对线力解决压电耦合问题的第一步。

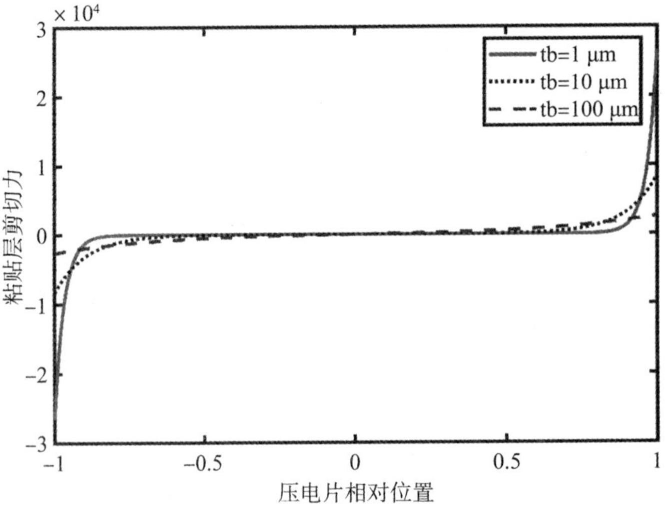

图 4-12　粘贴层厚度对剪切力的影响

PZT 耦合激发 Lamb 波响应的表达式中均包含 $\sin(ka)$ 这一项，因此可以通过 $\sin(ka)$ 函数的最大值和最小值预测模态响应。当 $ka=(2n-1)\pi/2$ 时，函数 $\sin(ka)$ 取得最大值。因为波数 $k=2\pi/\lambda$，也就是当 PZT 长度 $2a$ 等于半波长 $\lambda/2$ 的奇数倍时，将出现最大值。反之，当 $ka=n\pi$ 时，即当 PZT 长度是波长的整数倍（半波长的偶数倍）时，将出现 $\sin(ka)$ 的最小值。由于每个兰姆波模式具有不同的波速和波长，因此 PZT 长度与波长之间将在不同频率下的发生匹配。

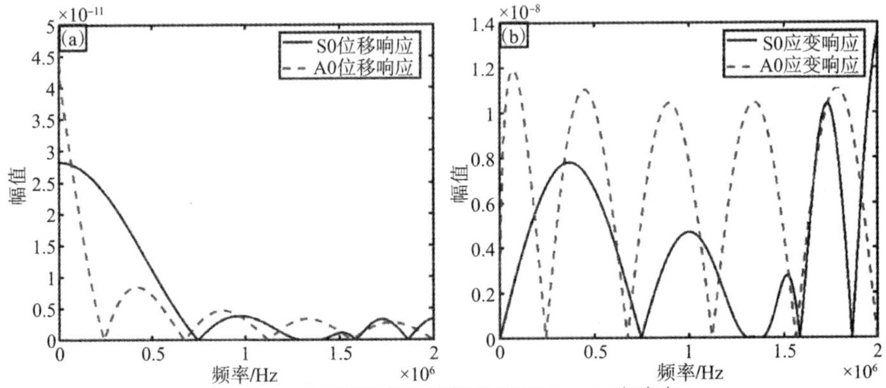

图 4-13　PZT 激励下铝板的预测 Lamb 波响应

另一个必须考虑的因素是不同模态的振幅调谐，即 PZT 的位置在结构厚度上与该位置的模态位移的匹配（即表面粘贴或嵌入式）。假如 PZT 安装在结构表面，在给定的频率下，一些模态的表面振幅可能较大，而另一些模态的离面振幅可能较大。图 4-13 展示了频率范围 2 MHz 以内的 Lamb 波基本模态的位移和应变响应曲线。通过分析曲线变化可知在导波检测常用的低频范围内，A0 模态在 250 kHz 左右具有明显的响应不敏感点，反之 S0 模态在 300 kHz 左右具有响应极值。另外，在较高的频率下，应变响应明显强于位移响应。这表明应变耦合的 PZT 传感器可能比位移和速度传感器具有更好的高频响应效果。

4.5.2 实验验证与分析

为进一步明确压电导波模型中结构响应规律，我们选择用测量精度更高的激光测振仪继续完成 Lamb 波场的探究。实验装置如图 4-14 所示，利用泰克科技（Tektronix）的 14 位信号发生器 AFG3022C 产生汉宁窗调制五周期脉冲信号，经电压放大器作用于致动 PZT。致动 PZT 产生的 Lamb 波沿薄板结构传播，并用宝利泰（Polytec）的 psv-400 扫描激光测振仪测量结构的波场信息。

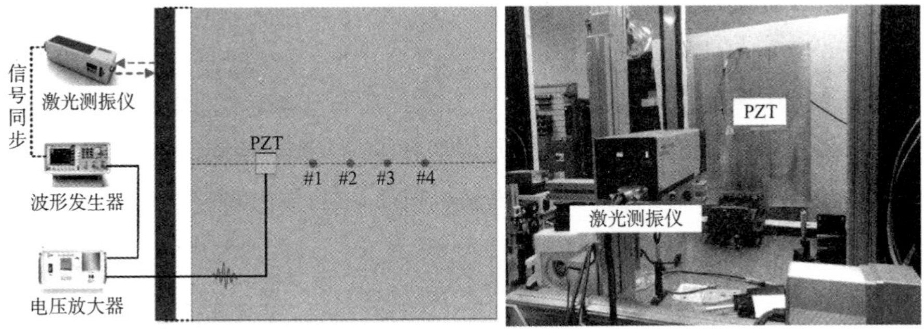

图 4-14　波场测量示意图和实验现场

实验中使用的 PZT 为 APC-850，尺寸大小为 20 mm×20 mm×0.40 mm。在选择合适的压电材料时，事实上并不存在适用于全场景应用的“完美材料”。APC-850 属于软压电材料，其材料属性如表 4-5 所示，具有较大的压电常数、较高的介电常数、较大的机电耦合因子，这种特性组合使得其成为许多高敏感度传感应用的理想选择。

表 4-5　APC-850 的材料属性

符号	名称	数值	单位
ρ	密度	7 700	kg/m^3
E	杨氏模量	84.3	GPa
v	泊松比	0.31	
c_{11}^E, c_{33}^E	弹性柔度常数	14.74，9.37	10^{10} m^2/N
ε_{33}	介电常数	913.73	
d_{31}, d_{33}	压电应变常数	−1.70，4.25	10^{-10} C/N

注：材料参数由供应商美国压电陶瓷（APC International，Ltd.）提供。

在压电导波模型中的结构主要考虑材料是各向同性的，相比于海洋结构物中更为常见的钢材，铝质板材具有更加均匀的各向同性和更为柔软的材料质地，这样更有利于导波激励和感知。以铝材 6061 为例，其杨氏模量为 69 GPa，密度为 2700 kg/m^3，泊松比为 0.33。铝板尺寸为 610×610 mm^2，厚度为 3.20 mm，激励信号采用汉宁窗调制的五周期信号，减少信号突变带来的旁瓣分散效应，信号频率为 150 kHz，尽量保证不同模态均被激发出来。

应该注意的是，在模型中得到的波场表面应变给出的是面内位移，而激光测振仪测量的是离面粒子速度，因此需要将面内波动转化为离面波动，离面位移的推导过程这里不再进行赘述。另外，激光测振仪测量的是离面速度依旧无法直接与离面位移做对比，需要通过对离散的位移或速度进行频域微分或频域积分。实现的基本原理是利用谐波信号的时频关系将离散的时域信号进行傅里叶变换，然后将变换后的频域信号乘以$(1/i\omega)$，最后经过逆傅里叶变换得到积分后的时域信号。

观测点的波场经过数据处理后与解析预测波形的对比如图 4-15 所示。对比观察可以发现，压电导波模型的预测结果与实验结果吻合较好，PZT 产生的 Lamb 波在波源附近强由内向外传播而减弱。对比不同传感位置的波形可以观察到，在波场较近的观测点(位置♯1 和♯2)S0 和 A0 发生波形混叠现象，但是模型预测结果与激光测量结果基本吻合。在距离较远的观测点(位置♯3)两种模态由于速度差异可以明显区分出来，因此可以发现 S0 和 A0 具有非常好的吻合度。随着传播距离的增加 S0 模态的测量变得更加困难，这主要是 S0 模态具有较小的离面位移导致的，A0 模态的频散现象也可以被清晰的观测到，但在实验结果中(位置♯4)依据呈现出良好的预测精度，这也进一步证明了压电导波模型的准确性。

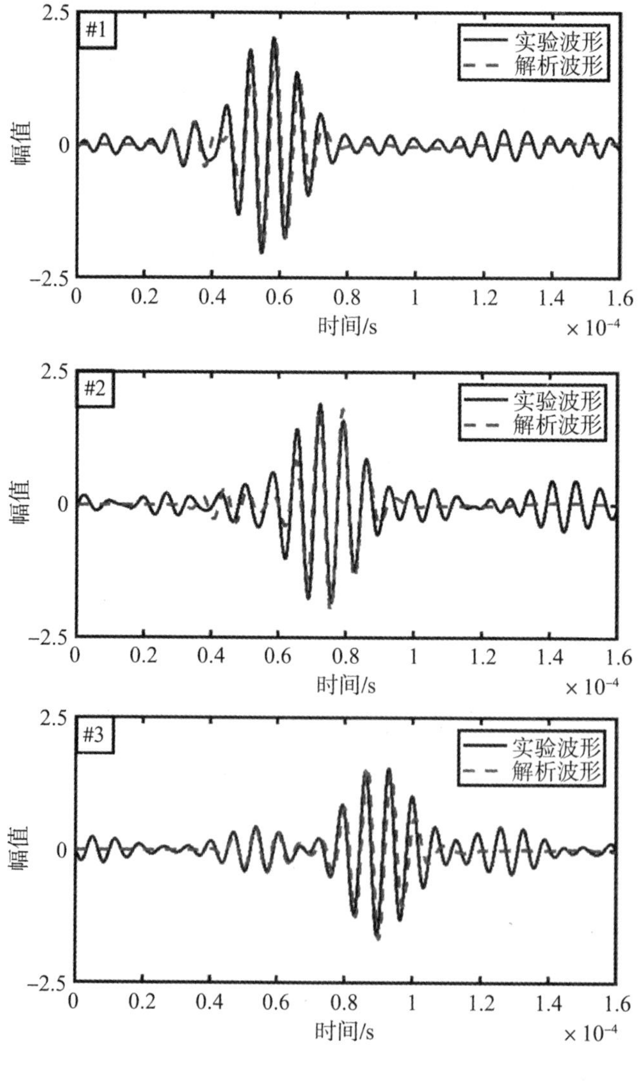

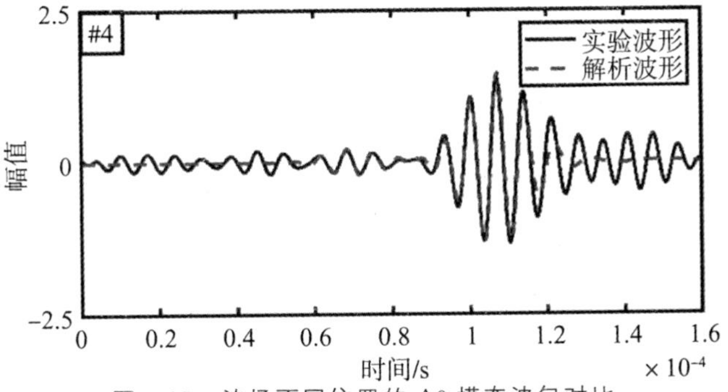

图 4-15 波场不同位置的 A0 模态波包对比

实验结果表明，解析模型和 PZT 激励的实际波场之间有很好的相关性，波形预测的准确率达到 90%以上，并且相关技术不局限于 Lamb 波的基本模态，我们相信在高阶模态中也可以实现类似的解析预测，这是单纯实验研究不具备的巨大优势。

本章从基本的压电效应和压电方程出发，阐明了使用 PZT 进行压电致动和传感的基本模型，突出了 PZT 可以直接使用而不需要其他辅助设备的巨大优势；推导了 PZT 与结构的耦合剪切作用，利用互易性定理和模态展开技术求解了薄板中的 Lamb 波解析模型，进而得到压电激励导波过程的完整解析模型；通过理论模拟和实验测量验证了完整模型的合理性，压电感知信号和波场测量数据均确认了模型的高准确度，虽然这里研究的 PZT 传感器实验只是在简单几何形状的金属薄板上进行的，但是这项研究的结果可以很容易地扩展到实际的工程部件甚至是复合材料结构上。

第5章 导波与损伤的相互作用

5.1 引言

当 Lamb 波与损伤相互作用时，将产生相位变化、通过模式转换生成新波包、高次谐波分量等具有特殊特征的波形，这极大地增加了 Lamb 波与损伤之间相互作用建模的复杂性。本章提出半解析有限元方法用于 Lamb 波的传播和与损伤的相互作用，通过波损作用系数的概念将整体解析波表达式与局部有限元解耦合，最终获得时空域全场传感信号的快速预测。

5.2 三维理论损伤解析

假设板是各向同性的、均匀的、线性弹性的和无限延伸的。板的材料特性是 E 和 ν，或者用 λ 和 μ 常数表示。相关分析模型板[27]的密度是 ρ，板的厚度是 $2h$，孔的半径是 a。孔下面的板的厚度是 $2b$，即孔深是 $2(h-b)$。引入了不同的坐标系，可以通过简单的变换相互转换。

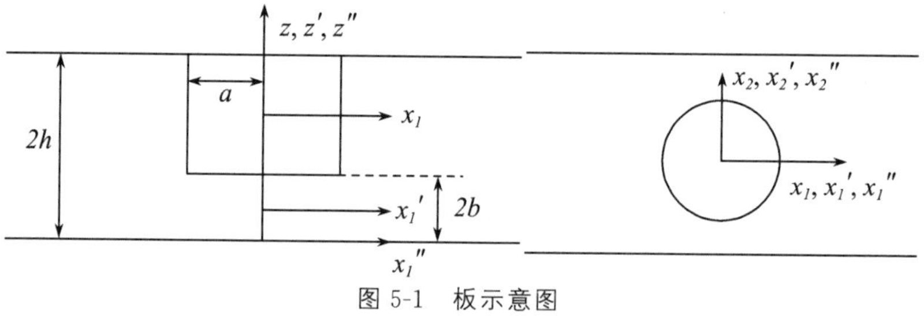

图 5-1　板示意图

入射到孔上的波场假设为平面 S0 波，即最低对称 Lamb 模。假设时间谐波条件，并省略了时间因子 $\exp(-i\omega t)$。

5.2.1 基本公式

在用三维理论模拟问题时，恰当地表达波场是至关重要的。当入射场被孔反射时，也产生剪切水平极化模式。

(1) Lamb 波的波场表示。

在圆柱坐标系中，兰姆模式可以表示为

$$u_r^n = \frac{1}{k_n} V_n(z) \frac{\partial \phi}{\partial r}(r,\theta)$$
$$u_\theta^n = \frac{1}{k_n} V_n(z) \frac{1}{r} \frac{\partial \phi}{\partial \theta}(r,\theta) \tag{5-1}$$
$$u_z^n = W_n(z) \phi(r,\theta)$$

其中标量势函数 $\phi(r,\theta)$满足圆柱坐标中的亥姆霍兹(Helmholz)方程

$$\frac{\partial^2 \phi}{\partial r^2} + \frac{1}{r} \frac{\partial \phi}{\partial r} + \frac{1}{r^2} \frac{\partial^2 \phi}{\partial \theta^2} + k_n^2 \phi = 0 \tag{5-2}$$

无论是对称模式还是反对称模式,厚度坐标相关函数 $V_n(z)$和 $W_n(z)$都不同。在板表面的无应力的边界条件下,对于对称和反对称模式,$V_n(z)$和 $W_n(z)$的表达式可以在附录中找到。

对于对称模式和反对称模式,波数 k_n 由瑞利-兰姆方程的根给出

$$\frac{\tan(qh)}{\tan(ph)} = \frac{4k^2 pq}{(q^2-k^2)^2} \tag{5-3}$$

$$\frac{\tan(qh)}{\tan(ph)} = \frac{(q^2-k^2)^2}{4k^2 pq} \tag{5-4}$$

其中,

$$q^2 = \frac{\omega^2}{c_T^2} - k^2$$
$$p^2 = \frac{\omega^2}{c_L^2} - k^2 \tag{5-5}$$

C_T 和 C_L 分别表示剪切波和纵向体波的速度,以及 h 为半板厚。

(2) SH 波的波场表示。

SH 波也可以用类似于 Lamb 波的方式表达,使用标量势函数和厚度相关函数来表示

$$u_r^n = \frac{1}{l_n} U_n(z) \frac{1}{r} \frac{\partial \psi}{\partial \theta}(r,\theta)$$
$$u_\theta^n = -\frac{1}{l_n} U_n(z) \frac{\partial \psi}{\partial r}(r,\theta) \tag{5-6}$$
$$u_z^n = 0$$

其中,标量势函数 $\phi(r,\theta)$满足亥姆霍兹(Helmholz)方程

$$\frac{\partial^2 \psi}{\partial r^2} + \frac{1}{r} \frac{\partial \psi}{\partial r} + \frac{1}{r^2} \frac{\partial^2 \psi}{\partial \theta^2} + l_n^2 \psi = 0 \tag{5-7}$$

但是与等式(5-2)相比,l_n 具有不同的波数。SH 模式的波数由下式给出

$$l_n^2 = \left(\frac{\omega}{C_T}\right)^2 - q^2 = \left(\frac{\omega}{C_T}\right)^2 - \left(\frac{n\pi}{2h}\right)^2 \tag{5-8}$$

其中,对于对称模式 $n=0,2,4,\cdots$和反对称模式 $n=1,3,5,\cdots$厚度坐标相关函数 $U_n(z)$

分为两种，对于对称模式，其中 $n=0,2,4,\cdots$，

$$U_n^S(z)=\cos\left(\frac{n\pi z}{2h}\right) \tag{5-9}$$

对于反对称模式，其中 $n=1,3,5,\cdots$

$$U_n^A(z)=\sin\left(\frac{n\pi z}{2h}\right) \tag{5-10}$$

5.2.2 场的扩展

接下来，我们需要将板的不同区域中的波场进行适当地扩展表示。为此，必须找到标量势 ϕ 和 ψ 的解。

(1) Lamb 波的波场展开。

决定兰姆模式的标量势 $\phi(r,\theta)$满足等式(5-1)一个解决方案可以写成

$$\phi(r,\theta)=\Phi(r)\mathrm{e}^{im\theta} \tag{5-11}$$

其中，$\Phi(r)$是贝塞尔微分(Bessel)方程的解

$$\frac{\mathrm{d}^2\Phi}{\mathrm{d}r^2}+\frac{1}{r}\frac{\mathrm{d}\Phi}{\mathrm{d}r}+\left(k_n^2-\frac{m^2}{r^2}\right)\Phi=0 \tag{5-12}$$

然后，利用胡克定律和公式(5-6)，单一 Lamb 波模式的相关应力分量可以写成

$$\sigma_{rr}^{mn}=\left[\sum\nolimits_{rr,n}(z)\Phi_m(k_nr)-\tilde{\sum}\nolimits_{rr,n}(z)\left(\frac{1}{r}\Phi'_m(k_nr)-\frac{m^2}{k_nr^2}\Phi_m(k_nr)\right)\right]\mathrm{e}^{im\theta}$$

$$\sigma_{r\theta}^{mn}=im\sum\nolimits_{r\theta,n}(z)\left[\frac{1}{r}\Phi'_m(k_nr)-\frac{m^2}{k_nr^2}\Phi_m(k_nr)\right]\mathrm{e}^{im\theta} \tag{5-13}$$

$$\sigma_{rz}^{mn}=-\sum\nolimits_{rz,n}(z)\Phi'_m(k_nr)\mathrm{e}^{im\theta}$$

这些表达式对于对称和反对称模式都有效，但波数和厚度坐标相关函数不同。依赖于 z 的函数 $\sum_{ij,n}(z)$ 的表达式可以在附录中找到。

(2) SH 波的波场展开。

类似地，对于 SH 模式(5-7)方程的解是

$$\psi(r,\theta)=\Psi(r)\mathrm{e}^{im\theta} \tag{5-14}$$

其中，$\Psi(r)$的解是

$$\frac{\mathrm{d}^2\Psi}{\mathrm{d}r^2}+\frac{1}{r}\frac{\mathrm{d}\Psi}{\mathrm{d}r}+\left(l_n^2-\frac{m^2}{r^2}\right)\Psi=0 \tag{5-15}$$

利用应力应变胡克定律和公式(5-6)，单个 SH 模式的相关应力分量可写成

$$\sigma_{rr}^{mn}=im\mu U_n(z)\left[\frac{2}{r}\Psi'_m(l_nr)-\frac{2}{l_nr^2}\Psi_m(l_nr)\right]\mathrm{e}^{im\theta}$$

$$\sigma_{r\theta}^{mn}=\mu U_n(z)\left[\frac{2}{r}\Psi'_m(l_nr)+\left(l_n-\frac{2m^2}{l_nr^2}\right)\Psi_m(l_nr)\right]\mathrm{e}^{im\theta} \tag{5-16}$$

$$\sigma_{rz}^{mn}=im\mu\frac{d(U_n(z))}{dz}\frac{1}{l_nr}\Psi_m(l_nr)\mathrm{e}^{im\theta}$$

无论是对称模式还是反对称模式，模式函数 $U_n(z)$ 都是不同的。

(3) 入射波的波场展开。

接下来，我们需要在圆柱坐标中定义入射波和反射波的一般表达式。

假设入射场是平面 S0 波。因此，入射场由势函数确定

$$\phi^{inc}=e^{ik_0^{sh}x_1}=e^{ik_0^{sh}r\cos\theta}=\sum_{m=-\infty}^{\infty}i^m J_m(k_0^{sh}r)\mathrm{e}^{im\theta} \tag{5-17}$$

其中，k_0^{Sh} 是厚度为 $2h$ 的板中 S0 模式的波数，即在孔外的板区域中。$J_m(\cdot)$ 是第一类贝塞尔(Bessel)函数。

入射波的位移场可以由方程(5-1)和(5-17)得到

$$\begin{aligned} u_r^{inc} &= \sum_{m=-\infty}^{\infty} i^m V_0^{Sh}(z) J'_m(k_0^{Sh}r)\mathrm{e}^{im\theta} \\ u_\theta^{inc} &= \sum_{m=-\infty}^{\infty} m i^{m+1} V_0^{Sh}(z)\frac{J_m(k_0^{Sh}r)}{k_0^{Sh}r}\mathrm{e}^{im\theta} \\ u_z^{inc} &= \sum_{m=-\infty}^{\infty} i^m W_0^{Sh}(z) J_m(k_0^{Sh}r)\mathrm{e}^{im\theta} \end{aligned} \tag{5-18}$$

5.2.3 完整波场的展开

(1) 位移展开式。

完整波场被分成两个不同的部分，一个在孔 $r>a$ 之外的区域有效，另一个在孔 $r<a$ 之下的区域有效。那么总位移场可以写成

$$\boldsymbol{u}=\begin{cases}\boldsymbol{u}^{inc}+\boldsymbol{u}^{>}, & r>a, -h<z<h \\ \boldsymbol{u}^{<}, & r<a, -b<z'<b\end{cases} \tag{5-19}$$

其中，$u^{>}$ 是外部区域中的散射散射场，$u^{<}$ 是内部区域中的位移场。

为了找到反射场的波展开式，需要找到对应于反射波的方程(5-2)和(5-7)的解。因此，在外部区域，具有一般角度依赖性的输出兰姆波模式的标量势是

$$\phi_{mn}^{>}(r,\theta)=H_m(k_n^{Sh/Ah}r)\mathrm{e}^{im\theta} \tag{5-20}$$

其中，$H_m(\cdot)$ 是第一类汉克尔(Hankel)函数，出现在(5-19)中的波数是 k^{Sh} 或 k^{Ah}。波数上的上标表示它是对称模式还是反对称模式(S 或 A)，半板厚度是 h。波数由方程(5-3)和(5-4)计算。

同样，外部区域 SH 波的有效解是

$$\psi_{mn}^{>}(r,\theta)=H_m(l_n^h r)\mathrm{e}^{im\theta} \tag{5-21}$$

其中波数 l^h 的上标表示半板厚度为 h。

在内部区域，半板厚度为 b。当 $r\to 0$ 时，位移场必须限制在该区域。方程(5-2)和(5-7)的解对应于有界解的是

$$\phi_{mn}^{<}(r,\theta)=J_m(k_n^{Sb/Ab}r)\mathrm{e}^{im\theta} \tag{5-22}$$

$$\psi_{mn}^{<}(r,m)=J_m(l_n^b r)\mathrm{e}^{im\theta} \tag{5-23}$$

公式(5-21)中的波数是对应于半板厚为 b 的板中对称或反对称模式的波数 k^{Sb} 或 k^{Ab}。在半板厚为 b 的板中 SH 模态的波数 l^b。

两个不同区域的位移场是通过在允许的模式下扩展波场得到的。对于固定频率,公式(5-3)和(5-4)具有有限数量的实根(对应传播模式)以及无限数量的虚数和复数根(对应非传播模式)。因此,反射场可以写成传播模式和非传播模式的和。

在外部区域,仅保留对应于出射或消逝模式的根,对于 SH 模式也是如此。因此,外部区域中的散射位移场可以写成

$$u_r^{>} = \sum_{m=-\infty}^{\infty}\sum_{n=0}^{\infty}\left\{a_{mn}V_n^{Sh}(z)H'_m(k_n^{Sh}r)+b_{mn}V_n^{Ah}(z)H'_m(k_n^{Ah}r)+imc_{mn}U_n^h(z)\frac{H_m(l_n^h r)}{l_n^h r}\right\}e^{im\theta} \tag{5-24}$$

这里仅示出了径向位移分量,但是对于其他位移分量可以找到类似的表达式。为了获得外部区域的散射场,必须找到散射系数 $a_{mn}-c_{mn}$。内部区域的位移场由下式给出

$$u_r^{<} = \sum_{m=-\infty}^{\infty}\sum_{n=0}^{\infty}\left\{d_{mn}V_n^{Sb}(z')J'_m(k_n^{Sb}r)+e_{mn}V_n^{Ab}(z')J'_m(k_n^{Ab}r)+imf_{mn}U_n^b(z')\frac{J_m(l_n^b r)}{l_n^b r}\right\}e^{im\theta} \tag{5-25}$$

其他位移分量也有类似的表达式。散射系数 $d_{mn}-f_{mn}$ 决定了内部区域的波场。

(2) 应力展开式。

接下来,我们计算匹配边界条件所需的应力。这里只给出了一个相关应力 σ_{rr} 的表达式,但其他相关应力 $\sigma_{r\theta}$ 和 σ_{rz} 也可以由类似的表达式给出。

对于入射场

$$\begin{aligned}
\sigma_{rr}^{inc} &= \sum_{m=-\infty}^{\infty} i^m\left[\sum\nolimits_{rr,0}^{Sh}(z)H_m(k_0^{Sh}r)-\tilde{\sum}\nolimits_{rr,0}^{Sh}(z)\left(\frac{1}{r}H'_m(k_0^{Sh}r)-\frac{m^2}{k_0^{Sh}r^2}H(k_0^{Sh}r)\right)\right]e^{im\theta}\\
\sigma_{r\theta}^{inc} &= \sum_{m=-\infty}^{\infty} i^{m+1}m\sum\nolimits_{r\theta,0}^{Sh}(z)\left[\frac{1}{r}H'_m(k_0^{Sh}r)-\frac{1}{k_0^{Sh}r^2}H(k_0^{Sh}r)\right]e^{im\theta} \qquad (5\text{-}26)\\
\sigma_{rz}^{inc} &= -\sum_{m=-\infty}^{\infty}\sum\nolimits_{rz,0}^{Sh}(z)H_m(k_0^{Sh}r)e^{im\theta}
\end{aligned}$$

在外部区域,散射应力场由下式给出

$$\begin{aligned}
\sigma_{rr}^{>} = \sum_{m=-\infty}^{\infty}\sum_{n=0}^{\infty}\Bigg\{&a_{mn}\left[\sum\nolimits_{rr,0}^{Sh}(z)H_m(k_0^{Sh}r)-\tilde{\sum}\nolimits_{rr,0}^{Sh}(z)\left(\frac{1}{r}H'_m(k_0^{Sh}r)-\frac{m^2}{k_0^{Sh}r^2}H_m(k_n^{Sh}r)\right)\right]\\
&+b_{mn}\left[\sum\nolimits_{rr,0}^{Ah}(z)H_m(k_0^{Ah}r)-\tilde{\sum}\nolimits_{rr,0}^{Ah}(z)\left(\frac{1}{r}H'_m(k_0^{Ah}r)-\frac{m^2}{k_0^{Ah}r^2}H_m(k_n^{Ah}r)\right)\right] \qquad (5\text{-}27)\\
&+imc_{mn}\mu U_n^h(z)\left[\frac{2}{r}H'_m(l_n^h r)-\frac{2}{l_n^h r^2}H_m(l_n^h r)\right]\Bigg\}e^{im\theta}
\end{aligned}$$

在内部区域,应力场可以表示为

$$\begin{aligned}
\sigma_{rr}^{<} = \sum_{m=-\infty}^{\infty}\sum_{n=0}^{\infty}\Bigg\{&d_{mn}\left[\sum\nolimits_{rr,0}^{Sb}(z')J_m(k_0^{Sb}r)-\tilde{\sum}\nolimits_{rr,0}^{Sb}(z')\left(\frac{1}{r}J'_m(k_0^{Sb}r)-\frac{m^2}{k_0^{Sb}r^2}H_m(k_n^{Sb}r)\right)\right]\\
&+e_{mn}\left[\sum\nolimits_{rr,0}^{Ab}(z')J_m(k_0^{Ab}r)-\tilde{\sum}\nolimits_{rr,0}^{Ab}(z')\left(\frac{1}{r}J'_m(k_0^{Ab}r)-\frac{m^2}{k_0^{Ab}r^2}J_m(k_n^{Ab}r)\right)\right] \qquad (5\text{-}28)\\
&+imf_{mn}\mu U_n^b(z')\left[\frac{2}{r}J'_m(l_n^b r)-\frac{2}{l_n^b r^2}J_m(l_n^b r)\right]\Bigg\}e^{im\theta}
\end{aligned}$$

5.2.4 边界条件

必须指定这个特定问题的边界条件，以便确定由于板中的孔引起的散射波场。边界条件有两种：位移和应力的连续性。对于位移条件，连续性必须在孔下面的区域保持在 $r=a$，因此

$$u^{inc}+u^{>}=u^{<}\quad 0<z''<2b, r=2 \tag{5-29}$$

应力的边界条件是孔下方区域 $r=a$ 处的连续性，并且孔是无应力的，因此

$$(\sigma^{inc}+\sigma^{>})\cdot\hat{e}_r=\begin{cases}0 & 2b<z''<2h, r=a\\ \sigma^{<}\cdot\hat{e}_r & 0<z''<2b, r=a\end{cases} \tag{5-30}$$

其中，$\hat{e}_r$ 是径向的单位向量。

为了求解散射场的膨胀系数，方程中的边界条件(5-29)和(5-30)必须投影到一些正交函数集上，以便消除对不同 z 坐标的依赖。

出现在波场不同部分的表达式中的总和必须被截断，以便确定有限数量的系数。对于外部部分，方程(5-24)总和在 $n=N_1$ 处被截断；对于内部，方程(5-25)在 $n=N_2$ 处被截断；对于波场的不同部分，角度相关性的总和在 $|m|=M$ 处被截断。

位移的边界条件(5-29)被投影在区间 $0<z<2b$ 上，使用完整的余弦系统 $\cos(n\pi z/2b)$，$n=0,1,\cdots,N_2$，作为投影函数，其实可以使用任何完整的正交函数集作为投影函数，这些投影函数本质上是内部区域中 SH 模式的模式形状函数。应力边界条件(5-30)被投影到区间 $0<z<2h$，使用 $\cos(n\pi z/2h)$，$n=0,1,\cdots,N_1$ 作为投影函数，这些投影函数本质上是外部区域中 SH 模式的模式形状函数。因此，用于边界条件的投影函数为

$$\begin{aligned}&\cos\left(\frac{n\pi z''}{2b}\right),\quad n=0,1,\cdots N_2\quad 0<z''<2b\\&\cos\left(\frac{n\pi z''}{2h}\right),\quad n=0,1,\cdots N_1\quad 0<z''<2h\end{aligned} \tag{5-31}$$

边界条件投影可以写为

$$\int_0^{2b}\mathrm{u}^{<}\cos\left(\frac{n\pi z''}{2b}\right)\mathrm{d}z''-\int_0^{2b}\mathrm{u}^{>}\cos\left(\frac{n\pi z''}{2b}\right)\mathrm{d}z''=\int_0^{2b}\mathrm{u}^{inc}\cos\left(\frac{n\pi z''}{2b}\right)\mathrm{d}z''\quad n=0,1,\cdots N_2 \tag{5-32}$$

$$\begin{aligned}&\int_0^{2b}(\sigma^{<}\cdot\hat{e}_r)\cos\left(\frac{n\pi z''}{2b}\right)\mathrm{d}z''-\int_0^{2b}(\sigma^{>}\cdot\hat{e}_r)\cos\left(\frac{n\pi z''}{2b}\right)\mathrm{d}z''\\&=\int_0^{2b}(\sigma^{inc}\cdot\hat{e}_r)\cos\left(\frac{n\pi z''}{2b}\right)\mathrm{d}z''\quad n=0,1,\cdots N_1\end{aligned} \tag{5-33}$$

对于每个 $m=-M,\cdots,M$，必须求解该方程组的展开系数 $a_{mn}-f_{mn}$。然而，在确定膨胀系数之前，必须评估几个投影积分。使用建议的投影函数，所有投影积分都可以解析计算，并以具有初等函数的简单闭合形式给出。例如，方程(5-32)中的第一个投影积分由下式给出

$$P_{1,n'n}=\int_0^{2b}V_{n'}^{Sb}(z')\cos\left(\frac{n\pi z''}{2b}\right)\mathrm{d}z''$$

$$=\frac{16p_{n'}b^2}{4p_{n'}^2b^2-n^2\pi^2}\cos(q_{n'}b)\sin(p_{n'}b)+\frac{8q_{n'}b^2(q_{n'}^2-(k_{n'}^{Sb})^2)}{(k_{n'}^{Sb})^2(4q_{n'}^2b^2-n^2\pi^2)}\cos(p_{n'}b)\sin(q_{n'}b)$$

$$n=0,1,\cdots N_1 \tag{5-34}$$

其他投影积分由类似的表达式给出。对每个 m 值求解由投影边界条件建立的方程组。每 m 个未知系数的总数为 $3(N_1+N_2)+6$，这些是未知展开系数 $a_{mn}-c_{mn}$，$n=0,1,\cdots,N_1$ 和 $d_{mn}-f_{mn}$，$n=0,1,\cdots,N_2$，都是固定的 m。一旦找到膨胀系数，散射场就求解完成了。

仔细地检查方程表明，问题受一些无量纲参数控制，无量纲频率 $\Omega=\omega h/cT$、半径与板厚 a/h、比值 b/h 和泊松方程比 v。

必须包括的项数取决于指定的问题参数，例如，更高频率的收敛解需要更多项。这些参数可以相互独立地选择，但根据它们有效的板的比例选择它们的相互尺寸似乎可以正常工作。因此，选 $N_2\approx b/h*N_1$ 可能是一个有用的经验法则。在本节给出的数值例子中，截断参数 $N_1=9$，截断参数 N_2 之后调整，$M=20$。对于更高的频率，扩展中需要更多的项，这导致收敛速度更慢。较高频率下收敛速度相当慢的原因之一是未对孔底部的应力奇异性进行建模。如果应力奇异性以更好的方式建模，则收敛速度可能会提高。一种可能的方法是将孔边界位移作为单独的未知量引入。然后可以在正交函数（在孔边界上正交）中扩展孔边界位移，这些函数在孔底部具有正确的行为，然后可以预期更快的收敛。

该问题的数值解主要包括从投影边界方程（5-32）和（5-33）中找到散射场的散射系数。该方程组有 $3(N_1+N_2)+6$ 个未知系数，需要对每（$m=-M,\cdots,M$）求解。我们还必须找到波数板的内部和外部区域中的兰姆模式。这涉及求解方程（5-3）和（5-4）的实根和复根。由于还需要复根，所以必须对根有很好的初始猜测，否则很难找到所有复根。

5.3 半解析有限元法

当 Lamb 波与损伤相互作用时，将产生相位变化、通过模式转换生成新波包、高次谐波分量等具有特殊特征的波形，这极大地增加了 Lamb 波与损伤之间相互作用建模的复杂性。本章提出半解析有限元方法用于 Lamb 波的传播和与损伤的相互作用，通过波损作用系数的概念将整体解析波表达式与局部有限元解耦合，最终获得时空域全场传感信号的快速预测。

5.3.1 半解析有限元方法

在半解析有限元方法中，Lamb 波的产生、传播和感知过程使用精确的解析表达式进行建模，而用于描述损伤散射效应的波损作用系数则是从小尺寸局部有限元分析中提取的。方法示意图如图 5-2 所示：PZT 换能器产生超声导波传播到结构中，导波与结构损伤相互作用并携带损伤信息，被 PZT 换能器被感知。为了模拟损伤对 Lamb 波传播的影响，我们将损伤看作一个新的波源，并通过波损作用系数在损伤位置加入模式转换和散射源，在频域中建立 Lamb 波与损伤相互作用的预测分析模型。

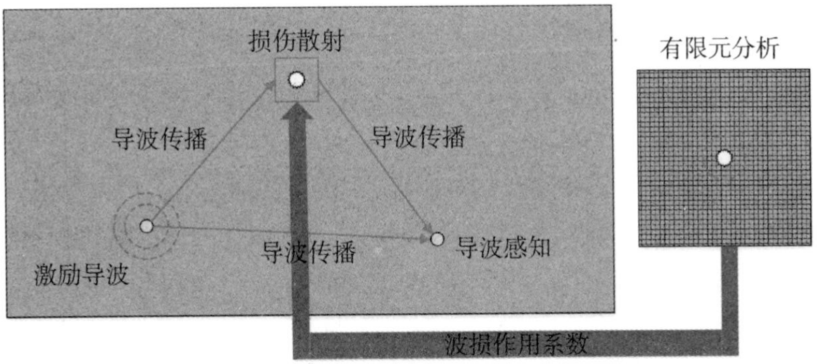

图 5-2　半解析有限元法示意图

PZT 传感器接收信号由两部分组成：来自激励传感器的直接入射波和来自损坏的散射波。因此，可以将损伤建模为二次波源。总波场 W_{total} 是损伤产生的入射波场 W_{in} 和散射波场 W_{sc} 的叠加，即

$$W_{total} + W_{in} + W_{sc} \tag{5-35}$$

原始模型中的传感节点数据是入射波场，而损伤模型中的数据代表的是包含入射波和散射波的总波场。因此，这两个模型之间的数据相减就得到了散射波场。根据公式(5-35)，从总波场中减去入射波即可得到散射波场，即

$$W_{sc} = W_{total} - W_{in} = C_{AB}(\omega, \theta) \times W_{in}^{x} \tag{5-36}$$

其中，W_{in}^{x} 为损伤位置的入射波场，波损作用系数 $C_{AB}(\omega, \theta)$ 定义为与散射波的频率和方向相关的幅度比函数，并使用两个字母来描述导波与损伤的相互作用现象。其符号定义如下：第一个字母 A 表示入射波类型，第二个字母 B 表示所得波型。例如，SS(对称-对称)表示入射对称波散射为对称波，SA(对称-反对称)表示入射对称波散射并将模式转换为反对称波，SSH(对称-剪切水平)是指入射对称波被散射并模式转换为剪切水平波。因此，波损作用系数 C_{SS} 表示具有振幅比为 $C_{SS}(\omega, \theta)$ 的入射对称模所产生的散射对称模。类似地，$C_{SA}(\omega, \theta)$ 表示具有振幅比为 $C_{SA}(\omega, \theta)$ 的入射对称模所产生的散射反对称模。ω 是导波分量的频率，θ 表示相对于入射波方向的散射角。这些系数由损伤特征确定，并间接体现损伤严重程度。

为了模拟损伤对兰姆波的传播的影响我们将损伤视为 $x = x_d$ 的新波源通过波损作用系数在损伤位置加入模态转换和散射波源。解析模型的流程如图 5-3 所示，具体分为以下几个步骤：

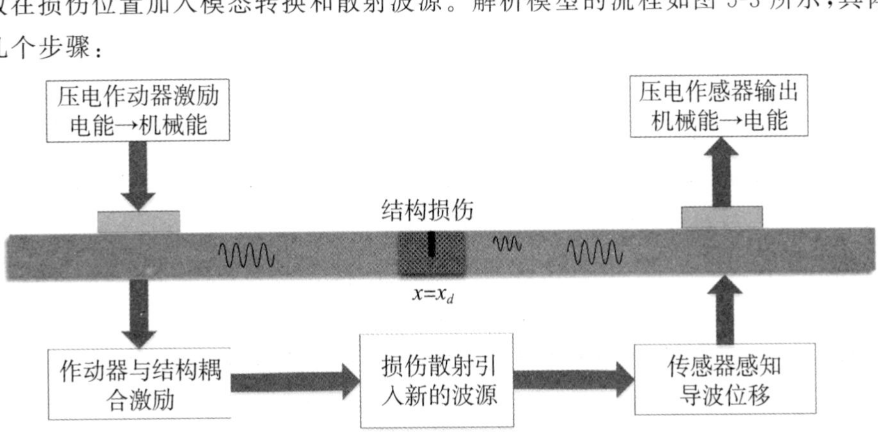

图 5-3　半解析有限元法模型逻辑

第一步，对激励的时域信号执行傅里叶变换，以获得频域激励频谱

$$V_{in}(t)\rightarrow(fft)\rightarrow\widetilde{V}_{in}(\omega) \tag{5-37}$$

第二步，计算从激励传感器到接收传感器的结构频域传递函数 $G(x_r,v)$，该方程给出了板表面的平面内波应变。为方便起见，可将其分离为 S 和 A 部分，即

$$G^{S}(\omega,r)=-i\pi\frac{a^{2}\kappa_{pzt}(\omega)}{2\mu}\sum_{\xi^{S}}\frac{J_{1}(\xi^{S}a)N_{S}(\xi^{S})}{D'_{S}(\xi)}H_{1}^{(1)}(\xi^{S}r) \tag{5-38}$$

$$G^{A}(\omega,r)=-i\pi\frac{a^{2}\kappa_{pzt}(\omega)}{2\mu}\sum_{\xi^{A}}\frac{J_{1}(\xi^{A}a)N_{A}(\xi^{A})}{D'_{A}(\xi)}H_{1}^{(1)}(\xi^{A}r) \tag{5-39}$$

第三步，将结构传递函数乘以频域激励信号，以获得传感位置处的直接入射波，其中使用了从 PZT 到传感位置的距离 R_{in}。类似地，将结构传递函数乘以频域激励信号，以获得到达损伤的入射波，其中使用从 PZT 到损伤位置的距离 R_d。

$$u_{\text{in}}(\omega,R_{\text{in}})=\widetilde{V}_{T}(\omega)[G^{S}(\omega,R_{\text{in}})+G^{A}(\omega,R_{\text{in}})] \tag{5-40}$$

$$u_{d}(\omega,R_{d})=\widetilde{V}_{T}(\omega)[G^{S}(\omega,R_{d})+G^{A}(\omega,R_{d})] \tag{5-41}$$

需要注意的是，Lamb 波不同模态独立传播，直接入射波场是每个波模的叠加。

第四步，损伤位置处的波信号通过透射、反射、模式转换和高次谐波来获取损伤信息。使用波损作用系数将这些现象附加到导波中，建模为损伤位置处的新波源。

$$u_{n}^{S}=C_{SS}u_{d}^{S}+C_{AS}u_{d}^{A} \tag{5-42}$$

$$u_{n}^{A}=C_{SA}u_{d}^{S}+C_{AA}u_{d}^{A} \tag{5-43}$$

$$u_{n}^{SH}=C_{SSH}u_{d}^{S}+C_{ASH}u_{d}^{A} \tag{5-44}$$

其中，u_n^S、u_n^A 和 u_n^{SH} 分别表示损伤散射的 S0、A0 和 SH0 波源。应该指出的是，我们仅考虑基本兰姆模式（S0 和 A0）和基本剪切水平模式（SH0），这与 A1 和 SH1 截止频率以下薄壁结构中的导波传播情况相对应。

这些散射波从损伤处传播到感知传感器，与点源辐射的二维 Lamb 波场情况相似，因此我们可以得到原始散射波传播到感知处的波场

$$u_{\text{sc}}^{S}=u_{n}^{S}H_{1}^{(1)}(\xi^{S}R_{\text{SC}}) \tag{5-45}$$

$$u_{\text{sc}}^{A}=u_{n}^{A}H_{1}^{(1)}(\xi^{A}R_{\text{SC}}) \tag{5-46}$$

$$u_{\text{sc}}^{SH}=u_{n}^{SH}H_{1}^{(1)}(\xi^{SH}R_{\text{SC}}) \tag{5-47}$$

其中，R_{in} 表示损伤到感知位置的距离。

第五步，传感位置的总波场是计算的直接入射波和计算的散射波的叠加。

$$u_{\text{total}}=(u_{\text{in}}^{S}+u_{\text{in}}^{A})+(u_{\text{sc}}^{S}+u_{\text{sc}}^{A}+u_{\text{sc}}^{SH}) \tag{5-48}$$

第六步，结合传感器感知面内位移的模型，可以得到 PZT 接收到的频域波信号为

$$\widetilde{V}_{\text{total}}(\omega,\theta)=u_{\text{total}}\times K_{s}^{n}(\omega) \tag{5-49}$$

第七步，对频域信号执行逆傅里叶逆变换，以获得传感器的时域感测信号。

$$V_{\text{total}}(t)=IFFT[\widetilde{V}_{\text{total}}(\omega,\theta)] \tag{5-50}$$

至此，我们就可以完整地描述整个损伤散射的模型。

如果损伤的形状是任意非对称的，则导波与损伤的相互作用过程也可能产生更高阶的 Lamb 波模式（S1、A1、S2、A2 等）以及高阶剪切水平模式（SH1、SH2 等）。由于圆形 PZT 换能器无法产生 SH 波，因此在分析中 SH0 模态波入射的情况没有考虑在内。但是需要注意的是，通过损伤散射后的导波形态，可能会有散射 SH 波的存在，并且占据一定的能量成分。

5.3.2 波损作用系数的提取方法

提取波损作用系数是损伤散射建模的关键，为了获得这些与频率和方向相关的作用系数，需要对局部有限元进行瞬态分析。在有限元分析中可以模拟某一导波模态入射及其在特定频率下被任意损伤的散射情况，而在提取波损作用系数之前我们需要明确波损作用系数的定义和相关的提取技巧。

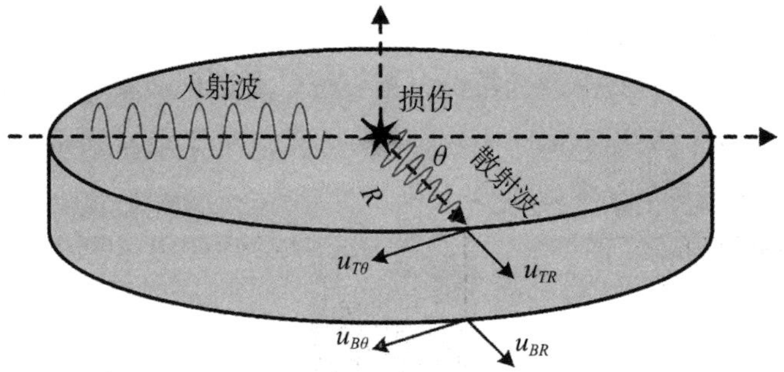

图 5-4　波损作用系数计算示意图

图 5-4 显示了用于提取波损作用系数的传感区域示意图。原始模型中的传感节点数据为入射波场，损伤模型中的数据为包含入射波和散射波的总波场。因此，两个模型之间的数据使用公式(5-36)可以得到各个方向的散射波场，通过矢量计算进而得到表面传感节点的径向散射波位移（u_{TR} 和 u_{BR}）和切向散射波位移（$u_{T\theta}$ 和 $u_{B\theta}$）。使用公式(5-51)，我们可以分离并选择性地表示每种波模式。

$$u_{\text{sc}}^{\text{S0}}=\frac{u_{TR}+u_{BR}}{2}$$
$$u_{\text{sc}}^{\text{A0}}=\frac{u_{TR}+u_{BR}}{2} \tag{5-51}$$
$$u_{\text{sc}}^{\text{SH0}}=\frac{u_{T\theta}+u_{B\theta}}{2}$$

到达损伤位置的入射波由中心感应点记录，并表示为 u_{in}。到达损伤处的入射波与在传感边界上监测到的散射波之间的关系为

$$u_{\text{in}}^{\text{A}}\mathrm{e}^{-i\varphi_{\text{in}}^{\text{A}}}\times C_{AB}(\omega,\theta)\mathrm{e}^{-i\varphi_{AB}(\omega,\theta)}\times H_{m}^{(1)}(\xi^{\text{B}}r)=u_{sc}^{\text{B}}(\theta)\mathrm{e}^{-i\varphi_{sc}^{\text{B}}(\theta)} \tag{5-52}$$

其中，u_{in}^{A} 是中心传感节点的 A 模式入射波；$C_{AB}(\omega,\theta)$ 是波损作用系数，包含模式转换（A 模式到 B 模式）、方向依赖性、振幅比等信息；$H_{m}^{(1)}$ 表示所得到的散射波模式 B 的向外传播的二维波场，其中 Lamb 波的 $m=1$，SH 波的 $m=0$。

上式中的入射和散射波幅值信息可以通过谐响应分析获得，其中 $C_{AB}(\omega,\theta)$ 是唯一的未知项。重新排列后，公式成为

$$C_{AB}(\omega,\theta)\mathrm{e}^{-i\varphi_{AB}(\omega,\theta)}=\frac{u_{sc}^{B}(\theta)}{u_{in}^{A}}\frac{1}{H_{m}^{(1)}(\xi^{B}r)}\mathrm{e}^{-\Delta\varphi_{AB}(\theta)} \tag{5-53}$$

$$\Delta\varphi_{AB}(\theta)=\varphi_{SC}^{B}(\theta)-\varphi_{in}^{A}$$

通过分析，可以提取出波损作用系数为

$$C_{AB}(\omega,\theta)=\left|\frac{u_{sc}^{B}(\theta)}{u_{in}^{A}}\frac{1}{H_{m}^{(1)}(\xi^{B}r)}\right| \tag{5-54}$$

为了获得某一入射波模式与散射波之间振幅的关系，利用有限元软件 ANSYS 构建了一个原始模型和一个损伤模型（如图 5-5），模型尺寸为 150 mm×150 mm×2 mm，损伤为直径 30 mm、深 1.5 mm 的盲孔，并采用局部细化网格以提高模拟的有效性。高度一致的有限元模型有助于更加准确地提取波损作用系数，而反射回波的存在会增加导波分析的复杂程度，因此在进行有限元仿真过程中可以通过在区域外围设置阻尼递增的吸收层来抑制反射回波。当然，有限元分析设置中只能计算 Lamb 波和损伤之间的线性相互作用，非线性作用效应不在考虑范围之内。

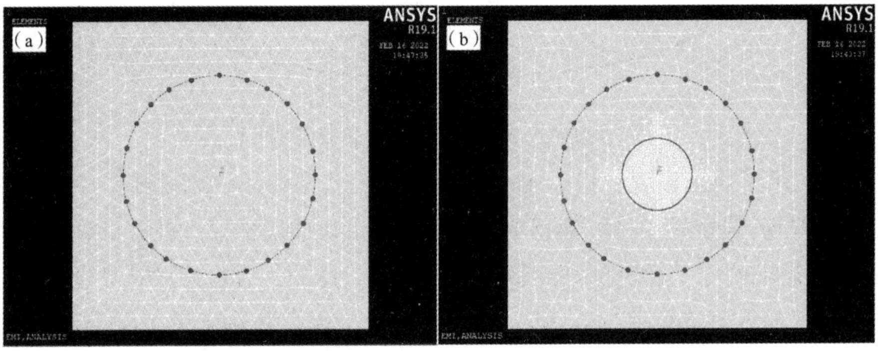

图 5-5　小尺寸 FEM 模型

图 5-5 还显示了加载节点和感应节点的设置。在两个模型中，设计了一圈感应节点来收集结构的散射信号，圆形定位感知节点的设计能够提取所有方向的散射信息。在保证绘图精度和矢量计算便捷的前提下，感应节点以 15°为间隔，沿圆周共设置 24 个感应节点。加载节点采用上下对齐激励（双元激励法）以创建单一模态 Lamb 波入射，当损伤处于远场位置时，这是单一模态入射的完美近似。针对指定损伤的模型响应分析只需执行一次，就可以提供感兴趣频率下的结构完整响应，进而可以计算特定频率下的散射结果。

5.3.3 典型损伤的波损作用系数

在提取波损作用系数的过程中，损伤的几何形状要保持相对简单，以确保用于验证目的的有限元模型和实验模型一致，但损伤形状也需要具有一定的复杂度，以明确地揭示 Lamb 波与一般性损伤的全部相互作用现象，这也就要求尽量包含所有模式转换的可能性，因此本节重点关注 Lamb 波入射到圆形盲孔上的散射问题。需要注意的是，不同

类型的损伤将具有不同的散射特性，并且需要相应的局部损伤模型来提取波损作用系数。

以频率为 200 kHz 的 Lamb 波为例，入射 S0 模态与损伤之间的相互作用系数分布如图 5-6 所示，可以发现散射过程不仅涉及散射 S0 波，而且还涉及其他两种模式转换波的存在。此外，波损作用系数的分布还与方向有着很大关系，散射 S0 和 A0 主要分布在 0°至 180°这一直线上，而且 S0 模态更容易被反射，A0 模态更擅长透射或衍射。由于水平剪切波的独特波结构，SH0 模态的波损作用系数更多地分布在 120°和 240°这两条“翅膀”上，整体形态近似蝴蝶状。

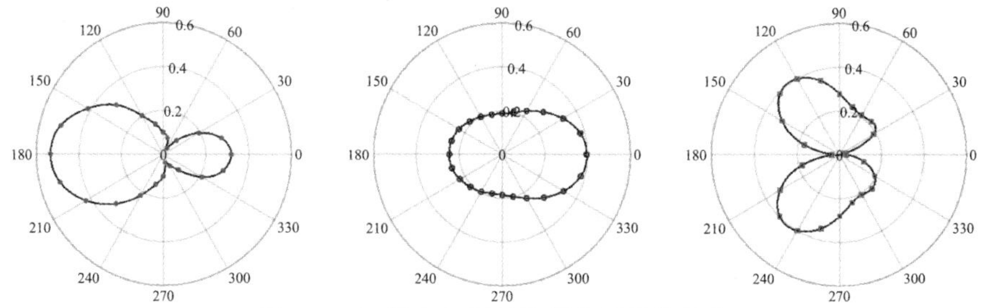

图 5-6　S0 模态入射的波损作用系数分布

图 5-7 展示了入射 A0 模态与损伤之间的相互作用系数分布，相似散射、模式转换和指向性现象也都可以在系数分布图中发现。另外，A0 模态擅长透射的特性也更加清晰，相比于 S0 模态入射的情况，三种散射模态在损伤 0°方向上的波包能量分布明显提高，并且成为散射的主要方向。由此看出，波损作用系数能很好地反映出损伤对不同模态的作用情况，进而可以完整地反映损伤缺陷的物理特征。

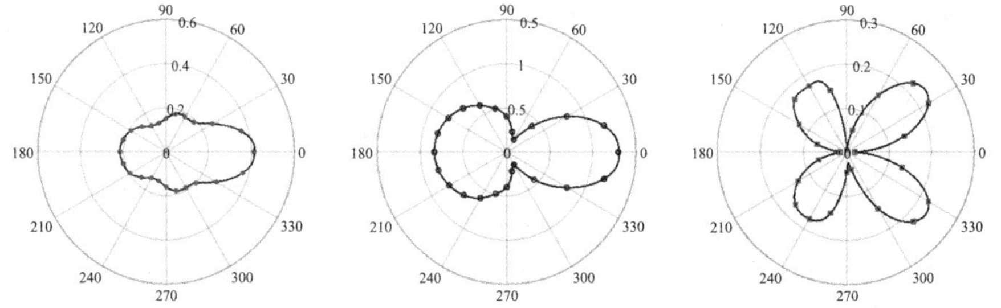

图 5-7　A0 模态入射的波损作用系数分布

5.4　损伤散射模型验证

在这一部分中，将通过多物理全尺寸有限元模型和验证性实验对所提出的三维解析方法和半解析有限元进行验证。

5.4.1 有限元模型验证

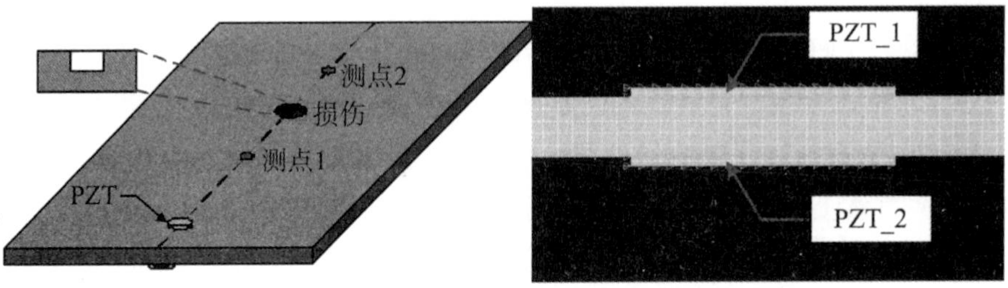

图 5-8　全尺寸验证模型示意图和多物理场有限元模型

图 5-8 显示了用 ANSYS 软件建立的全尺寸验证模型和 PZT 对称激励的多物理有限元模型。结构板材是一块 600 mm×600 mm×2 mm 的 Q235 钢板，材料密度为 7 860 kg/m^3，弹性模量是 212 GPa，泊松比为 0.288。致动器和传感器均采直径 13 mm、厚度为 1 mm 的圆形 PZT-5H，介电常数 ε_{33} 为 980，压电常数 d_{31} 为 450×10^{-12} C/N，弹性柔顺系数 s_{33}^{E} 为 19.9×10^{-12} m^2/N。底板钢材采用 solid185 八节点三维结构单元对板进行网格划分，PZT 选用 solid226 耦合场三维单元模拟的压电效应。本节所采用的网孔尺寸为 0.5 mm，时间步长被设置为 0.1 μs。

仿真过程中通过设置在板材上下表面的两个 PZT 同时激励实现单一模态 Lamb 波入射的模拟。上下表面的 PZT 施加相反的激励信号可以在远场模拟 S0 模态入射的情况，不同位置的全尺度有限元模拟波形与解析预测波形对比如图 5-9 所示。观察波形对比可知，模型的预测结果与实际全尺寸有限元模拟结果基本一致，半解析有限元法可以有效地代替全尺寸有限元模型仿真结果。两个测点的散射 S0 波形吻合程度较高，但 A0 模态吻合程度欠佳，半解析有限元预测波形发生了偏移，这主要是本身 A0 散射波能量较小，加之 A0 模态在低频范围频散现象严重，这都将放大波形的相对误差。

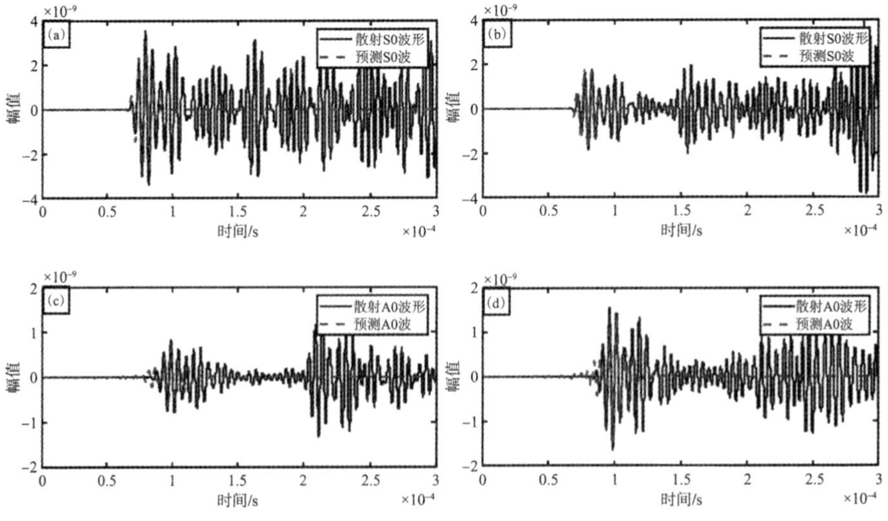

图 5-9　S0 模态入射时不同位置的散射波对比：(a) 1 号位置散射 S0；(b) 2 号位置散射 S0；(c) 1 号位置散射 A0；(d) 2 号位置散射 A0

图 5-10 展示了 A0 模态入射时不同传感位置的波形验证结果，可以观察到预测与有限元模拟和有很好的匹配。不同于 S0 模态入射的情况，A0 模态本身严重的频散现象导致散射波场复杂度明显增强。虽然有限元计算结果与解析预测结果相差不大，但是 A0 模态透射能量占据主要地位，在近场(测点 1)的波形吻合度明显弱于远场(测点 2)波形吻合度。由于有限元模拟中采用双 PZT 等位激励等效双元激励法，实际三维模型中 PZT 不可能等效为点载荷，这可能是解析预测结果于有限元结果在近场波形对比中误差较大的原因。

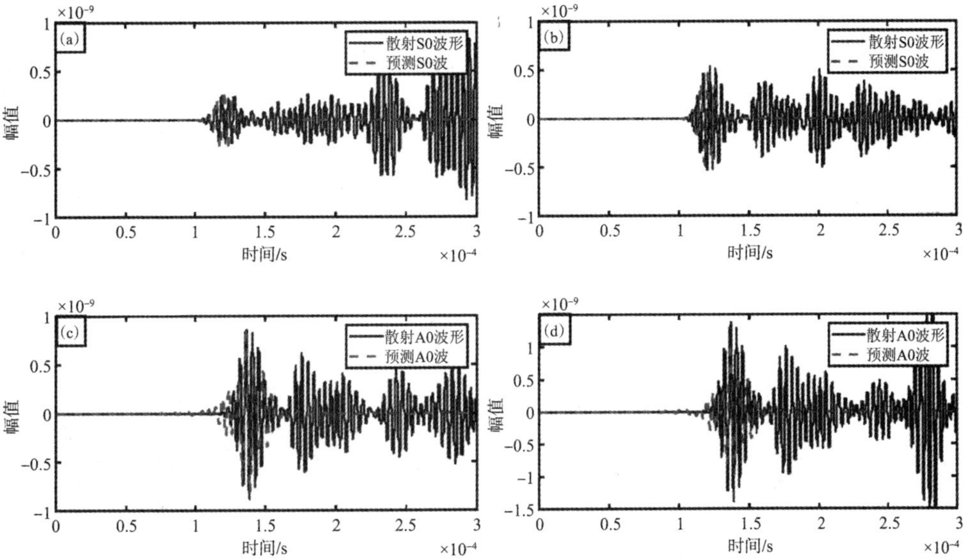

图 5-10　A0 模态入射时不同位置的散射波对比：(a) 1 号位置散射 S0；(b) 2 号位置散射 S0；(c) 1 号位置散射 A0；(d) 2 号位置散射 A0

本节所采用的半解析有限元法虽然不能完全准确地代替全尺寸有限元模型，但相较于进一步离散化模型和采用更小的时间步长以提高有限元模拟的精度，这种半解析有限元方法无疑是在均衡计算资源和计算时间的前提下的高性价比之选。

5.4.2 散射实验验证

损伤散射验证实验装置设置如图 5-11 所示，实验中采用 Tektronix-AFG1022 函数发生器产生汉宁窗调制的五周期脉冲信号，通过品致 HA-405 高压放大器放大到 50 Vpp 作用于 PZT。HA-405 高压放大器的工作频率为 0～1 MHz，因此可以对 200 kHz 的激励信号进行有效的线性放大。PZT 产生的 Lamb 波沿结构传播，与损伤相互作用后携带损伤信息的波形被 PZT 传感器感知，感应电信号经前置放大器滤波增益后被信号采集仪 DS5-16B 采样。北京软岛科技的高速数据采集仪 DS5-16B 单通道采样精度为 16 bit，最高采样率可达 10 M。因此，实验选择以 2.5 M 的采样率同时采集 6 通道的 PZT 波形，可以有效保证全波形数据的连续采集。

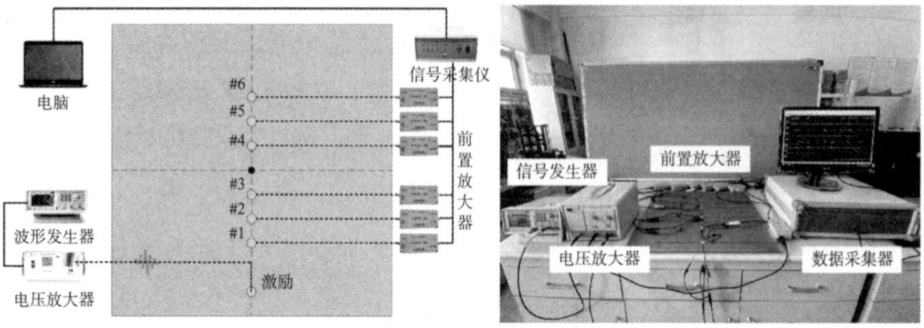

图 5-11 损伤散射的实验验证

图 5-12 显示了在 200 kHz 激励下不同传感位置的波形验证结果，可以观察到解析预测的 S0 波形与实验结果吻合良好。位置＃1、＃2 和＃3 的信号显示，当感应位置移动到损伤附近时，散射 S0 波的波达时刻逐渐增大。位置＃6、＃7 和＃8 的感应信号的比较，可以清楚地观察到散射 A0 模态基本被复杂的波长掩盖。这个事实说明，在某些传感位置时损伤不能被有效地检测到。但使用半解析有限元法可以预测任意位置的波形，进而确定结构的敏感点和盲区，以优化传感器网络的设计。

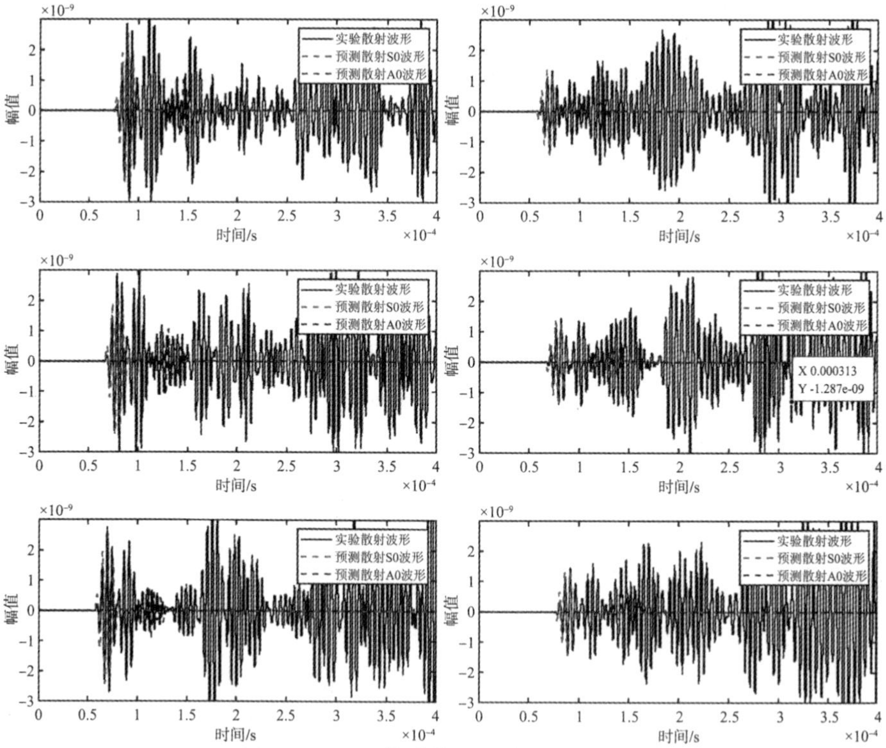

图 5-12 不同传感位置的波形验证结果

当然，也必须要看到的是该方法存在的显著不足之处。虽然在绝大部分情况下可以具有较好的波形吻合度和预测效果，但在 A0 模态严重频散的作用下预测的误差会被无限放大，甚至出现严重失真的情况。不过与其他解析或数值方法相比，半解析有限元法的分析框架是在频域内构建的，不需要时间推进程序，可以极大地减少计算量和计算过程中产生的大量数据存储需求。传统全尺寸有限元模拟的任何参数改变都会导致整个模型的重建、重新离散化和重新求解,这必然会带来动辄几十个小时的时间和算力浪费,然而半解析有限元法只需进行几十分钟的局部有限元计算和几分钟的解析计算,因此该方法可以获得更高的设计效率。

第6章　时域定位方法

6.1　引言

当信号被处理完成得到单模态、非频散的信号后，就需要使用它来完成定位缺陷的目的。常用的检测系统比较庞大，为了能够简化系统，提出利用边缘反射信号的缺陷定位方法。

本章首先介绍了常用的缺陷定位方式，之后基于压缩感知分离了信号的不同波包，最终仅使用两个传感器就定位到了缺陷。

6.2　定位方法

6.2.1 椭圆定位

时差定位法是传统的损伤定位方法之一，其定位原理简单，但是易受到频散效应、能量衰减的影响，导致定位不准确[28]。时差定位法基于损伤产生的导波到达不同传感器的时间不同的原理，利用圆弧定位、双曲线定位等方法，对损伤位置进行定位。时差法定位示意图如图 6-1 所示，传感器以常用的 L 型阵列布置，相邻传感器间距为 D，损伤位置距离采集传感器 S1、S2 和 S3 的距离分别为 d_1、d_2 和 d_3。

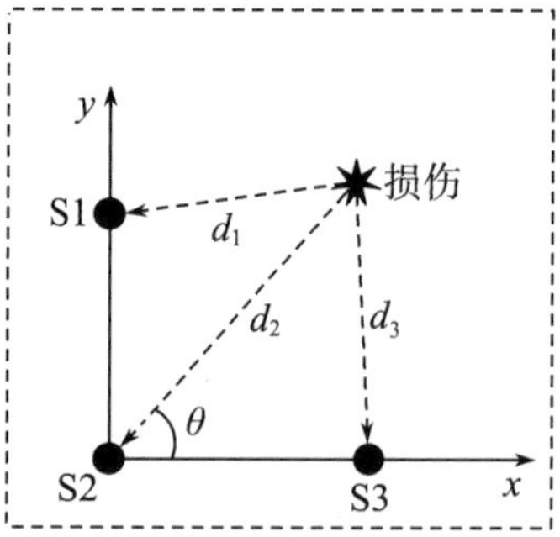

图 6-1　时差法定位原理示意图

由于损伤位置距离各传感器的距离不同，因此导波传播至各传感器所用的时间也不同，如果导波到达传感器 S1、S2 的时间差为 Δt_{12}，导波到达传感器 S2、S3 的时间差为 Δt_{32}，导波传播速度为 c，则可以得到如式所示的关系式：

$$\begin{cases}\Delta t_{12} \cdot c = d_1 - d_2 \\ \Delta t_{32} \cdot c = d_3 - d_2\end{cases} \tag{6-1}$$

由式(6-1),损伤距离传感器 S1、S2 的距离差为常数,因此由传感器 S1、S2 进行定位时,符合要求的损伤位置位于双曲线上,当 d_1-d_2 的正负值确定时,可能的损伤位置位于双曲线的一支上。同理,以传感器 S2、S3 进行定位时,符合要求的损伤位置也位于双曲线一支上。如图 6-2 所示,通过几何法即可求得损伤位置。

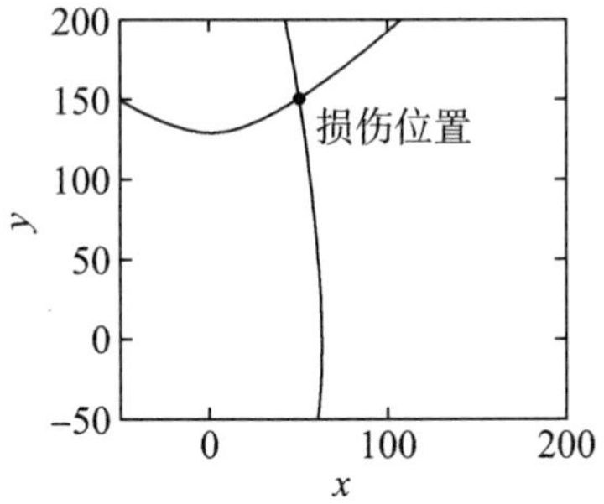

图 6-2　双曲线损伤定位

对双曲线定位采用几何法求解不适用于计算机处理,因此将式采用三角形定理整理得到极坐标系下的表达式如下所示:

$$\begin{cases} d_2=\dfrac{1}{2}\dfrac{D^2-\Delta t_{12}^2c^2}{\Delta t_{12}c+D\sin\theta} \\ d_2=\dfrac{1}{2}\dfrac{D^2-\Delta t_{32}^2c^2}{\Delta t_{32}c+D\cos\theta} \end{cases} \tag{6-2}$$

对式进行求解之后,损伤位置可以通过极角 θ 与极径 d_2 表示,为了表示方便,将其转换为直角坐标系下坐标,则损伤位置坐标$(x,\ y)$为

$$\begin{cases} x=d_2\cos\theta \\ y=d_2\sin\theta \end{cases} \tag{6-3}$$

6.2.2 延时叠加成像

目前,基于延迟叠加的损伤成像是一种应用较为广泛的算法[29]。一般而言,它是基于时域信号进行分析,但这种基于时间信号的延迟叠加成像存在一定的弊端。首先,由于各个接收传感器与激励点之间的距离不一致,使得各时域信号的波达点 τ_i 存在差异性,需将采集的时域信号先执行不同的延迟 τ_i'处理,使信号的波达点位置保持一致,如图 6-3(a)所示。其次,对处理后时域信号进行叠加并以叠加信号的最大值作为对应点的能量,但受导波频散特性的影响,使得各个传感器采集的信号波包长度各不相同。若采取上述简单的叠加方式并不是得到真实的能量最大值点(峰值 2),真实的最大值点应该是各个信号的最大值点的叠加(峰值 1),如图 6-3(b)所示。这就是传统的延迟叠加算法存在定位误差的原因。

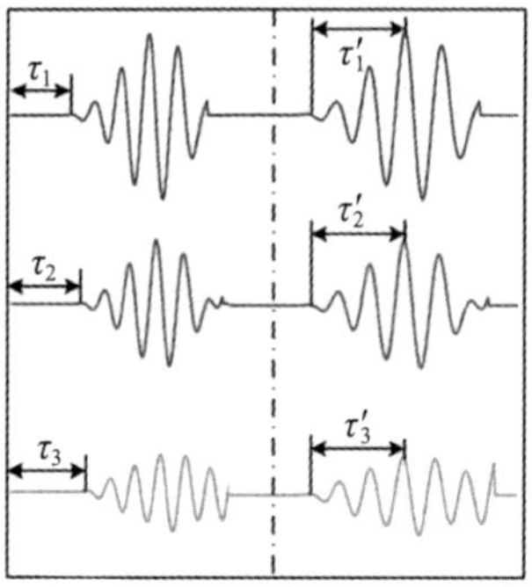

(a) 延时时间

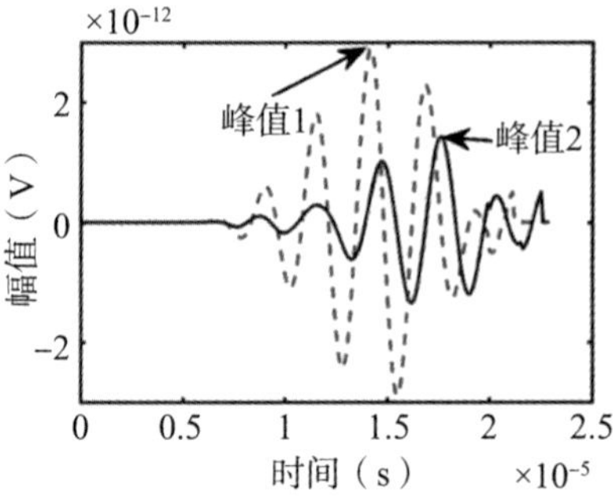

(b) 延时叠加误差

图 6-3　延时叠加算法

由于时域信号存在定位精度不足的缺陷,因此需根据单侧浸没件频散曲线将获取的时域信号映射到距离域上进行分析,并对距离域信号进行单侧 Hilbert 包络操作。根据波传播原理,信号的实际传播距离应该是从激励源的起始位置到距离域信号的波达点(或激励波 Hilbert 包络峰值点到距离域信号 Hilbert 包络的峰值点)。最后,通过延时叠加成像准则获得每个点处的能量大小。

对于声场中的任意传感器对而言,假定激励源坐标值为(x_i,y_i),接收传感器坐标为(x_j,y_j),声场中的任意点坐标设为(x,y)。那么导波信号从激励源出发经裂纹端点传播到接收传感器阵列的距离为

$$d_{xy}=\sqrt{(x_i-x)^2+(y_i-y)^2}+\sqrt{(x_j-x)^2+(y_j-y)^2} \tag{6-4}$$

将信号声场中的各点能量大小定义为 $c_i(d_{xy})$,每个传感器对的所有能量值叠加以得到(x,y)处的平均能量:

$$A(x,y)=\frac{1}{N}\sum_{i=1}^{N}c_i(d_{xy}) \tag{6-5}$$

如上所述,与激励信号相同距离的各点将被定义拥有相同的能量,从而建立以激励-接收传感器对为焦点的椭圆能量场。

6.2.3 时间反转

在介绍时间反转聚焦之前,首先来了解时间反转的定义。何谓时间反转?时间反转就是将传感器采集的损伤响应信号在时域上逆序排列或者是频域上的相位共轭处理[30],如图 6-4 所示。将时间反转处理后的损伤信号二次加载至传感器进行激发时,此时先被激励出去的是原始信号中速度慢的波包,后被激发出去的是速度快的波包,上述激励信号源将会在同一时刻到达损伤位置,从而在损伤点位置处出现一个幅值最大值,这便是时间反转的聚焦特性。对于无损伤点而言,因信号各个波包到达时刻存在差异而产生相位差,使得幅值明显小于损伤位置处[31]。

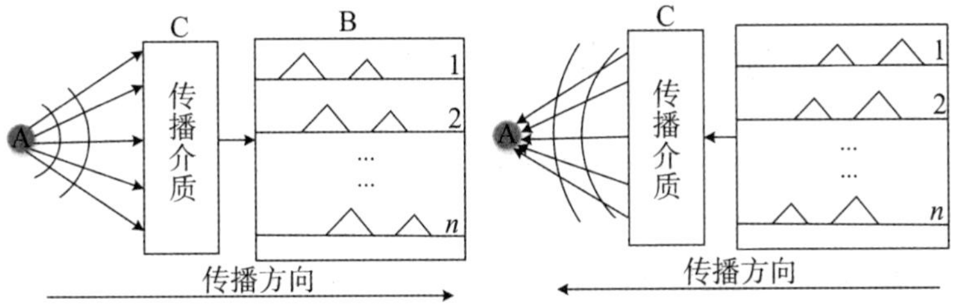

图 6-4　时间反转聚焦原理图

为了更加清晰的了解时间反转聚焦的原理及过程，下面将通过时频域解析的方法进行论证。图 6-4 表示时间反转的一个过程，A 表示激发信号阵列，B 代表时间反转装置，C 表示传播媒介。其工作流程大致为：导波信号从 A 点出发经过传播介质 C 被接收装置 B 采集，装置 B 将接收的信号进行时间反转处理后二次激励，经过传播介质 C 到达激励源 A，并在 A 处实现聚焦。

假设 A 处的激励信号为 $s(t)$，装置 B 中存在 N 个接收阵元，x_n 表示激励源与第 n 个接收阵元之间的响应函数，其中 $1 \leqslant n \leqslant N$。因此上述激励信号经过传播媒介 C 之后到第 n 个接收阵元的信号 $y_n(t)$ 为

$$y_n(t)=s(t)*x_n(t) \tag{6-6}$$

假设 A 处激励信号的频谱为 $S(\omega)$，$X_n(\omega)$ 代表激励信号与第 n 个接收阵元之间响应函数的频谱，那么经过传播介质到达第 n 个接收阵元的频谱 $Y_n(\omega)$ 可表示为

$$Y_n(\omega)=S(\omega)X_n(\omega) \tag{6-7}$$

第 n 个接收阵元采集的时域信号通过时间反转装置 B 后，其信号的时域表达式为

$$y_n(-t)=s(-t)*x_n(-t) \tag{6-8}$$

将公式(6-8)转换至频域可表示为

$$Y_n^*(\omega)=Y_n(-\omega)=S(-\omega)*X_n(-\omega)=S^*(\omega)X^*(\omega) \tag{6-9}$$

其中，$Y_n^*(\omega)$ 是对函数 $Y_n(\omega)$ 进行共轭分析，通过对比可以看出，在时域上进行时间反转与频域范围内共轭处理得到的效果是一致的。

将第 n 个接收阵元采集信号时间反转处理后进行二次加载激励，按照之前的传播路径传播至原始激励处的信号频谱大小为

$$Z(\omega)=S^*(\omega)X^*(\omega)X(\omega) \tag{6-10}$$

其中，公式中 $X^*(\omega)X(\omega)$ 的结果将会为一个正实数(a^2+b^2)，而且 $x^*(t)$ 与 $x(t)$ 这组函数在 $t=0$ 处频域相位一致，也就是说在 $t=0$(激励阵列)处信号会叠加出幅值的最大值点，说明时间反转成像可以精准实现聚焦。

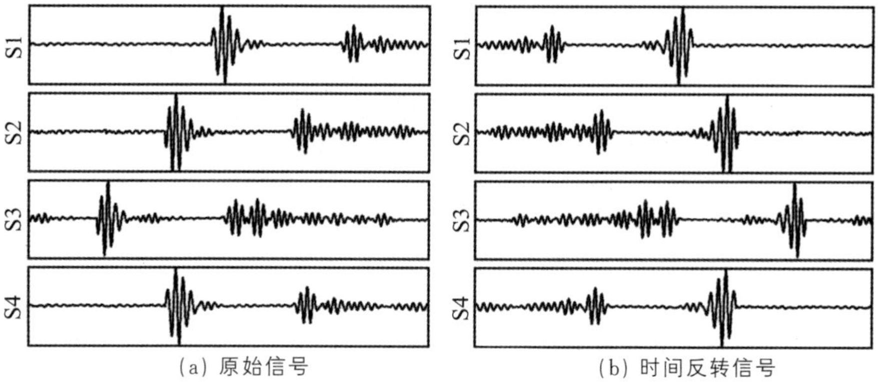

图 6-5　损伤信号变换波形图

6.2.4 波束形成

波束形成技术以多元传感器阵列为检测工具，由一定数量的传感器同时进行信号采集[32]。与时差法等基于时间信息的定位方法不同，波束形成技术以场量信息为基础，充分利用各传感器采集得到的波形信息进行定位。在待检测区域中定义虚拟聚焦点，将其作为导向矢量，并进行波束形成运算，提取叠加波中的最高幅值作为当前导向矢量的记录值，不断改变导向矢量的模以及旋转角，实现对待检测区域的全域扫描，得到该区域内所有导向矢量的记录值，记录值最大的点即为损伤位置。当采用波束形成技术进行定位时，需要对整个区域进行扫描，扫描的结果以三维场云图的形式呈现，云图中幅值的高低代表着成为损伤位置的可能性，幅值最高的点为所求的损伤位置。

波束形成原理图如图 6-6 所示，导波由损伤位置产生并向周围传播，传感器 S1、S2、S3 采用直线阵列，以传感器 S3 为原点建立直角坐标系，在检测区域中定义虚拟聚焦点，虚拟聚焦点与传感器 S1、S2、S3 的距离分别为 d_1、d_2、d_3。

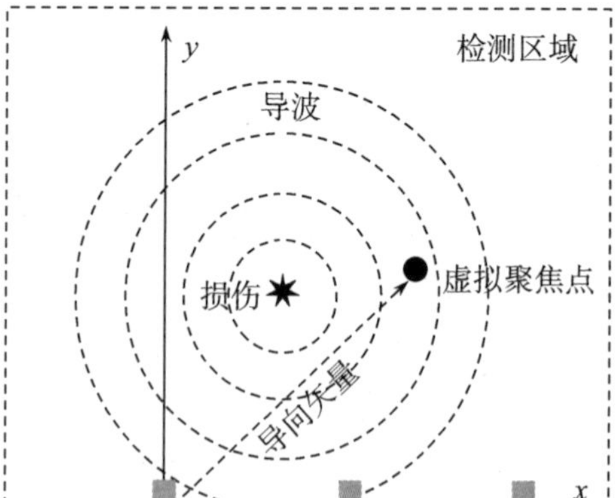

图 6-6　波束形成定位原理图

波束形成定位方法流程图如图 6-7 所示。首先假设声发射源为目标搜索区域内的某一点，将其作为虚拟聚焦点，该点与原点的连线形成导向矢量。以当前导向矢量分别对传感器 S1、S2、S3 采集到的导波信号 s_1、s_2、s_3 进行波束形成运算，提取运算结果中的最大幅值，并存储当前虚拟聚焦点的坐标。改变导向矢量的长度及旋转角，得到新的导向矢量，并重复上述过程，直到导向矢量遍历检测区域内的所有位置。最后，将检测区域内所有点经波束形成运算后得到的最大幅值进行比较，其最大值对应的位置即为损伤所在位置。

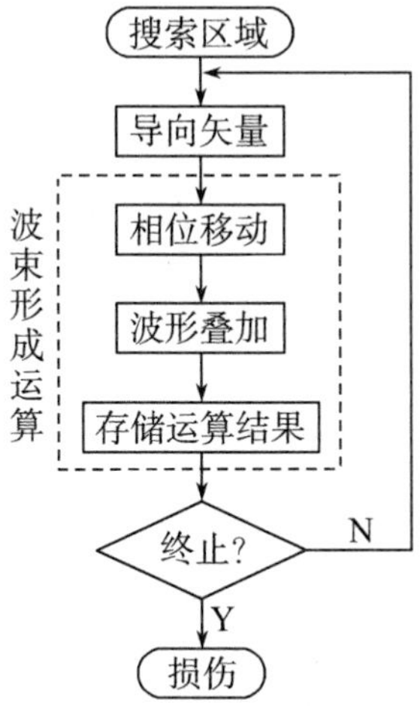

图 6-7　波束形成定位算法流程图

在图 6-6 中选取任一传感器 S_j 作为参考传感器，当导波由虚拟聚焦点(x, y)向周围以波速 c 传播时，导波到达各传感器的时间 t_i 可由下式表示：

$$t_i = \frac{d_i}{c} \tag{6-11}$$

由式(6-11)进一步计算得到导波到达各传感器的时间与导波到达参考传感器的时间 t_j 的时间差 Δt_{ij} 为

$$\Delta t_{ij} = t_j - t_i \tag{6-12}$$

对各传感器 S_i 采集到的信号 s_i 根据时差 Δt_{ij} 进行相位移动，将相位移动后的波形信号进行累加，并计算平均值。其计算公式为

$$s(x, y, t) = \frac{1}{n} \sum_{i=1}^{n} s_i(t - \Delta t_{ij}) \tag{6-13}$$

式中，n 为传感器数量。

6.3　频散移除

导波检测过程是单输入单输出系统，在此忽略黏附层厚度的影响，假设驱动器-结构和结构-传感器是完全耦合的，因此，用于激发-传播-感测过程的理论模型可以表示为无量纲形式的采集信号：

$$V_{\text{out}}(x, t) = \frac{1}{2\pi} \sum_{n=0}^{\infty} \int_{-\infty}^{\infty} K_s(\omega) G_n(x, \omega) K_a(\omega) \overline{V}_{\text{in}}(\omega) \exp(i\omega t) \mathrm{d}\omega \tag{6-14}$$

式中，$\overline{V}_{in}(\omega)$指的是激励信号频谱；$K_a(\omega)$是激励传感器在板上的传递函数；$G_n(x, \omega)$是结构的动态响应传递函数；$K_s(\omega)$是接受传感器的传递函数。

在后续实验的板的频散曲线如图 6-8(a)所示。为了减少板中的波包模态，实验时使用的频率在截止频率以下，因此信号中只有 A_0、S_0 两种模态。激励传感器-结构-接收传感器系统的幅频响应如图 6-8(b)所示。

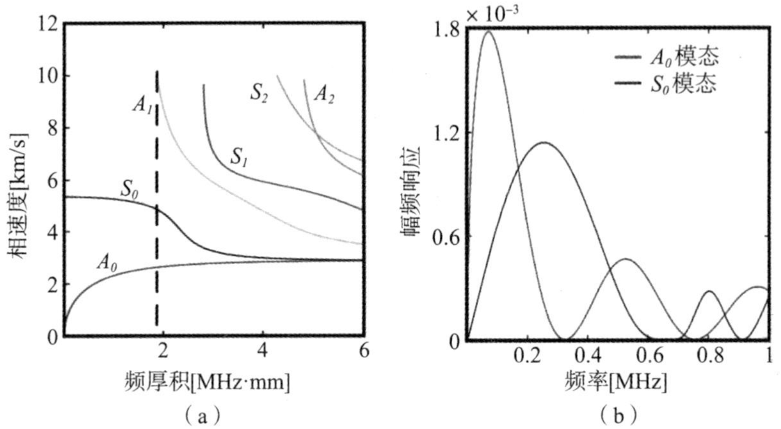

图 6-8　2 毫米厚 Q235 钢板响应曲线：(a) 相速度；(b) 幅频响应。

得到了幅值响应系数后，根据解析模型即可得到信号在结构中传播的完整表达式：

$$G(x,t)=\frac{1}{2\pi}\sum_{n=0}^{\infty}\int_{-\infty}^{\infty}V_{\text{in}}(\omega)A(\omega)\mathrm{e}^{i\omega t-ikx}\,\mathrm{d}\omega \tag{6-15}$$

为了能够通过上式分析信号频散的原因，首先需要去除幅值相应系数的影响。因此需要对采集到的信号的频谱进行归一化修正，新的频谱可以表示为

$$G'(\omega)=\frac{G(x,\omega)}{A(\omega)}=V_{in}(\omega)\mathrm{e}^{-ikx} \tag{6-16}$$

式中，k 是信号不同频率下的波数。

兰姆波在结构中散射时，不同的频率分量会以不同的相速度 $c_p(\omega)$传播，因此对于相同的路程 x，不同的频率分量有不同的时间延迟 $x/c_p(\omega)$。这也就解释了入射波包在传播时为什么会发生频散。综上，消除信号频散的关键就是消除不同频率相速度不同引起的相移差异，也就是说，需要将实际信号传播时的关于频率的非线性相速度转化为线性相速度。

通常，非线性频散曲线可以由中心频率 ω_0 附近的泰勒级数表示

$$k=K(\omega)=k_0+k_1(\omega-\omega_0)+k_2(\omega-\omega_0)^2+\cdots \tag{6-17}$$

式中，$k_0=\omega_0/c_p(\omega_0)$，$k_1=\mathrm{d}k/\mathrm{d}\omega|_{\omega=\omega_0}=1/c_g(\omega_0)$，$k_2=1/2(\mathrm{d}^2k/\mathrm{d}\omega^2)|_{\omega=\omega_0}$。

常用的消除频散的方法是使用公式中的前两项，也就是线性项来代替原始波数。此时的波数为 $k=\widetilde{K}_1(\omega)=k_0+k_1(\omega-\omega_0)$，因此等式(6-16)可以改写为

$$G'(\omega)=V_{in}(\omega)\mathrm{e}^{-i(k_1\omega-k_1\omega_0+k_0)x} \tag{6-18}$$

根据傅里叶变换的平移和移位性质，其在时域中的信号可以简化为

$$g(x,t)=v_{in}(t-t_0)\mathrm{e}^{i(k_1\omega_0-k_0)x} \tag{6-19}$$

式中，$t_0=x/c_p(\omega)$，这意味着波包将以相同的群速度传播。各频率分量具有相同的时

延，但相移不同。因此，虽然传感波包是非频散的，但波形不再与入射波相同。

如果去掉上述线性表示中的常数项，使群速度和相速度相同，称为相群速度匹配。此时 $k=\overline{K}_2(\omega)=k_1(\omega)$ 被称为群速度和相速度匹配关系。那么，接收信号可以表示为

$$g(x,t)=f(t-t_0) \tag{6-20}$$

上式表示此时接收到的信号完全等于时间延迟的激励信号，并且没有任何频散和相位变化。同理假设取泰勒展开的前三项，因此有 $k=k_0+k_1(\omega-\omega_0)+k_2(\omega-\omega_0)^2$，此时频散关系是非线性的，接收到的信号可以表示为

$$g(x,t)=f(t-k_1x+k_2\omega x-2k_2\omega_0 x)\ \mathrm{e}^{i}(-k_0+k_1\omega_0+k_2\omega_0^2)x \tag{6-21}$$

式(6-21)表示不同的频率分量将以不同的群延迟到达，这种延迟包括群延迟和非线性因素的不同延迟，并且相位总是根据传播距离和波数而变化。因此，导波将在介质中传播时分散。三种不同的频散关系如图 6-9 所示

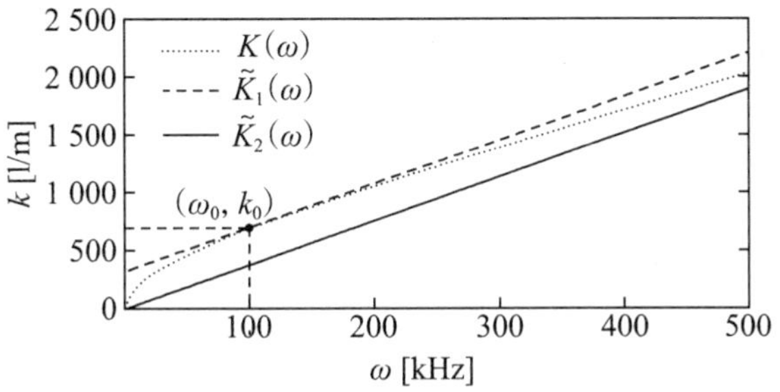

图 6-9　不同的频散曲线

在导波传播过程中，可以根据频散关系得到信号的群速度 c_g 和相速度 c_p。它们的表达式为

$$\begin{aligned} c_p &= \omega/k \\ c_g &= \mathrm{d}\omega/\mathrm{d}k \end{aligned} \tag{6-22}$$

由上式可得，群速度即为该频率下频散曲线的导数的倒数，相速度为该频率下的点与原点的连线的斜率的倒数。当 $k=\widetilde{K}_1(\omega)$ 时，可以看出每个频率的群速度相同，但相速度不同。同理当 $k=\widetilde{K}_2(\omega)$ 时，相速度和群速度在所有频率下都相等，并且此时相速度等于群速度，信号传播过程中不发生频散。图 6-10 表示了通过数值模拟的方法使用建立的兰姆波传播模型得到的信号结果，四个波包的传播距离分别为 0 厘米、20 厘米、40 厘米和 60 厘米。

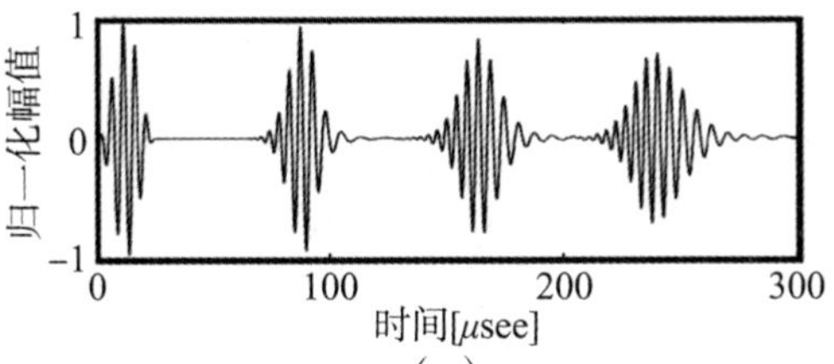

（a）

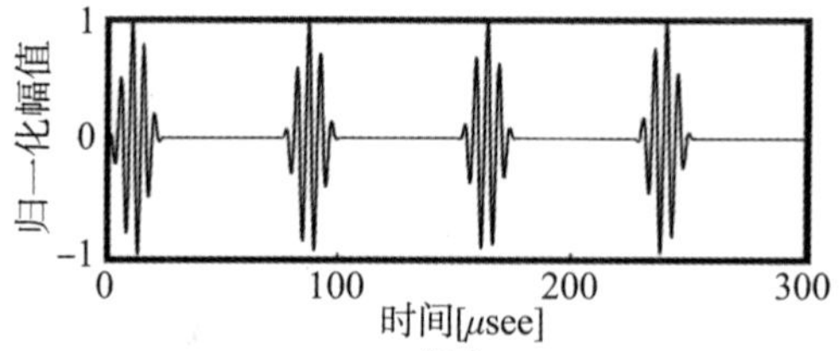

(b)

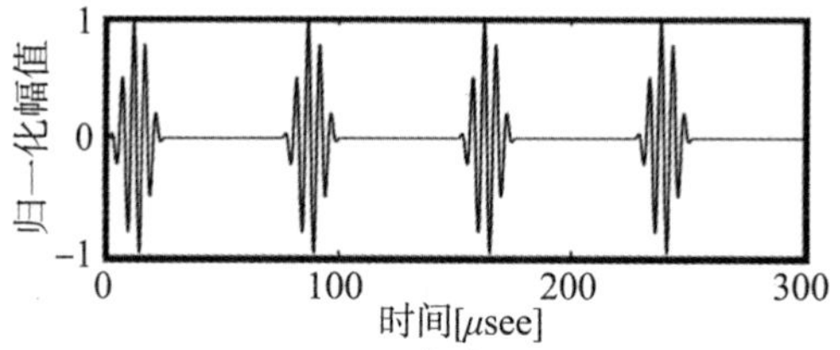

(c)

图 6-10　不同的兰姆波传播模型得到的数值模拟结果：(a) $k=K(\omega)$；(b) $k=\widetilde{K}_1(\omega)$；(c) $k=\widetilde{K}_2(\omega)$。

通常在采集到的信号中存在至少两种模态的导波，然而只有某一个主要模态的采集信号幅值很高，这意味着主模态的幅度响应远高于其他模态。同时由于超声导波会在边缘或不连续区域传播和反射，因此时域接收信号可以描述为多个衰减系数不同的传播路径波包的叠加。此时采集信号的频谱为

$$G(x,\omega)=V_{in}(\omega)A_r^p(\omega)\gamma_n\sum_{n=1}^{N}e^{-ik^p(\omega)x_n} \tag{6-23}$$

式中，上标 p 表示信号中的某种模态，x_n 表示第 n 个反射波包在结构中传播的距离。

在信号散射过程中主要有三个因素影响激励信号的频谱：幅值调制因子、几何衰减因子和相移因子。幅值调制因子表示信号不同频率的幅值在传播时有不同的衰减；几何衰减因子表示信号随着传播距离的增大逐渐变弱；相移因子表示不同相位在传播时变化不一致从而引起波形的变化，是信号发生频散的主要原因。因此信号处理时应当去除由这些因素引起的频散和幅度调制。首先应该从接收到的信号频谱中去除入射信号的频谱，因此可以得到

$$S(x,\omega)=A_r^p(\omega)\gamma_n\sum_{n=1}^{N}\mathrm{e}^{-ik^p(\omega)x_n} \tag{6-24}$$

然后对剩余频谱进行归一化处理，这样可以消除衰减系数对频谱的影响，使的此时的频谱只包含相位项，计算过程为

$$\widetilde{S}(\omega)=\frac{A_r^p(\omega)}{||A_r^p(\omega)||}\gamma_n\sum_{n=1}^{N}\mathrm{e}^{-ik^p(\omega)x_n} \tag{6-25}$$

在去除振幅效应后，由于 k 与 ω 之间的非线性关系，系统的传递函数改变了入射信号的相位角，从而引起了波包的频散现象。如果信号的距离已知，则对式(7-25)进行傅里叶逆变换，可以立即推导出时域中的无频散波形。然而，在实践中，信号的传播距离通常是未知的。另一方面，许多导波检测大多是在已知几何形状和材料特性的板或管的结构上实行的，这就是说导波的频散曲线通常情况下是先验的。因此，需要利用频散关系来消除导波频散。虽然波包的传播距离是未知的，但如果将传播距离作为自变量，则相

位角会受到非线性波数的非线性调制。因此，通过线性插值将非线性调制相位角映射为线性调制相位，或者说将非线性波数映射为与频率相关的线性波数。完整的频散移除过程如图 6-11 所示。

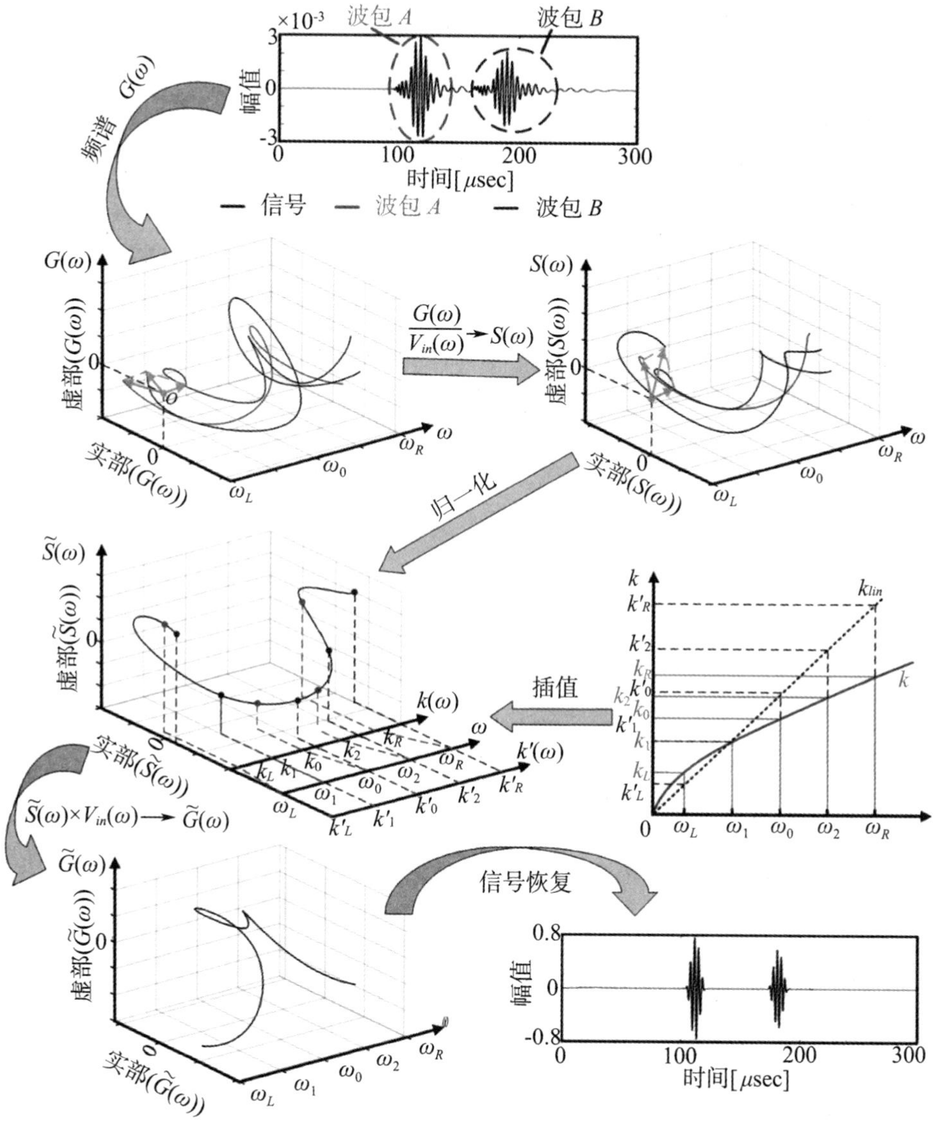

图 6-11　频散移除过程

如图 6-11 流程中所示，首先对接收到的信号进行傅里叶变换得到信号频谱，采集信号的原始谱包含幅度和相位调制以及各种噪音，这使得其与入射信号的谱看起来完全不同；然后除以激励信号的频谱以避免后续处理对其造成影响；之后对频谱进行归一化以消除幅值调制和衰减因子的影响，在去除入射信号并归一化之后，仅留下相位信息来修改频谱。通过线性频散曲线对此时的频谱进行插值计算以得到具有线性 ω-k 关系的新的频谱。利用兰姆波的非线性 ω-k 特性，将频率-相位域转换为波数-相位域。然后，利用所提出的群相速度匹配方法，将波数-相位变换到频率-相位域。然后，从得到的频率-

相位域中插值出等间隔的频率序列的相位值；在加入激励信号频谱，重新形成散射信号；最后对得到的频谱进行傅里叶逆变换得到频散移除的信号。显然，在映射和插值过程中不存在幅值效应，因此，相移引起的频散将被完美地消除，频散去除之后的信号可以被重新压缩为入射波的形状。其 Matlab 程序如下：

```
%%      输入信号
N1=5;%波峰数
ninput=320;%激励信号中心频率:kHz
fc=ninput * 1e3;
deltat=2e-7;
t=0:deltat:fix(N1 * 1e7/fc) * 1e-7;
t=t';
LengthTarget=2.5;                          %检测范围,从激励传感器开始算
LengthEandR=0.1;                           %激励与接收的距离
Velocity=5000;%波速
T=0:deltat:LengthTarget * 2/Velocity;      %时间按照2倍检测距离算,比传感器接收的波程长
L=length(T);
T=T';
deltafreq=1/(deltat * L);
freq=(0:1:L-1) * deltafreq;                %时域对应的频率
freq=freq';

V0=1;                                      %输入信号幅值
Vin=V0 * (heaviside(t)-heaviside(t-N1/fc)). * (0.5-0.5 * cos(2 * pi * fc * t/N1)). * sin(2
* pi * fc * t);
Vin(length(t)+1:L,1)=0;
Vinf=fft(Vin);%force
v=ifft(Vinf,'symmetric');
Vina=fft(-Vin);%volt
N=5000;
if rem(N,2)==0
   halfL=fix(N/2+1);
   halfR=halfL;
else
   halfL=fix(N/2+1);
   halfR=halfL+1;
end
LocofDamage=1;     %假设1 m处有裂纹2 m处有边界反射
LocofDamage2=1.1;%假设1.1 m处有裂纹2 m处有边界反射
LocofDamage3=1.2;%假设1.2 m处有裂纹2 m处有边界反射
```

```
locofBoundary=1.5;%假设缺陷 2
k=2 * pi * freq/Velocity;
Vreceivef=Vinf. * (exp(0-1i * k * (2 * LocofDamage-LengthEandR))+exp(0-1i * k * (2 *
locofBoundary-LengthEandR)));
w=freq(2:halfL) * 2 * pi;
load 'kA0Q235.mat';
load 'kS0Q235.mat';
load 'omega.mat';
kA=interp1(omega,kA0,w,'makima');
kS=interp1(omega,kA0,w,'makima');
y=kA(320-11:320+11);
x=w(320-11:320+11);
ftemp=320000 * 2 * pi;
p=polyfit(x,y,18);
y2=0;
k0=interp1(omega,kA0,320000 * 2 * pi);
for ptemp=1:18
  y2=y2+(19-ptemp) * p(1,ptemp) * ftemp^(18-ptemp);      %泰勒展开在 w0 处的一阶导数
end
kline=k0+y2 * (w-320000 * 2 * pi);
centerk=interp1(omega,kA0,320000 * 2 * pi);
psVreceivef=zeros(5000,1);
omega(1)=0;
omega(2:end)=w(1:end-1);
k2=y2 * omega;
plot(w,kA);
hold on;
plot(w,kline);
hold on;
plot(w,k2);
psVreceivef=zeros(5000,1);
%%以上得到线性化 k2
d=0.4;
AI=exp(0-1i * kA * d);
Bi=interp1(kA,AI,k2,'makima');
IN=Vinf(2:halfL). * Bi;
sig=zeros(2500,1);
sig(halfR:N)=fliplr(sig);
sig(1:600)=IN(1:600);
Vreceietx=ifft(sig,'symmetric');
```

```
hold on;
IN1=Vinf(2:halfL). * exp(0-1i * k2 * d);
IN1(halfR:N)=fliplr(IN1')';
Vreceietx1=ifft(IN1,'symmetric');
IN2=Vinf(2:halfL). * exp(0-1i * kA * d);
IN2(halfR:N)=fliplr(IN2')';
Vreceietx2=ifft(IN2,'symmetric');
IN3=Vinf(2:halfL). * exp(0-1i * kA * d);%接收信号频谱
F=IN3./abs(IN3);
Ci=interp1(kA,F,k2,'makima');%插值
IN4=Vinf(2:halfL). * Ci;
IN4(halfR:N)=fliplr(IN4')';
Vreceietx3=ifft(IN4,'symmetric');
load 'facA0.mat';
facA0(1251:2501)=0.0001;
IN4=facA0(2:halfL). * Vinf(2:halfL). * exp(0-1i * kA * d);%接收信号频谱
XIN4=IN4./Vinf(2:halfL);
F=XIN4./abs(XIN4);
Ci=interp1(kA,F,k2,'makima');%插值
IN4=Vinf(2:halfL). * Ci;
IN4(halfR:N)=fliplr(IN4')';
Vreceietx4=ifft(IN4,'symmetric');
load 'facA0.mat'';
facA0(1251:2501)=0.0001;
IN5=facA0(2:halfL). * exp(0-1i * kA * d);%接收信号频谱
Di=interp1(kA,IN5,k2,'makima');%插值
XIN5=Vinf(2:halfL). * Di;
XIN5(halfR:N)=fliplr(IN5')';
Vreceietx5=ifft(XIN5,'symmetric');
for d=0:0.2:0.6
IN=Vinf(2:halfL). * exp(0-1i * kA * d);
IN(halfR:N)=fliplr(IN')';
psVreceivef=psVreceivef+IN;
end
Vreceietx=ifft(psVreceivef,'symmetric');
figure;
plot(T(1:5000),Vreceietx);
psVreceivef1=zeros(5000,1);
for d=0:0.2:0.6
IN=Vinf(2:halfL). * exp(0-1i * kline * d);
```

```
IN(halfR:N)=fliplr(IN')';
psVreceivef1=psVreceivef1+IN;
end
Vreceietx1=ifft(psVreceivef1,'symmetric');
figure;
plot(T(1:5000),Vreceietx1);
psVreceivef2=zeros(5000,1);
for d=0:0.2:0.6
  IN1=Vinf(2:halfL).*exp(0-1i*k2*d);
  IN1(halfR:N)=fliplr(IN1')';
  psVreceivef2=psVreceivef2+IN1;
end
Vreceietx2=ifft(psVreceivef2,'symmetric');
figure;
plot(T(1:5000),Vreceietx2);
psVreceivef1=zeros(5000,1);
d=0.6;
IN=Vinf(2:halfL).*exp(0-1i*kline*d);
IN(halfR:N)=fliplr(IN')';
psVreceivef1=psVreceivef1+IN;
Vreceietx1=ifft(psVreceivef1,'symmetric');
baoluo1(:,1)=Vreceietx1;
figure;
plot(T(1:5000),Vreceietx1);
psVreceivef2=zeros(5000,1);
d=0.4;
IN1=Vinf(2:halfL).*exp(0-1i*k2*d);
IN1(halfR:N)=fliplr(IN1')';
psVreceivef2=psVreceivef2+IN1;
Vreceietx2=ifft(psVreceivef2,'symmetric');
baoluo1(:,2)=Vreceietx2;
figure;
plot(T(1:5000),Vreceietx2);
```

6.4　正交匹配追踪裂纹定位

传统形式的采样遵循一个特殊的定理：采用某采样频率对目标信号进行采样时，如果该采样频率是目标信号最高频率的两倍甚至更多，那么采样出来的数字信号就能够完整的反应目标信号的全部特征[33]；否则采样出的数字信号就可能会出现失真。但是在

2004 年 Candes 等人首次提出，如果信号在某个变换域上是稀疏的，那么它可以用由远低于采样定理要求的采样率采集到的信号进行重建与恢复。也就是说，如果某个信号在频域上是稀疏或者可压缩的，那么可以用某种变换形式将该信号进行特定方向的压缩，获得想要的压缩信号，同时压缩后的信号能够以较低失真甚至无失真的状态表征原始信号[34]。

假设存在某一维离散随机信号 y，且信号 y 本身不是稀疏的，那么可以在某一稀疏基 D 又称稀疏字典上对其进行稀疏表示

$$y = D\theta \tag{6-26}$$

式中，θ 为稀疏系数且为 K 稀疏的（只有 K 个非零元）。

式(6-26)说明这个随机信号的能量聚集在少数的基函数上，于是可以用这些基函数与相应的系数将这个信号表示出来。利用已知信号构建的过完备字典能够达到很好的稀疏表示效果[35]。问题在于如何构建过完备字典与求解稀疏系数，所以本节将对过完备字典和稀疏系数的求解进行具体的研究，并以此实现信号的分离和频散移除。

6.4.1 单模态字典的构建

在一个无限大的薄板中，在距离激励点 d 处的结构响应可以表示为

$$u_n^{AorS}(t) = \sqrt{\frac{1}{d}}\,\frac{1}{2\pi}\int_{-\infty}^{+\infty} S(\omega)\mathrm{e}^{j\omega t}\mathrm{e}^{-jk_n^{AorS}(\omega)d}\,\mathrm{d}\omega \tag{6-27}$$

式中，$u(t)$ 为第 n 对称模态(S)或者非对称模态(A)的时域响应信号，t 为信号持续时间，ω 为角频率，$S(\omega)$ 是激励信号 $f(t)$ 的频域表示，$k(\omega)$ 为特定 Lamb 波模式的波数，j 为虚部。

式(6-27)的频率形式可以表示为

$$U(\omega) = \sqrt{\frac{1}{d}}S(\omega)\mathrm{e}^{-jk(\omega)d} \tag{6-28}$$

同理，如果板内存在穿透型损伤，从激励源到损伤再到接收传感器的传播距离为 ds。那么，接收到散射信号的频域可以表示为

$$Y(\omega) = \alpha(\omega)\beta(\omega)\sqrt{\frac{1}{d_s}}S(\omega)\mathrm{e}^{-jk(\omega)d_s} \tag{6-29}$$

如果板中有两个或者两个以上的散射体，为了简化模型，不考虑任何两个散射体之间的相互影响，对所有单独的散射体的散射信号做线性叠加处理，将这个叠加出来的信号作为整体的散射信号

$$Y(\omega) = \sum_i \alpha_i(\omega)\beta_i(\omega)\sqrt{\frac{1}{d_s^i}}S(\omega)\mathrm{e}^{-jk(\omega)d_s^i} \tag{6-30}$$

式中，$\alpha_i(\omega)$ 是第 i 个损伤从激励源到损伤的散射系数，$\beta_i(\omega)$ 是第 i 个损伤从损伤到接收传感器的散射系数，d_s^i 是第 i 个损伤到激励源的距离。

由式(6-26)可知，信号 y 是通过将字典中的原子与它们的系数相乘得到的，因此散

射系数的 $\alpha_i(\omega)$值会反映在系数矩阵 θ 中。所以 A 或者 S 模态的字典中的第 i 列可以表示为

$$a_i = F^{-1}\left\{\sqrt{\frac{1}{d^i}}S(\omega)\mathrm{e}^{-jk_n^{AorS}(\omega)d^i}\right\} \tag{6-31}$$

式中，d^i 是信号中第 i 个原子的传播距离，$F^{-1}\{\cdot\}$表示逆傅里叶变换

所以单模态字典可以以这种形式表现为

$$D^{AorS} = \begin{bmatrix} a_1^1 & a_2^1 & \cdots & a_i^1 & \cdots & a_L^1 \\ a_1^2 & a_2^2 & \cdots & a_i^2 & \cdots & a_L^2 \\ \vdots & \vdots & \ddots & \vdots & \ddots & \vdots \\ a_1^N & a_2^N & \cdots & a_i^N & \cdots & a_L^N \end{bmatrix} \tag{6-32}$$

式中，a_i^N 表示第 i 个原子中的第 N 个取样点的值。

6.4.2 非频散字典的构建

Lamb 波传播过程中的波数，相速度，群速度的表达式可以表达为

$$\begin{aligned} k_a(\omega) &= \frac{1}{C_p(2\pi f)}\omega \\ C_p(\omega) &= \frac{\omega}{k_a} = C_p(2\pi f) \\ C_g(\omega) &= \frac{d\omega}{dk_a} = C_g(2\pi f) \end{aligned} \tag{6-33}$$

式(6-33)表明当 Lamb 波的波数与频率呈线性相关时，响应信号的包络与激励信号的包络相同。也就是说，如果兰姆波的波数与频率成线性关系，则兰姆波不会发生频散。所以，可以通过中心频率的群速度来计算信号的传播距离。

$$x_i = C_g(2\pi f_c)t_i \tag{6-34}$$

在忽略由于信号行进引起的信号振幅变化的情况下将式(6-34)代入式(6-27)可以得到非频散信号

$$y_i(t) = \frac{1}{2\pi}\int_{-\infty}^{+\infty} S(\omega)\mathrm{e}^{j(\omega t - k_a x_i)}\,\mathrm{d}\omega = \frac{1}{2\pi}\int_{-\infty}^{+\infty} S(\omega)\mathrm{e}^{j\omega(t-t_i)}\,\mathrm{d}\omega = f(t-t_i) \tag{6-35}$$

由式(6-35)可知，非频散信号相当于激励信号的时移，所以非频散字典可以表示为：

$$D_n^{AorS} = \begin{bmatrix} f_1(t-t_1) & f_1(t-t_2) & \cdots & f_1(t-t_i) & \cdots & f_1(t-t_L) \\ f_2(t-t_1) & f_2(t-t_2) & \cdots & f_2(t-t_i) & \cdots & f_2(t-t_L) \\ \vdots & \vdots & \ddots & \vdots & \ddots & \vdots \\ f_m(t-t_1) & f_m(t-t_2) & \cdots & f_m(t-t_i) & \cdots & f_m(t-t_L) \\ \vdots & \vdots & \ddots & \vdots & \ddots & \vdots \\ f_N(t-t_1) & f_N(t-t_2) & \cdots & f_N(t-t_i) & \cdots & f_N(t-t_L) \end{bmatrix} \tag{6-36}$$

式中，$f_m(t-t_i)$是时移时间为 t_i 的非频散信号的第 m 个取样点的值。

6.4.3 正交匹配追踪算法的应用

假设 y_s 包含 r 个波包，那么接收信号可以用其原子的线性组合表示

$$y_s = D\theta + n \tag{6-37}$$

式中，$D \in R^{N\times M}(M \geqslant r)$是建立的过完备字典，$\theta \in R^M$ 是相关系数向量，$n \in R^N$ 是剩余噪声项。

式(6-37)是一个欠定方程，如果原子数 M 足够大，并且散射信号行进距离 $d_s^i(1\leqslant i \leqslant r, i\in N^+)$完全被给定的行进距离 $d^i(1\leqslant i\leqslant M, i\in N^+)$所覆盖，则可以通过 OMP 算法用构建的过完备字典将散射信号进行稀疏分解。

OMP 是一种迭代算法，能够从大量原子中选择出最佳组合来进行信号重构[36]。将 OMP 算法应用于信号的分离和频散移除的具体流程如图 6-12 所示。其流程为：

(1) 初始化过程：确定稀疏度 K 也就是势波包的个数，构建一个过完备字典。

(2) 正交匹配：找到字典 D 中与信号 y 的积值最大的一列，并记录此时积的值 θ_λ。

(3) 更新和迭代：更新解集 $\theta=\theta\cup\{\theta_\lambda\}$，通过从上次迭代的信号中减去所选原子来更新残差信号。

(4) 终止判断：确定迭代次数是否大于 K，如果不满足，再次执行匹配更新过程。

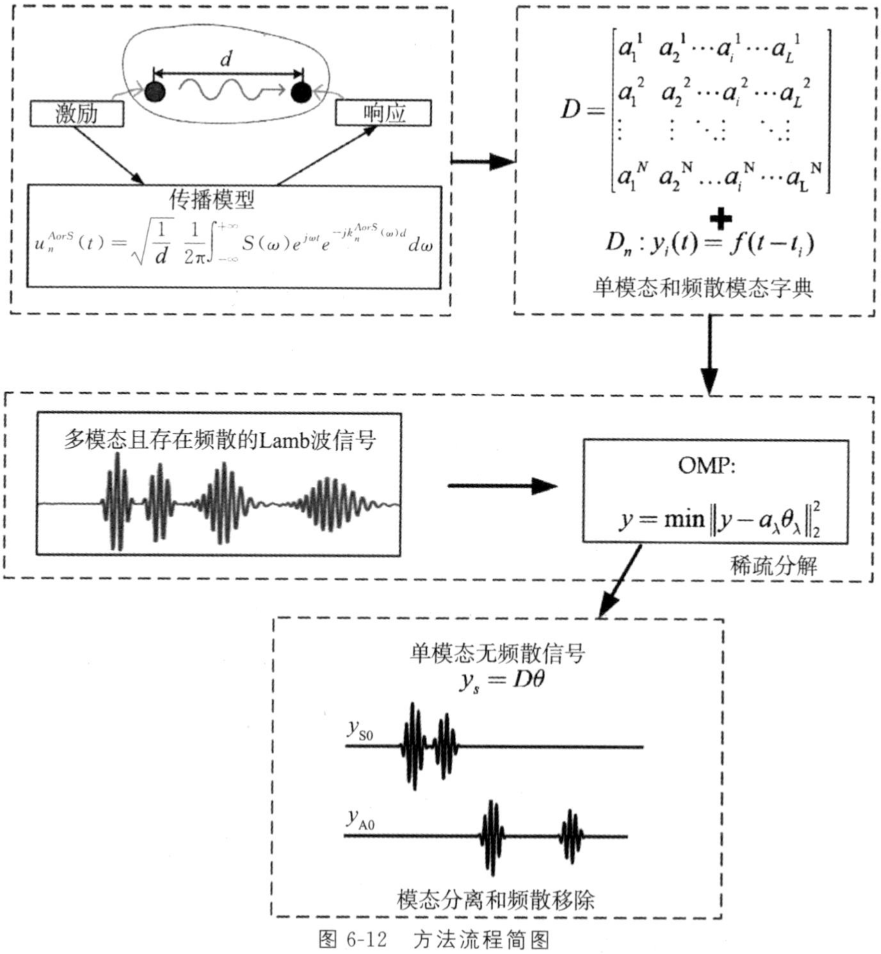

图 6-12　方法流程简图

需要注意的是求解后的 θ 是一个大部分值为零的列向量，当使用单模态字典时，以距离域上的信号作为原子，此时 θ 的非零元素 θ_λ 表示字典中行进距离为 L_λ 的第 λ 个原子的散射系数。y_s 中具有位移行进距离的每个散射波包可以使用上诉方法和单模态字典 D 来进行模态分离，散射波包的行进距离可以由第 λ 个原子的行进距离直观表达。同理，利用非频散字典将采集到的信号处理成非频散波包的组合，y_s 的行进时间可以从列向量 θ 上得到。稀疏度 K 决定了从字典中选择的原子数。当 K 值较小时，可能会出现部分波包不匹配的情况。当 K 值较大时，匹配性能会提高，但计算量会大大增加。因此，需要预估信号中波包总数 m，K 的取值范围一般为 $2m \geqslant K \geqslant m$。

6.4.4 裂纹定位试验

在实际监测过程中，缺陷的位置往往是未知的。为了实现对位置未知缺陷的定位，至少需要确定三种不同的传播路径。在传统的方法中，每种传播路径各由一对 PZT 晶片来确定，所以至少需要 3 片 PZT 晶片，这样不仅增加了对零件表面空间的占用，增加布置的难度，而且加大了布置工作的烦琐程度降低了工作效率。所以提出一种稀疏传感器阵列的定位方法，只需要使用两个 PZT 晶片就能实现对缺陷的定位。

将两片 PZT 晶片 A，B 分别粘在平板的 (x_A, y_A) 和 (x_B, y_B) 位置处，假设在板的 (x, y) 位置处有一通孔式的缺陷。那么，仅经过一次缺陷反射的散射波，如图 6-13(a)的 a—b 路径所示的传播距离可以表示为

$$d=\sqrt{(x-x_A)^2+(y-y_A)^2}+\sqrt{(x-x_B)^2+(y-y_B)^2} \tag{6-38}$$

在 A 激励—B 接收的这种运作模式下，接收传感器除了能接收到直达波和一次散射波之外(a—b 路径)，还能接收到从边界和缺陷处反射而来的二次散射波如图 6-13(a)中的 c—d 路径，e—f 路径，e—d 路径。其中，e—f 路径和 e—d 路径的信号相比于 c—d 路径的信号要弱许多，所以不给予考虑。

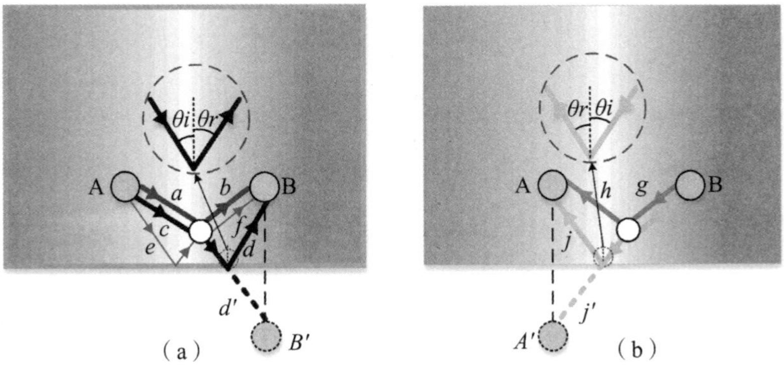

图 6-13　导波散射路径：(a) PZT A 到 PZT B　(b) PZT B 到 PZT A

Lamb 在边界发生反射时，根据反射定律，入射角等于反射角即 $\theta_i=\theta_r$，再利用传感器 B 的镜面点 B' 点就可以很容易地推导出散射路径 c—d 的传播距离

$$D_{cd}=d_c+d_d'=\sqrt{(x-x_A)^2+(y-y_A)^2}+\sqrt{(x-x_B')^2+(y-y_B')^2} \tag{6-39}$$

式中，d_c 是激励源 A 到缺陷的距离，d_d' 是缺陷到 B 的镜面反射点 B' 的距离。

当使用 B 传感器激励 A 传感器接收时，如图 6-13(b)所示。此时一次散射波的传播

距离 d 相同，二次散射波的距离可以表示为

$$D_{ij}=d_i+d_j'=\sqrt{(x-x_B)^2+(y-y_B)^2}+\sqrt{(x-x_A')^2+(y-y_A')^2} \tag{6-40}$$

式中，d_i 是激励源 B 到缺陷的距离，d_j'是缺陷到 A 的镜面反射点 A'点的距离。

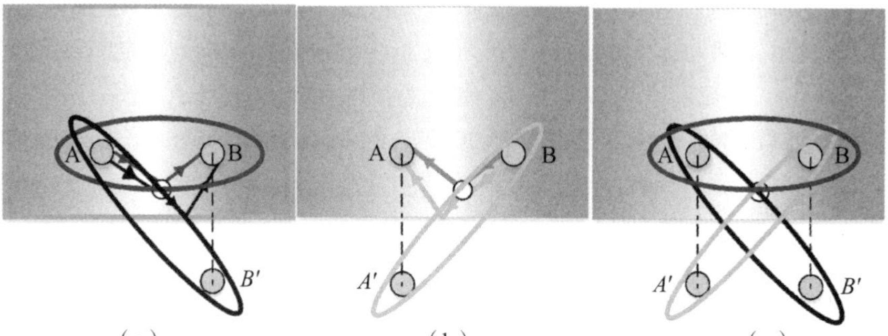

图 6-14　椭圆轨迹图：(a) PZT A 到 PZT B　(b) PZT B 到 PZT A　(c) 组合

根据上述理论分析，在两个 PZT 晶片的作用下，就可以得到三个独立的传播路径。根据每对激励到接收或激励到镜面传感器的传播距离，可以确定一个以传感器为焦点的椭圆，如图 6-14 所示。图(a)中 PZT A 与 PZT B 确认的红色椭圆与图(b)中相同，这是因为 A—B 和 B—A 的传播距离相同。将一次散射波所确定的红色椭圆与蓝色椭圆和绿色椭圆相结合图(c)所示，这三个椭圆的包络线或交点，就是缺陷的具体位置。

两片 PZT 晶片 A 和 B 分别安装在(400，150)和(700，150)位置处。预制的通孔位于(500，50)位置处。实验系统由 Tektronix AFG1022 任意波形发生器、DS2-8B 数据采集仪和智能 AE 电荷放大器等组成如图 6-15 所示。为了与仿真相一致，采集频率、激励信号等实验参数均与仿真模型相同。

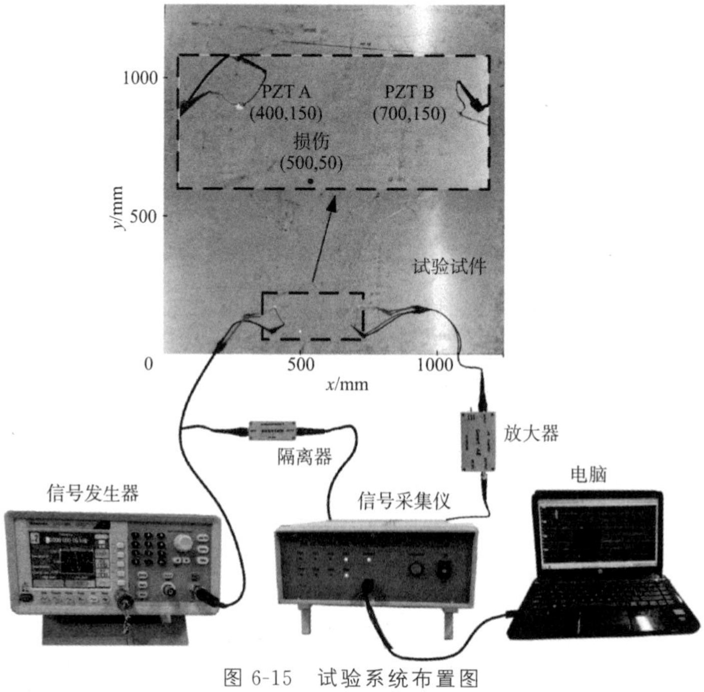

图 6-15　试验系统布置图

试验的具体操作如下：

① 在板完整的情况下(没有预制通孔)，使用 PZT 晶片 A 激励一个五波峰的正弦信号，然后通过 PZT 晶片 B 进行接收；之后使用 PZT 晶片 B 进行激励，通过 PZT 晶片 A 进行接收。多次重复该过程，将采集到的这些信号作为参考信号。

② 在板的预定位置处制造缺陷，重复①过程，将采集到的信号作为损伤信号。

③ 从损伤信号中减去参考信号，称为差值信号。

④ 利用基于 OMP 算法的信号分离和频散补偿方法，将差值信号分解为单模态无频散的信号。由于 S0 和 A0 模式有 4 条传播路径，稀疏度 K 至少设置为 8。

⑤ 使用上一步中获得的单模态无频散信号对缺陷进行成像。

在试验试件完好的状态下，采用 PZT 晶片 A 和 PZT 晶片 B 分别作为驱动器和传感器。将 PZT 晶片 B 采集到的信号作为样本分析，如图 6-16(a)所示，其中包含环境的干扰噪声，S0 和 A0 模式的直达波以及边界反射波。使用 OMP 算法，取稀疏度 $K=8$，提取振幅较大的波包。预定义的原子函数与噪声无关，所以 OMP 算法可以很好地去除系统噪声。S0 模态波的振幅相对较低，所以仅提取 A0 模态波进行后续成像处理，如图 6-16(b)所示。使用非频散字典去除单模态 A0 信号的频散如图 6-16(c)所示。在板上制造通孔损伤后，依次采集来自 PZT 晶片 A 和 PZT 晶片 B 的信号。然后，将接收到的信号减去参考信号，对差值信号进行同样的处理过程，结果如图 6-17 所示。

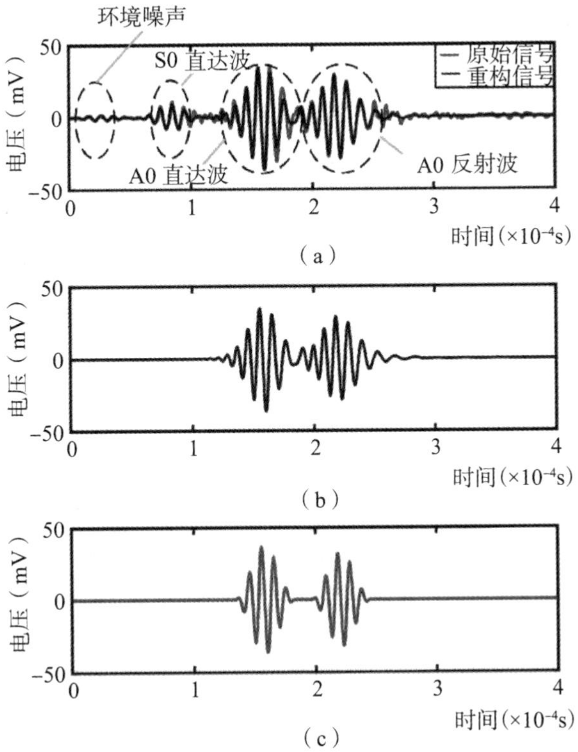

图 6-16　无缺陷信号处理：(a) 无缺陷信号和恢复信号；(b) 模态分离后 A0；(c) 频散移除后的结果

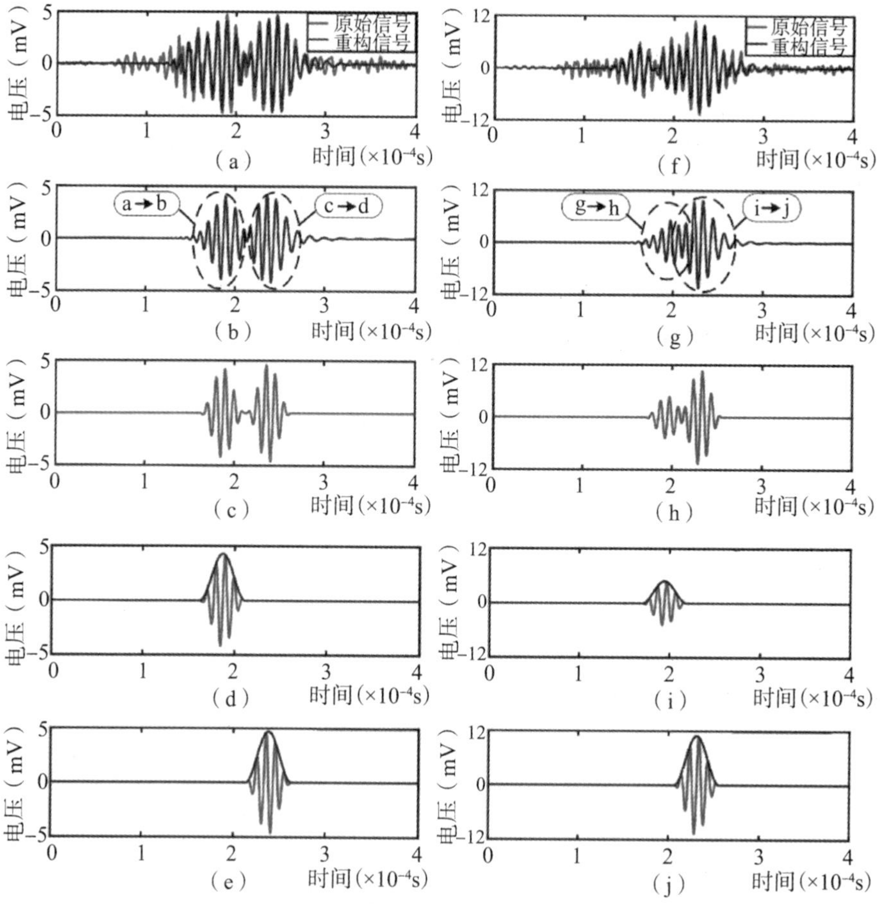

图 6-17　差值信号处理：(a) PZT 晶片 B 的原始差值信号和重构信号；(b) 匹配系数最大的重构信号；(c) 去除频散的重构信号；(d) 路径 $a—b$ 的波包和包络；(e) 路径 $c—d$ 的波包和包络；(f) PZT 晶片 A 的原始差值信号和重构信号；(g) 匹配系数最大的重构信号；(h) 去除频散的重构信号；(i) 路径 $g—h$ 的波包和包络；(j) 路径 $i—j$ 的波包和包络；

用过完备单模态字典对 PZT 晶片 B 的信号进行分离，得到两条路径下的两个散射波包，如图 6-17(b)所示。然后利用非频散字典去除该信号的频散，如图 6-17(c)所示，使能量更集中有利于损伤的成像。为了确定第三种传播路径。对 PZT 晶片 A 的信号进行模态分离和频散移除处理，结果如图 6-17(f)至(j)所示。从图 6-17(h)可以看出，提出的信号处理方法能够将重叠的波包分离出来并实现频散移除。为了提高缺陷定位的分辨率，取重构波形的包络信号，如图 6-17(d)、(e)、(i)、(j)所示。为每个驱动器-传感器对生成虚拟波场。每个波场将缺陷的可能轨迹描述为一个椭圆，多个波场的能量叠加在实际缺陷位置处如图 6-18 所示。

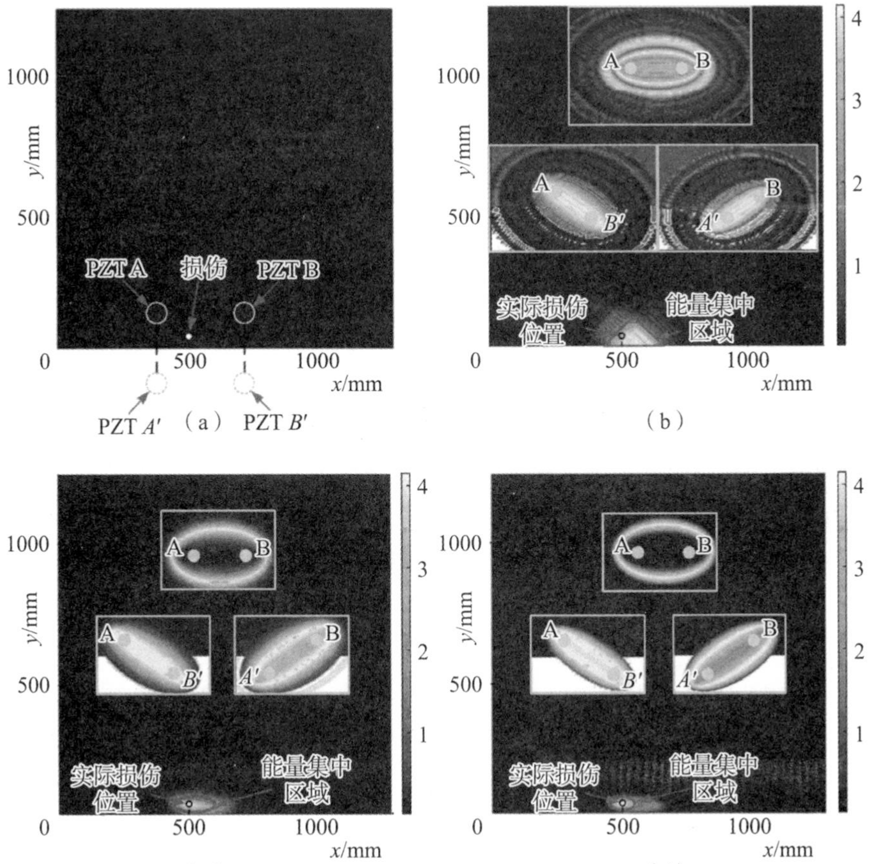

图 6-18　损伤成像:(a) PZT 的位置示意图;(b) 原始信号成像结果;
(c) 单模态频散信号成像结果;(d) 单模态无频散信号的成像结果

图 6-18(a)展示了 PZT 晶片 A 和 B 的实际位置,以及 PZT 晶片 A 和 B 的镜像位置。在差值信号下,成像结果如图 6-18(b)所示,出现了一个较大的能量集中区域,大约是实际缺陷区域的 15 倍。对重构后的单模态信号进行滤波并成像,可以得到较为清晰的图像,如图 6-18(c)所示。对最终的单模态、非频散信号进行成像处理,得到如图 6-18(d)所示的高分辨率图像成功地定位了缺陷。

第7章 自传感定位技术

7.1 引言

PZT 压电传感器具有激励和接收信号的功能,然而一般情况下仅将其作为激振器或传感器使用,这会使检测系统更加庞大。为了能够简化系统,本章首先提出将自传感技术应用结构缺陷检测,考虑设计传感器使得其能同时发挥其激励和传感的作用。此外还建立了一种适合的检测阵列和成像方法来实现损伤成像。

7.2 自传感原理

时间反转定位方法通常使用的是一对压电片(一个用于激励,一个用于接收),定位精度越高,需要的压电片对数越多,但是采用自传感则可以自激自收,将压电片的使用数量减少一半,因此自传感在使用时间反转原理进行损伤定位的过程中有着非常优秀的表现[37]。由于不需要使用成对的压电片,工程化应用中则可以灵活地采用更多形式的传感器阵列。另外,自传感实现了激励器和接收器位置的完全一致,解决了传统时间反转方法因传感器位置误差产生的定位误差问题。

7.2.1 自传感等效模型

自传感指的是压电或电磁换能器在激励出信号的同时也能接收到信号,实现单个压电片同时充当发射器和接收器的功能,其难度主要在于区分输入信号与回波信号。图 7-1 显示了在低频段使用压电材料的等效电气模型,其同时表现出压电效应和逆压电效应。V_c 为激励电压,V_p 是 PZT 的等效电压,C_p 为 PZT 等效电容。该等效模型直接来自压电本构关系,电压发生器考虑压电元件上的自由电荷,而电容器考虑了压电陶瓷的介电特性。

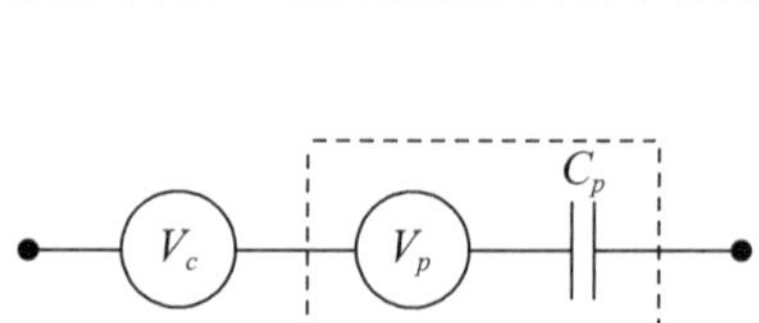

图 7-1 压电材料的等效电气模型

自传感换能器的模型,本质上是由一个等效电容器和两个等效电压发生器(电源)组成的压电元件模型[38]。这里压电元件上的实际电压是两个电荷源相互作用的结果:外置电压发生器 V_c 相当于致动器的激励源,与作用应力成正比的内置电压发生器 V_p 是压电元件的感应电压。

简单压电传感器的模型，例如压电力传感器或压电应变仪，类似于图 7-1 中的电容 C_p 模型，但不需要表示为 V_p 的电压发生器。这是因为单纯的压电传感器通常连接到高阻抗测量装置，理论上不允许自由电荷流到压电元件上。此外，与自传感换能器不同的是，单纯的压电传感器没有同时用作执行器，因此没有施加电压 V_c。

7.2.2 自传感电路实现

实际上，在自传感实现过程中不直接测量电位移 D_3，取而代之的是使用电桥电路间接测量 PZT 电极上的自由电荷。电桥电路用于从元件的输出信号中去除由于施加的控制电压而产生的效应，只留下压电应变产生的感应信号。目前，自传感压电换能器可以通过典型的双桥式电路实现，而最早提出能实现自传感的 RC 双桥式电路结构如图 7-2 所示。

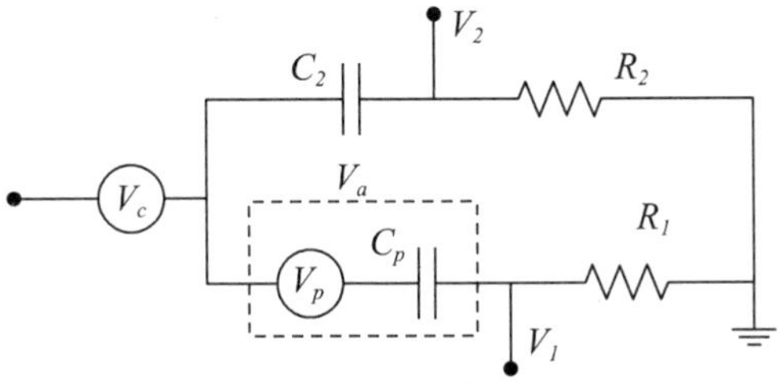

图 7-2　RC 桥式电路

图中 V_c 为外界的输入电压，V_p 为压电材料产生的感应电压，V_1、V_2 为输出电压。在电路中实际作用在压电元件上的电压并不是 V_c 而是 V_a，V_a 可以表示为

$$V_a(t)=V_c(t)-V_1(t) \tag{7-1}$$

传感电压 V_s 是输出信号 V_1 和 V_2 的差值，可以表示为

$$V_s=V_1-V_2 \tag{7-2}$$

根据图 7-2 中的电路，输出电压的拉普拉斯变换变量为

$$V_1(s)=\frac{R_1C_ps}{1+R_1C_ps}[V_p(s)+V_c(s)] \tag{7-3}$$

$$V_2(s)=\frac{R_2C_2s}{1+R_2C_2s}V_c(s) \tag{7-4}$$

将公式(7-3)和(7-4)代入公式(7-2)得传感电压的拉普拉斯变换结果 $V_s(s)$ 为

$$V_s(s)=\frac{C_pR_1s}{C_pR_1s+1}V_p(s)+\left[\frac{C_pR_1s}{C_pR_1s+1}-\frac{C_2R_2s}{C_2R_2s+1}\right]V_c(s) \tag{7-5}$$

如果电路中设置为 $C_2R_2=C_pR_1$，可得

$$V_s(s)=\frac{C_pR_1s}{1+C_pR_1s}V_p(s) \tag{7-6}$$

如果频率 $\omega<<1/C_pR_1$，则 $C_pR_1s+1\approx1$，那么传感电压 V_s 表达式简化为

$$V_s(t)=C_pR_1\dot{V}_p(t) \tag{7-7}$$

观察公式(7-7)可以看出,传感电压与感应电压成线性关系,只需要选择常数 C_pR_1 以确保对于感兴趣的频率范围满足等式(7-7)即可。

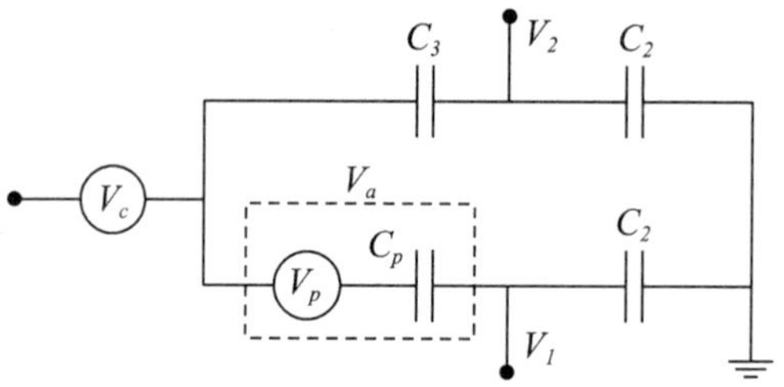

图 7-3　双电容桥式电路

双桥式电路虽然比较精确,但是电路较为复杂,需要连接的元器件也很多,不利于传感器的布置和实验数据的获取。与 RC 桥式电路相比,本节通过电容代替电阻形成双电容桥式电路,如图 7-3 所示,以期进一步化简自传感电路。

压电元件实际作用电压 V_a 与传感电压 V_s 表达式与 RC 桥式电路中的表达式是一致的,而 V_1 和 V_2 可以表示为

$$V_1(s)=\frac{C_p}{C_2+C_p}[V_c(s)+V_p(s)] \tag{7-8}$$

$$V_2(s)=\frac{C_3}{C_2+C_3}V_c(s) \tag{7-9}$$

将公式(7-8)和(7-9)代入(7-2)整理后,化简可得

$$V_s(s)=\frac{C_p}{C_2+C_p}V_p(s)+\left[\frac{C_p}{C_2+C_p}-\frac{C_3}{C_2+C_3}\right]V_c(s) \tag{7-10}$$

如果设置电路中配置电容与 PZT 等效电容相等,即 $C_3=C_p$,可得

$$V_s(s)=\frac{C_p}{C_2+C_p}V_p(s) \tag{7-11}$$

分析电路可知,V_2 线路存在的目的在于摆脱 V_1 线路中对激励电压 V_c 的依赖,如果利用先验知识提前获取等效电容 C_P,则电路可以化简为由压电元件和电容串联而成的单桥式电路,其本质上是一种分压式电路,电路原理图如图 7-4 所示。

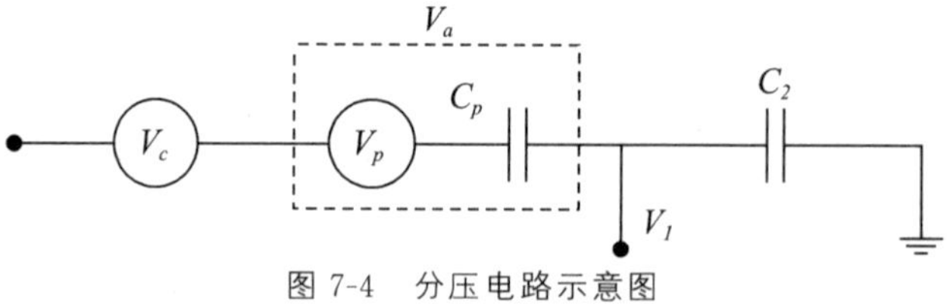

图 7-4　分压电路示意图

V_1 的表达式依旧同公式(7-8)保持一致,而基于并联电路分流不分压的原则,我们可以假设存在一条虚拟的 V_2 线路,其中 $C_3=C_P$,串联的电容 C_2 保持不变,则

$$V_2^s(s)=\frac{C_p}{C_2+C_p}V_c(s) \tag{7-12}$$

此时，将 V_1 和虚拟的 V_2 代入传感电压公式(7-2)为

$$V_s(t)=\frac{C_p}{C_2+C_p}V_p(t) \tag{7-13}$$

因此，在 PZT 内部电容已知的先验下，可以证明简化后的分压电路和双电容桥式电路在公式和原理上是等价的。必须承认的是，由于 PZT 的内部等效电容 C_p 对环境温度比较敏感，要准确测量等效电容并平衡电桥电路是不容易的。好在以海洋环境为例的温度变化并不会造成 PZT 等效电容的剧烈改变，只有在高温应用时需要特殊考虑这一问题。

7.3　自传感功能验证

这一部分为验证自传感理论和探究自传感性能而进行的测试实验。首先明确自传感的电路设置和动态特性，并在此基础上进一步研究自感知电路对 PZT 的机械响应和感知应变性能的影响。

7.3.1 自传感电路设置

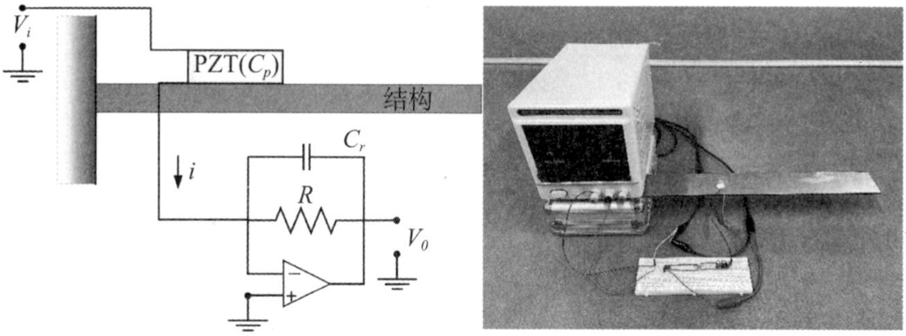

图 7-5　自传感模型与实验示意图

结构耦合 PZT 和自传感电路的示意图如图 7-5 所示，单个 PZT 换能器粘贴到主体结构的表面上，PZT 的自由表面连接到任意信号发生器的激励信号源(V_i)，另一表面则连接到等效于电荷放大器的自传感电路，然后自传感电路的输出(V_0)连接到信号采集仪。图 7-5 也展示了除数据采集系统外的实际实验设置，为了提前获取关于 C_p 的先验知识，用商用 LCR 测量仪测量了 PZT 晶片和参考电容的电容值，由 LCR 仪估算出压电陶瓷晶片的电容值为 2.4522 nF。自传感电路中分压电容的电容值为 2.4545 nF，由公式(7-13)可知，等效电容和分压电容保持一致的目的是保证 PZT 的作为动电源和感应电源在同一电压水平。

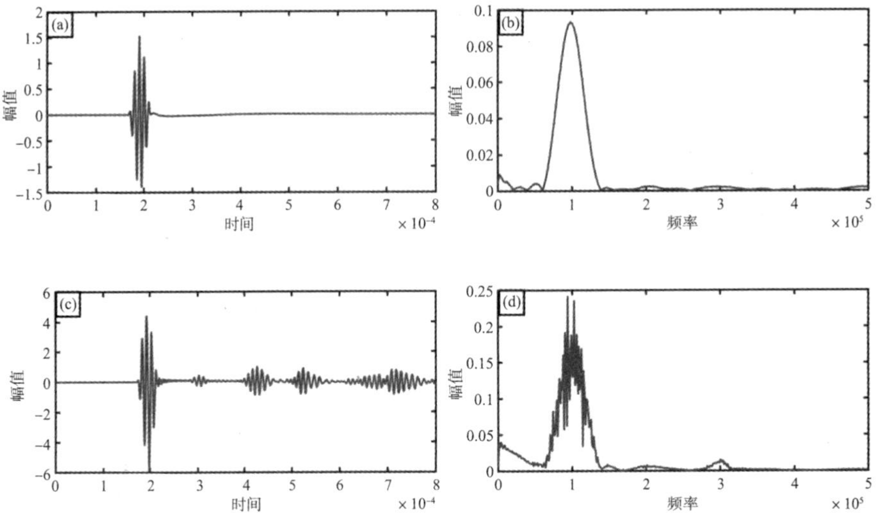

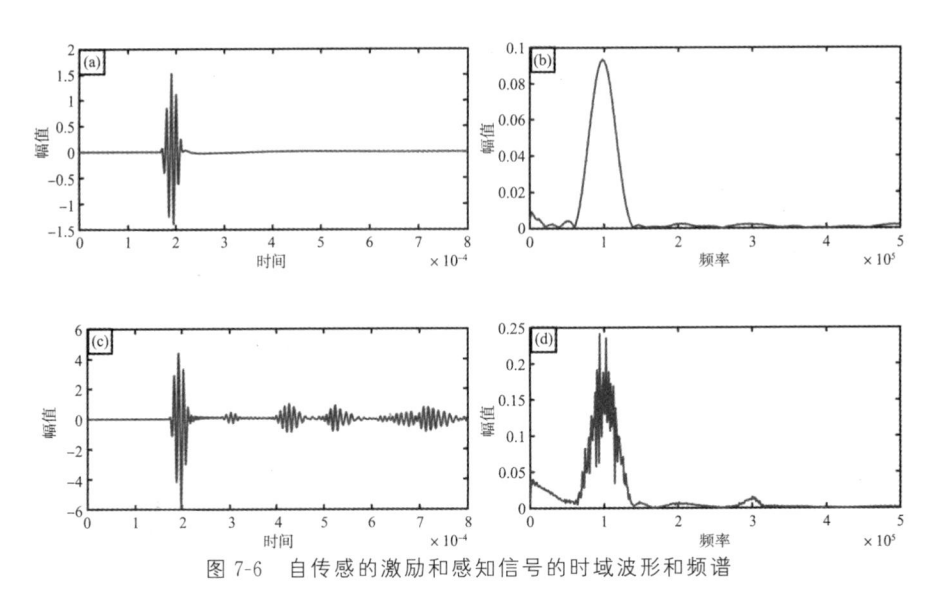

图 7-6　自传感的激励和感知信号的时域波形和频谱

在不使用任何额外的低通滤波器情况下，对汉宁窗调制的五周期激励信号和对相应的传感信号进行采集和频谱分析，以最大限度地探究 PZT 自传感实现的可能性。图 7-6(a)和(b)显示了时域和频域中的激励信号，时域中作动信号稳定、频谱纯净，可见自传感电路的存在并未影响激励信号的有效触发；而图(c)和(d)显示了自感测电路的输出信号及其频谱，与独立传感器的检测信号相比，感知信号中增加了一个激励信号的分压信号的存在，但感知信号强度与激励信号基本一致。感知信号的频谱分析显示，自传感电路的存在一定程度上放大了信号误差，频谱的毛刺增多也印证了这一观点。Lamb 波的 S0 和 A0 模态的反射波包可以清楚地识别出来，与理论分析中的结果类似，自传感换能器的设计方案被有效验证。

7.3.2 自传感电路对传感性能的影响

接下来，研究自传感电路的引入是否会对机械响应存在影响。当使用所提出的自传感方案提取机械响应时，假设 PZT 内部电容关于频率是恒定的，并对不同频率的导波检测结果进行实验验证。

在图 7-7 所示的两种不同配置中，PZT_1 用作致动器，PZT_2 和 PZT_3 用作传感器。这两种配置之间的唯一区别在于，从 PZT_3 测得的输出电压连接到自感测电路。因此，通过比较两种配置的输出，可以检查自感测电路对测量机械响应的影响。如果自感测电路的唯一作用是方程(7-13)中的线性作用，则从第二种配置(PZT_3)测量的输出电压应该是从第一种配置(PZT_2)测量的机械响应的等效版本。否则，由于自感测电路可能存在额外的信号失真。

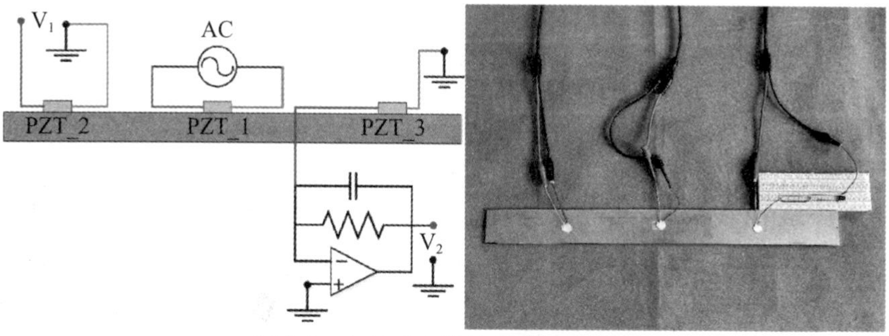

图 7-7　自传感电路的传感性能测试

为了验证自传感电路是否存在非线性行为或随频率缩放现象，需要检查第二个配置的输出电压是否明显区别于第一个试验方案测量的响应波形。图 7-8 中(a)、(b)、(c)和(d)分别对应激励波形主频为 100 kHz、150 kHz、200 kHz、250 kHz 时的两种测试方案的波形对比，理想情况下，除了缩放外两个输出电压的形状应该相同。仔细观察发现自传感电路还引入了额外的失真。例如，来自第二配置的信号波形在相位上落后于来自第一配置的输出波形，特别是共振频率附近时。

应该注意的是，理想情况是基于 LCR 阻抗仪测量的电容值近似为精确的 PZT 电容值和频率范围远小于电容电阻乘积的倒数这两个基本假设的。而不同频率的波形对比中，最大的信号差异出现在共振频率(150 kHz)附近，这主要是因为 PZT 电容值相对于不同的驱动频率会波动，特别是在结构的共振频率附近。预计由于 PZT 电容的这种波动，在传感的机械响应中引入了额外的误差。另外，用传统的电容代替 PZT 晶片来检测自感测电路时，结果表明常规电容器的电容值也随驱动频率的变化而微弱改变。

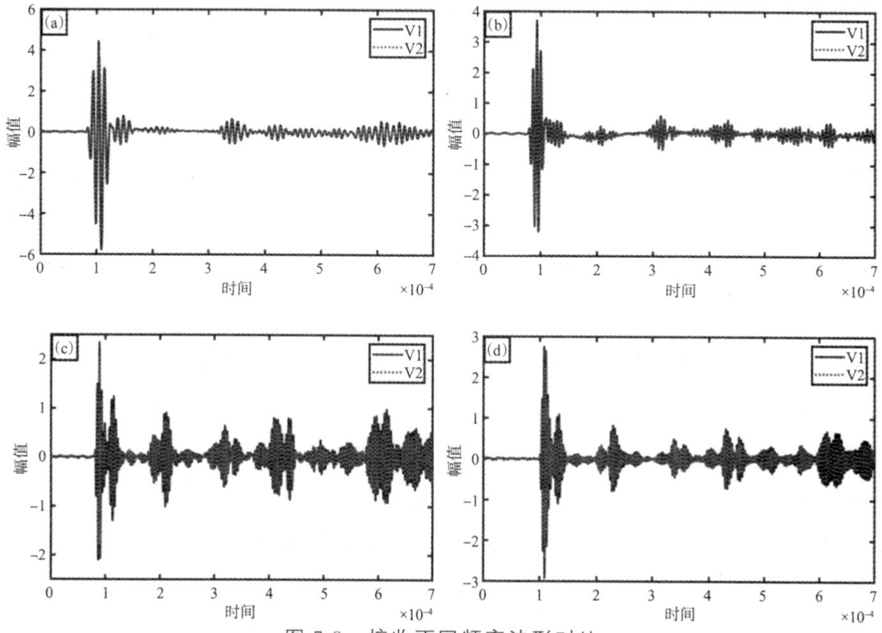

图 7-8　接收不同频率波形对比

7.3.3 自传感电路对激励性能的影响

在验证自传感电路对 PZT 传感性能没有特殊影响的基础上，进一步分析自传感 PZT 的激励性能是否会受到影响。因为真实的激励响应在实验中是未知的，所以通过附加另一个 PZT 来与用于自传感的 PZT 做对照实验。

在图 7-9(a)中，在结构上表面粘贴 PZT 陶瓷，用于激励并测量相应的机械响应，而在图(b)中粘贴另一 PZT 与现有的 PZT 并置。在第二种配置中，向 PZT_2 施加激励信号，并使用自感测电路在 PZT_3 处测量相应的机械响应。第二种配置的设计使得 PZT_3 的响应可以用作 PZT_1 预期的真实机械响应的近似值。通过对两种配置方案检测的机械响应比较，以检查所提出的自传感方案是否影响激励性能。

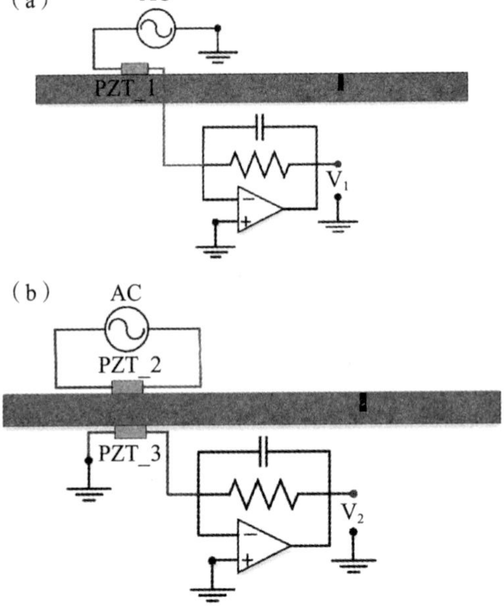

图 7-9 自传感电路的致动性能影响测试

图 7-10 比较从实验(a)中提取的响应波形与方案(b)获得的实际响应波形的接近程度，两种配置方案在主频为 100 kHz、200 kHz、300 kHz 时的响应波以及频谱基本吻合，这表明所提出的自感知方案运行良好，如理论分析所预期的一样。从时域波形角度分析，两种方案的第一个波包(S0 模态)是相反的，第二个波包(A0 模态)可以较好吻合，这是由于 Lamb 波的两种基本模态的波结构是不同的，并不会影响自传感电路的有效性。从频域角度分析，虽然噪音和 Lamb 波的频散特性使得频谱变得更加复杂和混乱，但除个别波峰的异常情况之外，整体频谱响应还是一致的。

在图 7-10 中，观察到 PZT_3 响应波形的幅值略大于 PZT_1 相应波形，同时自传感 PZT 的频谱响应中也有额外的波峰出现，这极大可能是两个 PZT 与结构的键合条件或等效电容值不相同。这意味着 PZT_3 可能与结构有更好的耦合作用，或者测量电容值可能比 PZT_1 的精准电容值更大。第二个可能的原因是方案(b)种的两个 PZT 没有精确地被并置粘贴。事实上，PZT_1 被粘贴在结构的上表面，而 PZT_3 被粘贴在结构的下表面，这可能会产生额外的错误。尽管有这些限制，两种结构产生的机械响应的形状在性质上是相似的。

针对 PZT 换能器所开发的自传感电路，目标是使用单个 PZT 来同时激励和检测 Lamb 波，通过实验测试验证了该自传感方案的可行性。在大多数情况下，所提出的自传感方案构建简单明了，可以在时域内准确提取结构响应，使得其在不同的现场环境条件下应用更具吸引力。实验研究表明，这一自传感电路的研究，有助于通过自传感原理来开发基于 PZT 换能器的导波无损检测和结构损伤诊断方案。

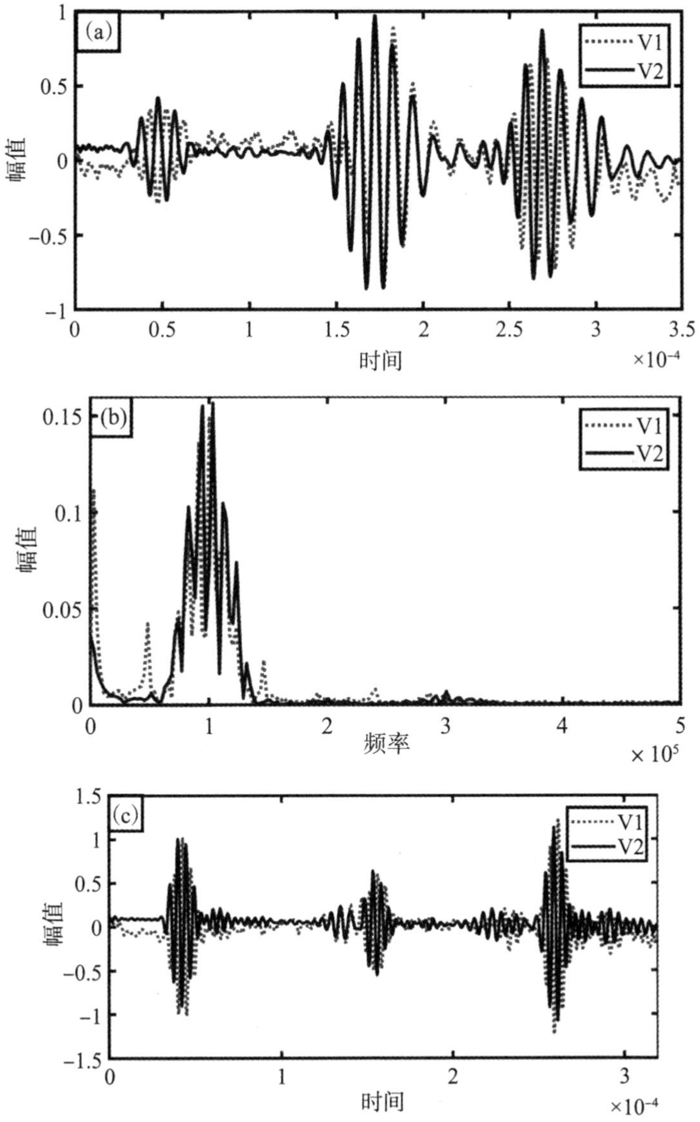

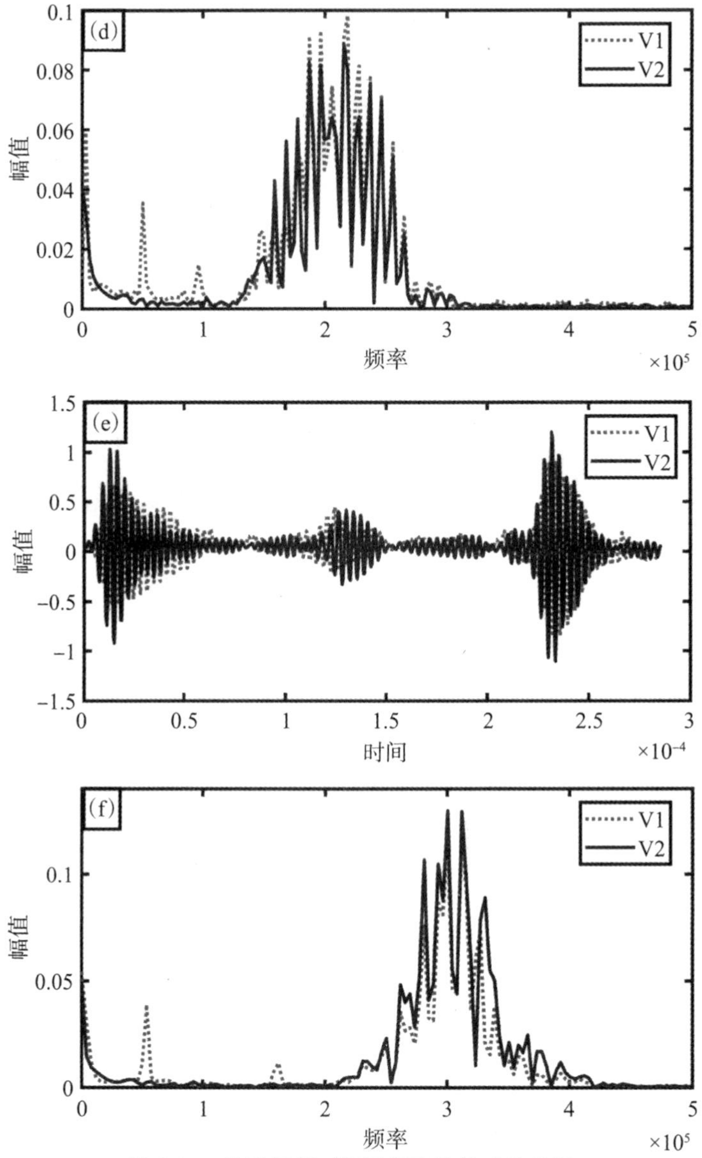

图 7-10 激励性能对不同频率的敏感性分析

7.4 基于自传感的时间反转定位

7.4.1 时间反转的不足

时间反转定位的实现主要包括两个步骤：损伤对入射信号散射后被传感器获取过程和散射信号进行时间反转后再次加载的过程[39]。PZT 在激励位置产生超声导波，这与本书中第 4 章描述的模型相关，而 Lamb 波到达损伤位置时与结构损伤相互作用并产生周向辐射的散射波，最后在接收位置传感器被感应到，具体过程与第 5 章的损伤散射模型相关。而信号反转再加载的过程是通过软件模拟实现的，传感 PZT 接收到的散射波可以通过矩阵变换实现时序取反操作，将时序反转处理后的散射信号在传感位置二次加载，此时原始散射信号中慢速波包被优先激励，快速波包则被偏后激发，信号传播过程中将会在同一时刻到达损伤位置，从而实现损伤位置处的聚焦特性。

当然，聚焦点的空间分布受到衍射极限的限制。由于时间反转过程中的绝大部分能量会到达结构的其他地方，这相当于降低了聚焦点的能量水平，而且 Lamb 波的多模态和频散特性也会加剧这种能量均匀分散的趋势。此时自传感的优势就体现出来，虽然损伤对导波的散射是全向分布的，但是 0°至 180°这一散射能量的优势分布区域往往代表更好的波形质量和能量密度，这对损伤定位是极其重要的。另外，在完整信号的波包成分分析中，直达波和边界反射波是极难排除的干扰因素，自传感的致动与传感一体双面，因此不会存在直达波包的干扰。

7.4.2 自传感时间反转损伤定位

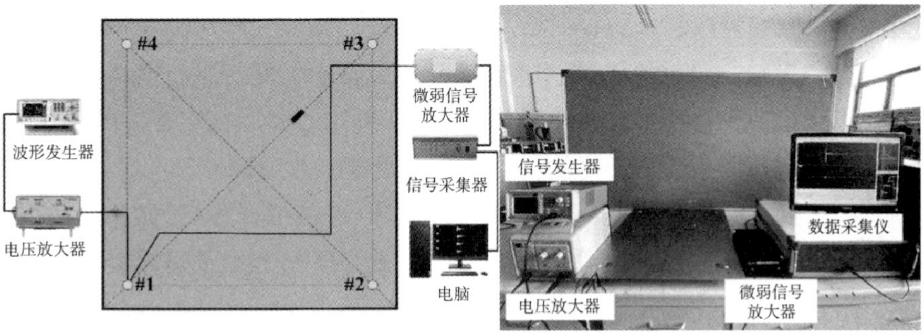

图 7-11　自传感在损伤定位中的应用可能

基于导波的主动损伤定位实验，一般采取无损板材和损伤板材对照的方式进行，以方便损伤散射信号的提取。实验装置如图 7-11 所示，使用 4 个直径为 13 mm 的圆片 PZT 换能器对一块尺寸为 600 mm×600 mm×2.0 mm 的 Q235 钢板进行。PZT 通过环氧树脂粘贴到钢板上，如果以板材左下角为坐标原点，4 个 PZT 换能器的坐标为(60，60)、(540，60)、(540，504)、(60，540)，损伤位置坐标为(400，400)。通过 Tektronix 的任意波形发生器 AFG1022 生成汉宁窗调制的五周期脉冲波形，主频为 150 kHz 的激励信号经 HA-405 高压放大器升压后作用于 PZT 换能器。导波信号的采集时通过软岛科技的 DS5 数据采集仪实现的，采样频率为 2.5 MHz，采样分辨率为 16 bit。散射信号通常比较微弱，因此在采样信号通过安泰科技的前置微小信号放大器 ATA-5220 进行放大，功率设置为固定的 60 dB 电压增益。

在实验室环境条件下，通过切割的形式引入长度 10 mm 的结构损伤并记录了一组散射信号和时反操作后的信号如图 7-12 所示。散射信号展示的是致动 PZT 产生的 Lamb 波携带损伤信息反射回初始激励位置，由于 PZT 换能器与损伤的距离不同导致反射波的波达时刻也不同，可以直观地观察到直达波被很好地避免掉。后续散射信号通过加窗操作可以消除边缘反射产生的信号，从而消除后期成像过程中板边缘附近的伪影。时间反转之后的信号形象地展示了定位过程中的虚拟波形再激励的过程，时间反转的相关操作也可以在频域中通过共轭的方式实现，而频域的操作可能具有更高的计算效率，但频域时间反转过程往往更难理解，这里不再讨论。

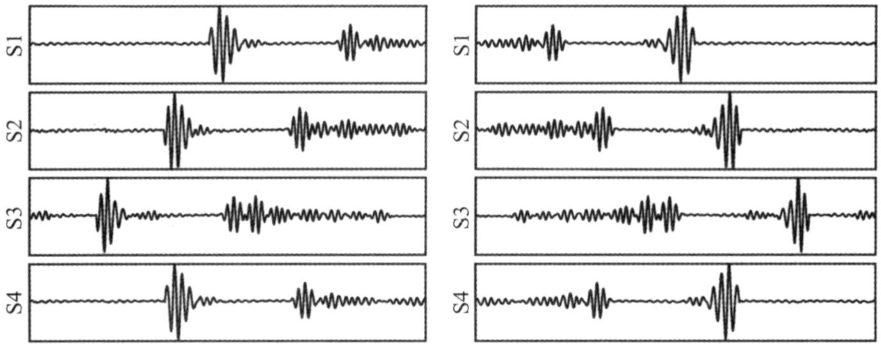

图 7-12　接收的信号

为探究自传感时间反转损伤定位的潜力，实验中在板厚 2 mm 的钢板上选择了 1 mm 深的切割裂纹和贯通裂纹两种损伤形式进行定位成像。图 7-13 展示了两种损伤的二维定位成像结果，两种损伤都可以被很好地定位，验证了自传感时间反转定位方法的有效性。仔细对比两种损伤形式的定位结果，切割裂纹的周围存在更多的干扰伪像，而贯通裂纹的定位结果则更为干净准确。这主要是由于成像过程中选择 S0 模态波包作为定位依据，切割裂纹的散射能量会分散到全部可能的模态中，而贯通裂纹的散射能量主要存在于 S0 和 SH0 模态中，A0 模态弱不可察。所以贯通裂纹的时间反转聚焦能量更加集中，成像效果优良；切割裂纹的时间反转聚焦能量更趋于均质化，这会进一步增加不贯通损伤定位成像的技术难度。

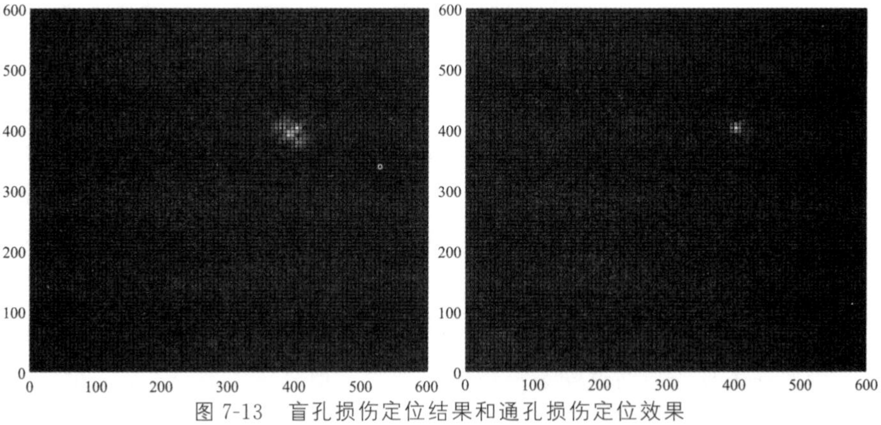

图 7-13　盲孔损伤定位结果和通孔损伤定位效果

7.4.3 传感器阵列的定位性能对比

基于 Lamb 波的时间反转定位方法通常采用传感器对的方式实现较好的定位效果，接下来将就传感器对的阵列方案和自传感阵列方案进行定位性能的对比实验。传感器对的阵列方案布局与自传感阵列保持一致(如图 7-14)，只需要将单一 PZT 换能器更换为并列放置的一对 PZT，其他的实验条件保持一致。需要说明的是，实验中使用的 PZT 尺寸对于结构而言是较小的，因此并列放置引起传播路径的差异不予考虑，而传感器位置差异则可以在时间反转程序明确并排除干扰。

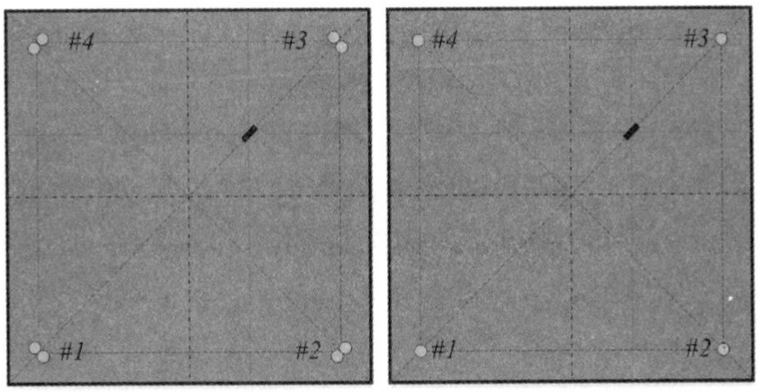

图 7-14　传感器对阵列和自传感阵列模型布局

图 7-15 展示了两种传感器阵列进行损伤定位的三维和二维结果，可以观察到，以定位误差不超过 5%的标准衡量传感器阵列都是满足性能要求，两种阵列方案都较好地完成了损伤成像的任务。首先从二维定位结果分析，相比于传感器对的阵列方案，自传感阵列的能量聚焦效果确实存在一定的差异，并且在板的对称位置存在低能量密度的伪聚焦现象。如果将 PZT 换能器的数量差异考虑进去，就单传感器的定位贡献而言，自传感阵列的优势是可以说是碾压性的。同时也需要注意到，自传感阵列的定位区域虽然更为分散，周围能量密度明显低于定位结果，而传感器对阵列的定位区域更加聚焦，但是存在明显的三条能量聚焦带，这一现象在三维定向结果中展现得更加清晰。在三维定位结果中可见，传感器对阵列的定位结果在精度方面确实存在一定的优势，但周围干扰的“伪峰”也更加明显，自传感阵列的定位区域干扰波峰能量密度更低，在损伤定位中是期待看到的。

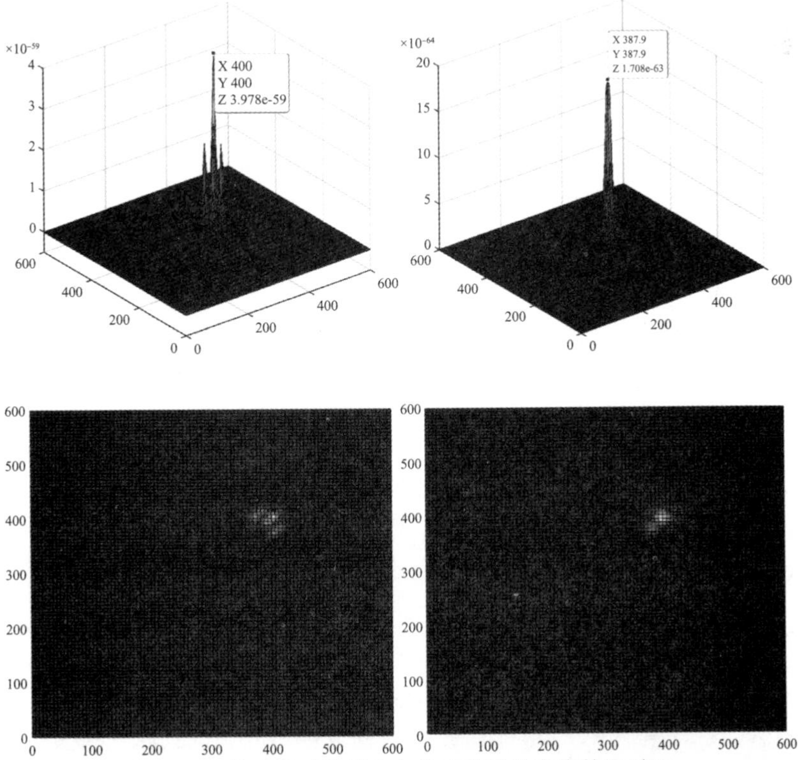

图 7-15　传感器对阵列和自传感阵列的定位效果对比

第 8 章　裂纹尖端定位

8.1　引言

本章简要介绍了衍射波成像的原理与算法,其次通过仿真分析和实验相结合的方法来验证衍射波成像的可行性,从而为结构安全提供保障。

8.2　衍射定位成像

8.2.1 惠更斯原理

反射和衍射是声波信号遇到不连续材料时的两种常见现象。现阶段,众多学者已经实现利用反射波来实现孔状损伤的精准成像。而对于长条形裂纹而言,通过裂纹端点的绕射波来实现损伤成像不失为是一种可行的方法。因此,本章就长条形裂纹损伤成像方法进行研究。

衍射是指当导波信号传播过程中碰到损伤缺陷或物体阻拦时,在损伤或阻拦物的边缘区域信号不再沿直线传播,而是绕过损伤或者阻拦物继续进入其后面的“遮挡区”的现象[40]。

由惠更斯原理分析可知,当障碍物或损伤缺陷尺寸与信号波长之间的比值趋近于 0 时,导波信号的传播路径将几乎不受损伤或者障碍物存在的影响,此时声波场中并不存在衍射波,如图 8-1(a)所示。若损伤或障碍物的尺寸远远大于信号的波长时,这时的导波类型主要包括直达波、反射波和少量的透射波,此时仍不存在衍射现象,因此在障碍物或损伤的背面便会形成较大的阴影区域,如图(b)所示。当且仅当损伤尺寸相对于导波信号波长呈左右摆动时,衍射现象则是最为明显的,如图(c)所示。损伤尺寸与波长之间的偏离程度越大,衍射现象会越微弱直至消失[41]。

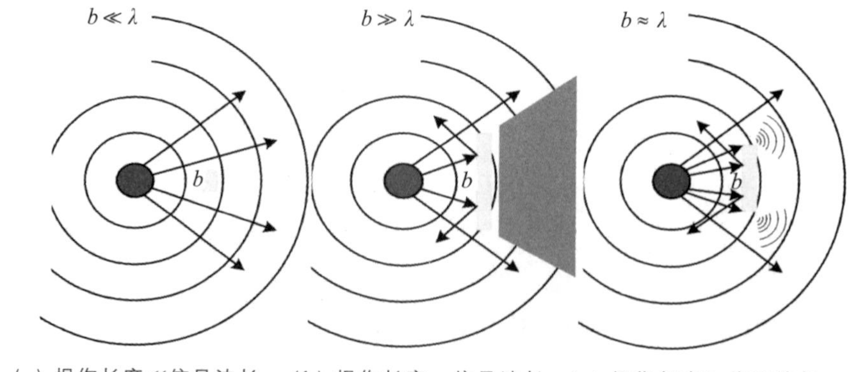

(a) 损伤长度≪信号波长　(b) 损伤长度≈信号波长　(c) 损伤长度≫信号波长

图 8-1　惠更斯原理示意图

本质上讲，在波动场中的任何位置处振动点均可以看作是新的子声源。当信号波前遇到疲劳裂纹时，裂纹端点处的导波信号便会绕过损伤传播到裂纹区域背面。因此，若在裂纹区域后安装传感器阵列，便可以接收到经裂纹端点传播的衍射信号，如图 8-2(a)所示。但受导波频散特性的影响，经裂纹端点的信号传播至接收阵列位置时会发生波包扩展而产生信号混叠现象，如图 8-2(b)所示。这就会基于衍射波时域信号的裂纹成像结果分辨率大大降低。根据现有的单侧浸没状态频散曲线，实现将时域响应信号映射至距离域进行分析，从而可以在一定程度上减轻导波频散给成像结果带来的影响，也能够将时域中叠加的信号波包重新被分离成几个单独的波包，如图 8-2(c)所示。

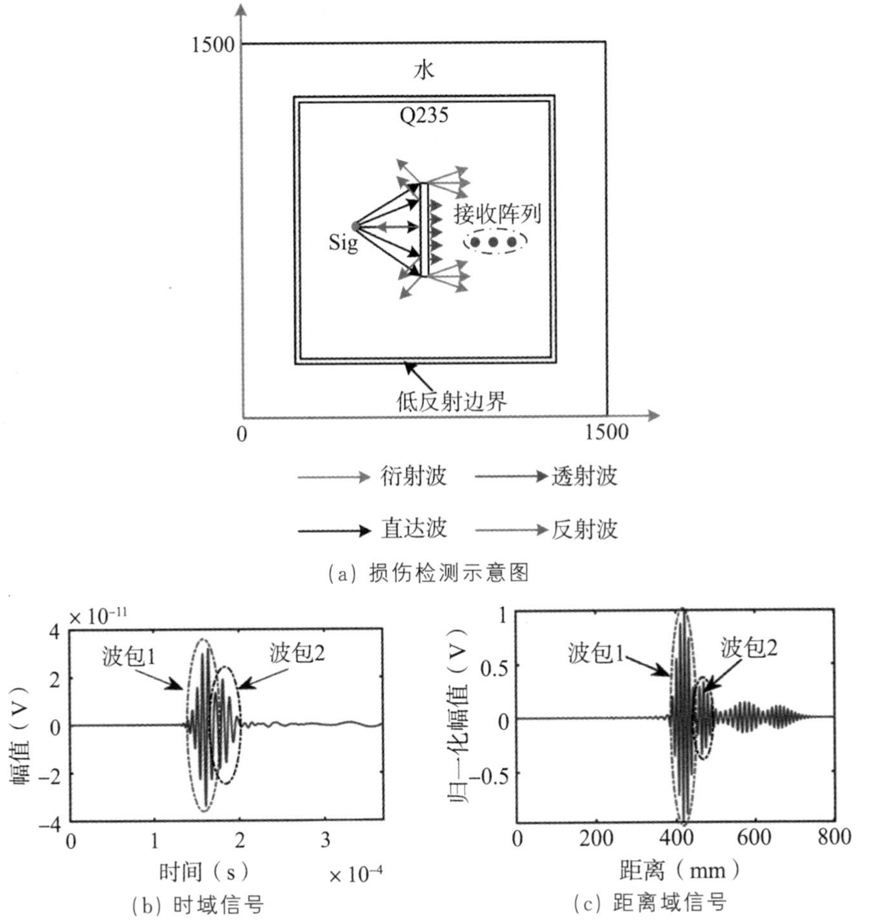

图 8-2　检测原理和信号波形图

8.2.2 传感器布局设置分析

本章中长条裂纹的损伤定位都是依赖于信号的衍射波来实现的，如果接收传感器阵列没有采集到衍射波，也就是说裂纹对于导波信号的传播方向没有影响，那么该方法将视为无效。对于所提出的方法，裂纹定位的区域称为盲区，如图 8-3(a)所示。根据图中可以看出，在接收传感器之间间距相同的情况下，水平线阵的盲区要比垂直线阵小得多。因此，建议传感器阵型采用水平排列。

根据分析可知，当激励传感器与接收传感器阵列的位置处于同一水平线时，此时的盲区面积最小。但传感器这样排布存在一个独特的情形，就是传感器阵列的连线位于裂纹的中垂线时，导波信号从损伤上端点和下端点传播的衍射信号具有相同的波程，如图8-3(b)。这就会使后续损伤成像时产生端点结果缺失问题，因此需将接收传感器阵列采用水平偏置排列，如图8-3(c)所示。

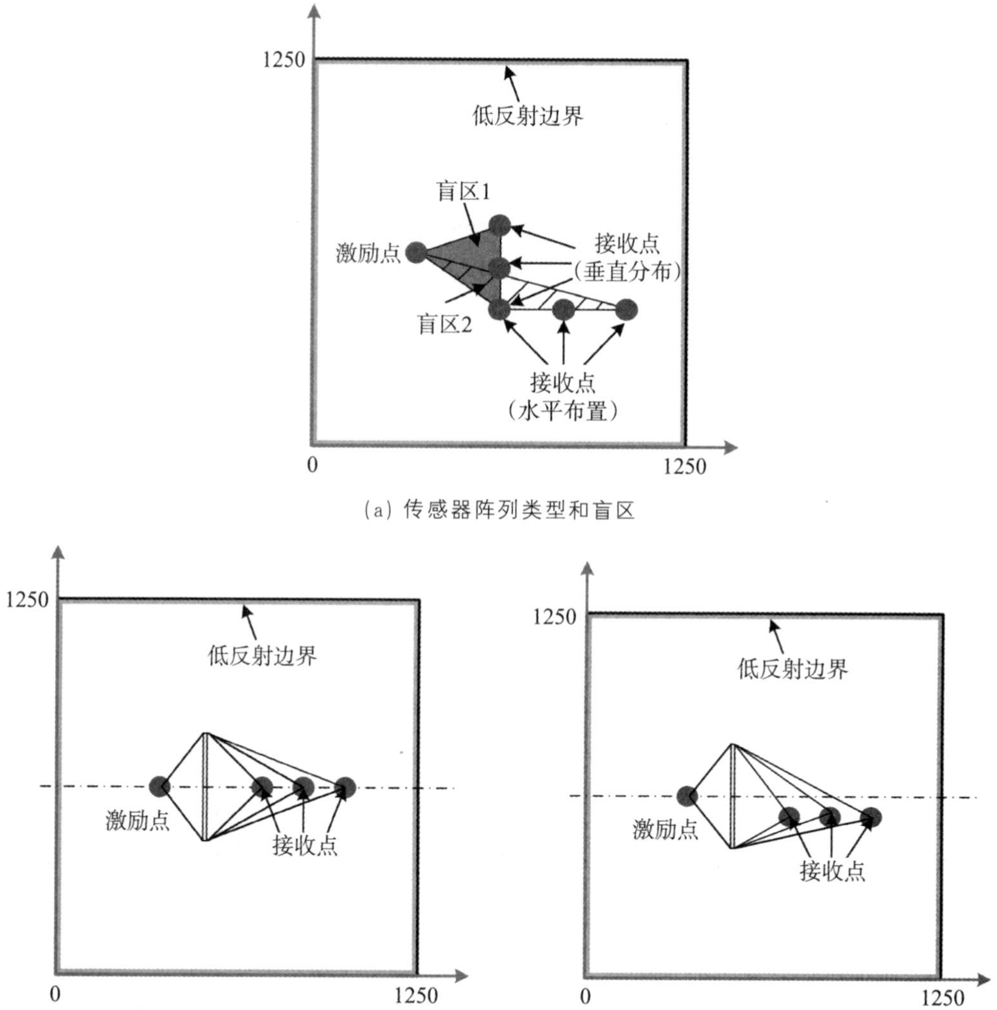

(a) 传感器阵列类型和盲区

(b) 传感器水平布置传播距离

(c) 传感器偏移布置传播距离

图 8-3　传感器布置类型示意图

假设裂纹的下端点坐标值(x_1, y_1)，激励信号经裂纹端点到接收传感器S1之间的距离用P_1表示，同样激励传感器到S2与S3的距离分别用P_2和P_3表示。假设由于外界干扰而产生的影响对于声场中任意接收传感器是一致的即使其在传播距离上均增加一个ΔP，那么各传感器之间的距离分别变成为$P_1+\Delta P$、$P_2+\Delta P$和$P_3+\Delta P$。根据上述传播距离定位出来的损伤结果用(x_2, y_2)表示，如图8-4(a)所示。最后将实际损伤端点与定位结果之间的误差用$E(x, y)$来表示：

$$E(x,y)=\sqrt{(x1-x2)^2+(y1-y2)^2} \tag{8-1}$$

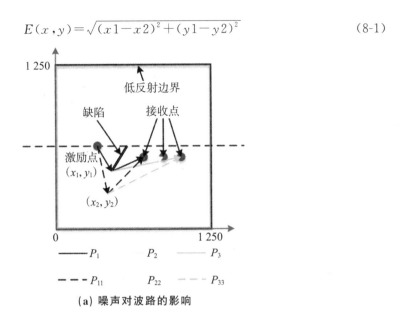

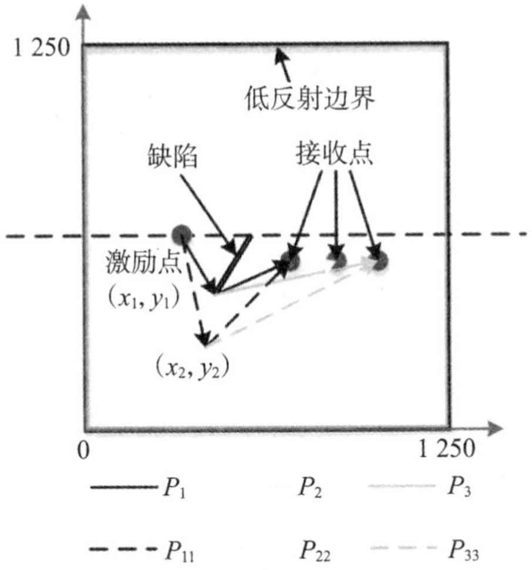

(a) 噪声对波路的影响

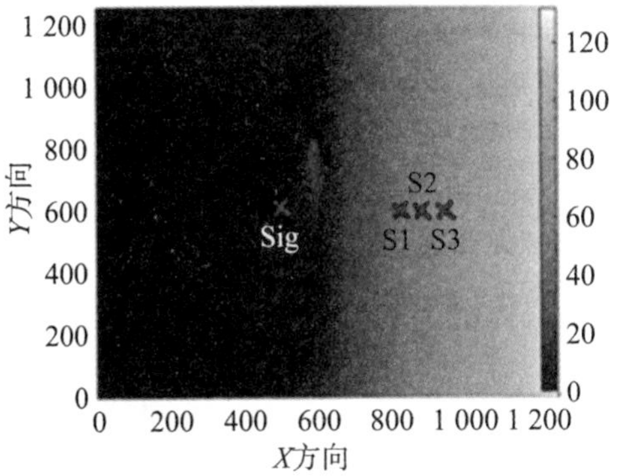

(b) 定位误差图(**ΔP=3 mm,D=10 mm**)

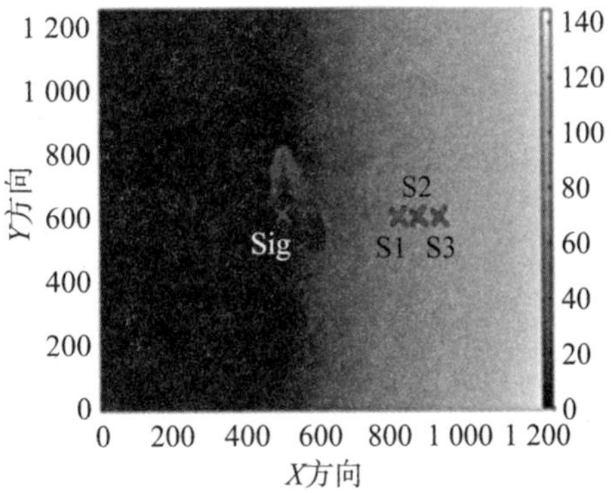

(c) 定位误差图(ΔP=3 mm,D=50 mm)

图 8-4　位置误差示意图

通过图 8-4(b)、(c)可以看出,图中的定位误差主要有三个区域:左侧区域、中间区域和右侧区域。不考虑激励传感器附近的区域,那么定位误差从左到右呈现出逐渐增大的趋势。同时水平线阵列的偏移距离(用 D 表示)也将影响所提出方法的性能,随着偏移距离 D 的增大,中、右侧区域的定位误差将逐渐增大。综上考虑,最终传感器阵列的水平偏移距离 $D=10$ mm。

8.3　损伤定位实验

8.3.1 实验过程

由于 S0 模态在水中传播时具有幅值衰减小的特点,因此在实际的监测中可以实现较大范围的损伤检测。同时为了实现损伤衍射波与其余波包尽可能分离,实验设计的过程中将待测试件尺寸定为 1 250 mm×1 250 mm×2 mm,而水层的尺寸大小为 1 500 mm×1 500 mm×10 mm。在实际的实验中,噪声、传感器不一致等因素都会影响成像结果，所以为了验证改进的延时叠加成像在实际环境下定位的可靠性，实验过程按照仿真模型的参数进行设计。实验装置由 Tektronix AFG1022 函数/任意波形发生器、DS2-8B 数据采集仪、4 个 RS-2A 传感器和智能 AE 电荷放大器组成。具体的实验装备连接如图 8-5 所示。以损伤左侧的传感器 Sig 作为激励源，其余参考点 S1－S3 为接收传感器。激励信号按照仿真过程施加的信号进行激励，考虑到采集信号文件不易偏大，在采样频率选择方面选择 $fs=2.5$ MHz。

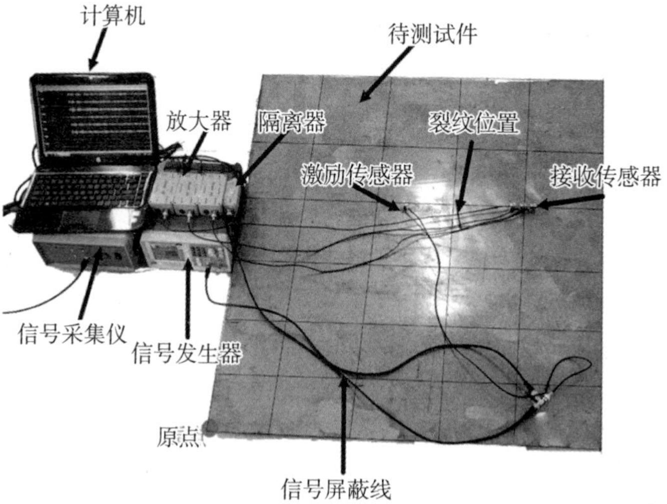

图 8-5　实验装置连接示意图

8.3.2 实验数据及结果分析

通过实验获得的响应信号与仿真结果相差无几，主要原因是：第一，每个采集通道信号中都有 A0 模态和 S0 模态，并且只有 S0 模态波被补偿。第二，受传感器响应特性的影响，A0 模态和 S0 模态波的幅值与仿真信号之间存在略微差异。但实验环境下会受到外界噪音信号的影响，使得实验信号中明显存在更多的波包，具体时域及距离域信号如图 8-6 所示

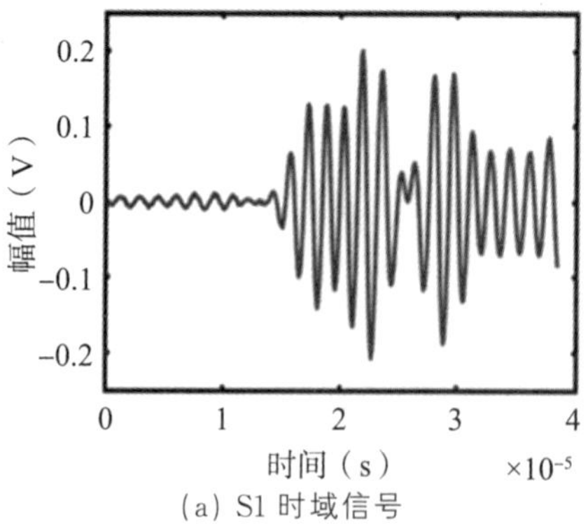

(a) S1 时域信号

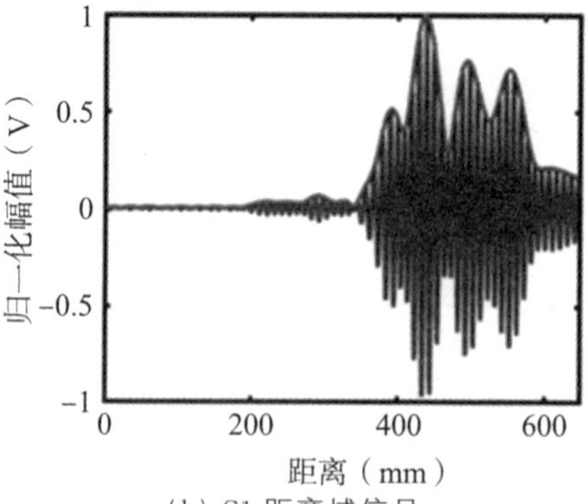

(b) S1 距离域信号

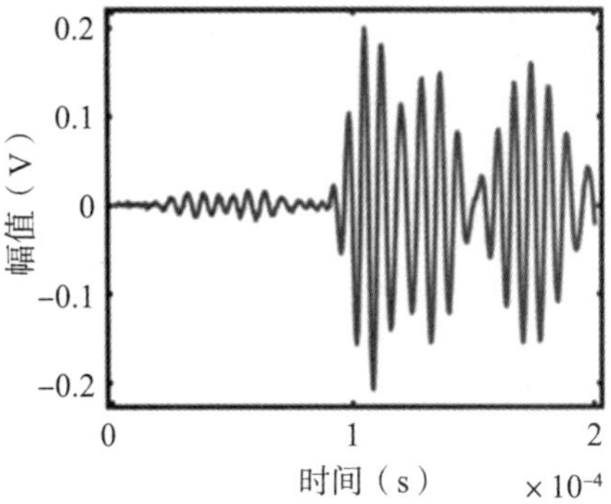

(c) S2 时域信号

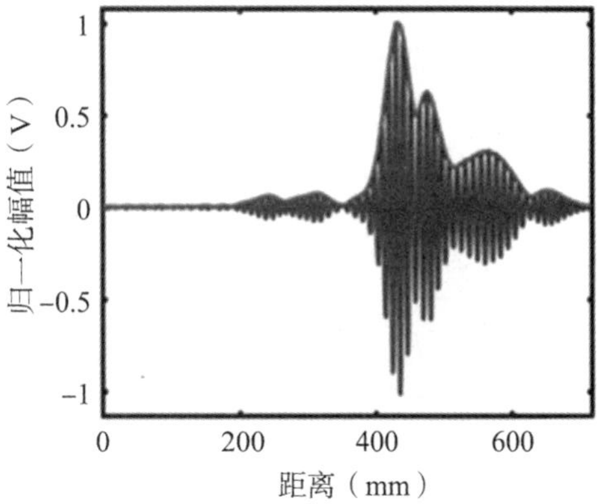

(d) S2 距离域信号

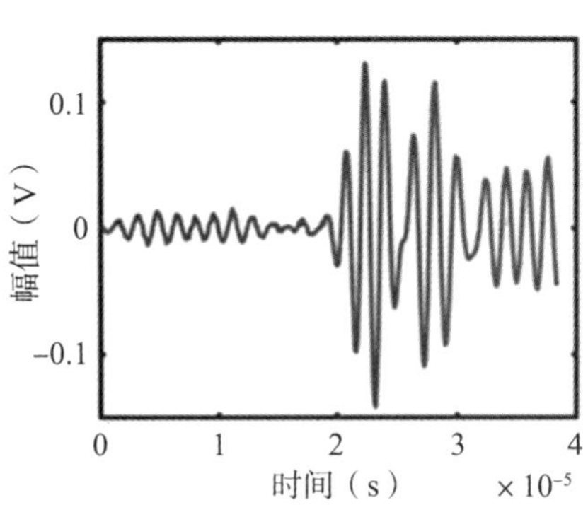

(e) S3 时域信号

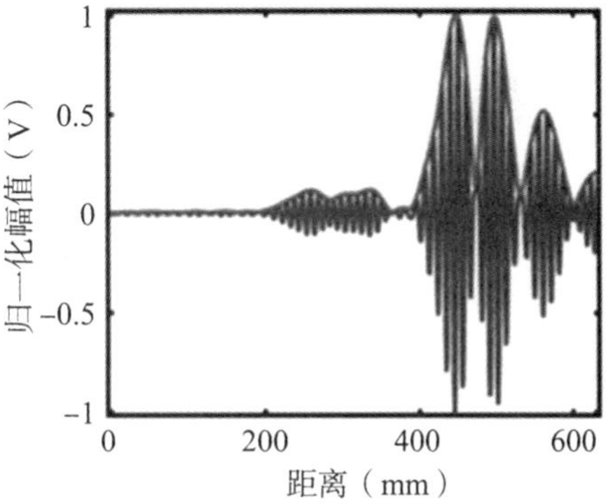

(f) S3 距离域信号

图 8-6　基于实验的时间域和距离域信号

利用补偿的距离域信号对裂纹进行定位。每个传感器对都会产生一个能量场，取所有能量场的平均值来表示成像结果，能量最大值处表示目标裂纹的端点，其中符号“+”表示裂纹的实际端点，如图 8-7(a)所示。相比之下，若不采用半波补偿，最终的成像结果如图 8-7(b)所示，损伤的成像端点偏离实际位置很远。图 8-7(c)为传统的延迟和算法的图像，该算法对频散效应波包不补偿，最终定位结果端点模糊化并混合在一起。

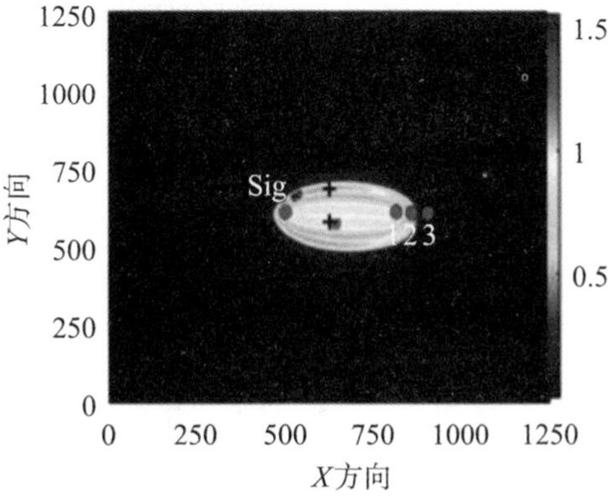

(a) 半波补偿+改进的延时叠加成像

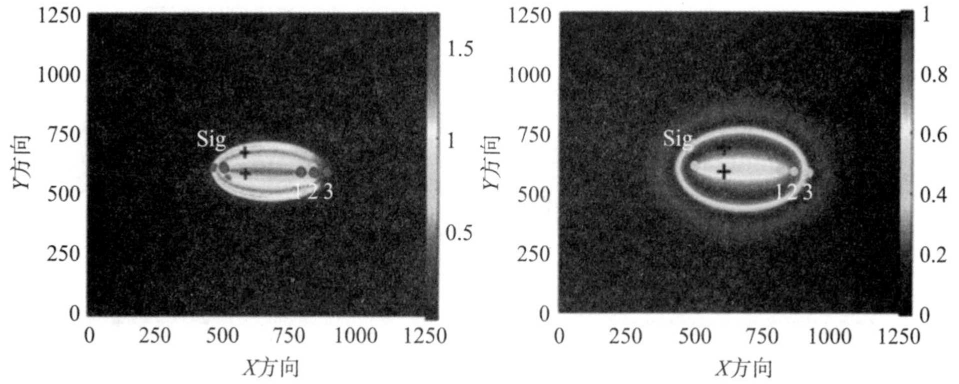

(b) 改进的延时叠加成像　　(c) 传统的延时叠加成像

图 8-7　损伤成像结果

为了实现定量的评价定位结果,定义某一坐标轴方向上的定位误差比为

$$E_x = \left| \frac{X_T - X_A}{X_A} \right| \times 100\% \tag{8-2}$$

公式(9-2)中,X_T 表示坐标轴方向上的定位坐标值,X_A 表示损伤的实际坐标值。

可以看出,在 X 坐标轴上的定位误差略大于在 Y 坐标轴上的定位误差,如表 8-1 所列。误差比值表明,传感器阵列对 X 轴方向比 Y 轴方向更敏感,更容易受到补偿偏差等因素的影响。

表 8-1　损伤端点定位结果

方法	定位结果			
	上端点	误差率	下端点	误差率
改进延时叠加成像+半波不长	(530,660)	X:15%,Y:2%	(640,570)	X:2.4%,Y:0.87%
改进延时叠加成像	(475,630)	X:30%,Y:6%	(525,555)	X:16%,Y:3.5%

第 9 章　疲劳裂纹监测

9.1　引言

海洋平台支撑柱因长期受到海浪的冲击，因此要承受较多且较大的交变载荷，所受的应力随时间变化而变化，在这样的环境下便容易产生疲劳裂纹。半潜式海洋平台中的疲劳裂纹，在初始阶段尺寸较小，短时间不会影响海洋平台的使用。但随着时间的增长，裂纹处受到的交变载荷越来越多，裂纹就会进一步扩展和延伸，对平台的使用造成了巨大的威胁，因此研究疲劳裂纹扩展具有极高的应用意义。根据前文可以实现裂纹位置、长度和角度的确定，但无法确定裂纹的扩展速率，因此急需确定一种方法来预测疲劳裂纹的扩展规律。Paris 公式是裂纹预测最基本的方法，在 Paris 公式的基础上，通过仿真和实验对公式进行优化和修正，增加了相关的参数，大大提高了预测的精度。并进行了实验研究，建立了疲劳裂纹的监测试验系统，提取了损伤因子对损伤程度进行了拟合。

9.2　疲劳裂纹的扩展规律

9.2.1 Paris 公式与 S-N 曲线

在金属结构的裂纹断裂研究中，常用金属结构的强度因子 K 来表示断裂处的应力强度变化，随着强度因子的变化，裂纹扩展的速率也发生变化，但在裂纹扩展的三个阶段的变化速度不同[42]。图 9-1 为疲劳裂纹的 S-N 曲线，由图所示，裂纹扩展三个阶段的具体变化如下：

Ⅰ区：这是裂纹扩展的第一阶段，该阶段的强度因子 K 较小。当小于 ΔK_{th} 时，并没有疲劳裂纹的产生，ΔK_{th} 就被称为疲劳裂纹扩展的门槛值。当强度因子大于 ΔK_{th} 后，裂纹开始初步扩展，该阶段的扩展形式以纯剪切方式扩展。

Ⅱ区：裂纹开始稳定的扩展，该阶段应力强度因子大于 ΔK_{th}，且在裂纹尖端处的不同平面上出现了滑移现象。掌握该阶段的扩展规律，对防止裂纹的断裂和预测裂纹的剩余寿命起到了重要的作用。

Ⅲ区：该阶段是裂纹的剧烈变化阶段，该阶段的裂纹已经明显失去控制，裂纹的扩展速度急剧增大，直至发生断裂。

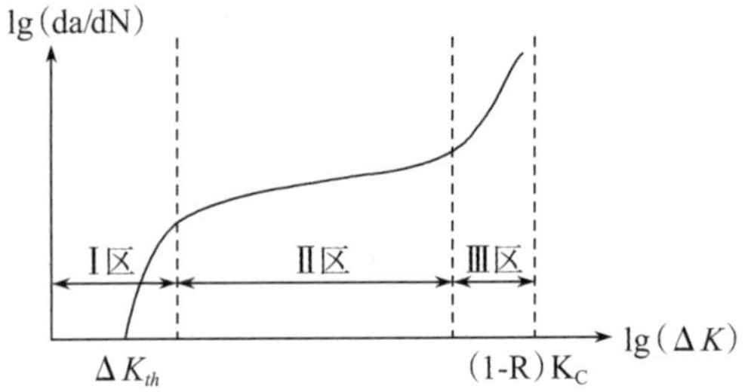

图 9-1　疲劳裂纹 S-N 曲线

Paris 公式的提出便是基于裂纹扩展的第二个阶段推出的，也就是对裂纹扩展速率的初级表示：

$$\frac{\mathrm{d}a}{\mathrm{d}N}=\frac{(\Delta K)^4}{M} \tag{9-1}$$

在这个公式的基础上，研究人员针对不同类型的材料，进行了大量的实验验证，根据具体实验的数据对公式进行不断的修正，发现 ΔK 的次数并不是一个固定值，该数与具体的材料参数有关，并且与加载的交变载荷有很大的关系。因此，在原公式的基础上进行了修改，就得到了著名的 Paris 公式：

$$\frac{\mathrm{d}a}{\mathrm{d}N}=C(\Delta K)^m \tag{9-2}$$

式中，a 为裂纹长度；N 为应力循环次数；$\mathrm{d}a/\mathrm{d}N$ 裂纹扩展速率；c、m 为材料常数；ΔK 应力强度因子。

根据应力强度因子手册，可以得到

$$\Delta K=K_{\max}-K_{\min}=f\Delta\sigma\sqrt{\pi a} \tag{9-3}$$

$K_{\max}$ 和 $K_{\min}$ 分别代表在一个应力循环周期中，最大的应力度因子和最小的应力强度因子。该公式可以很好地描述处于第二阶段的裂纹扩展情况，具有较强的普遍性，已经广泛应用在航天、机械、能源和交通等领域。但由于所处环境不同，其预测精度并不高。

传统的 S-N 曲线的获得都是通过实验数据进行拟合得出的，但通过分析就可以构建 Paris 公式与 S-N 曲线之间的联系。

由 Paris 公式可知：

$$\frac{\mathrm{d}a}{\mathrm{d}N}=C(\Delta K)^m=C[f(a,W,\cdots)\Delta\sigma\sqrt{\pi a}]^m \tag{9-4}$$

$$\Delta\sigma^m N=\int_{a_0}^{a_f}\frac{\mathrm{d}a}{C[f(a,W,\cdots)\sqrt{\pi a}]^m} \tag{9-5}$$

式中，a_0 裂纹的初始长度；a_f 裂纹某一状态下的长度；W 裂纹底板的板宽。

由公式可知，公式(9-5)右边为一个常数，因此可以对该公式转换，将 $\Delta\sigma$ 改为 ΔS，可以得到

$$\Delta S^m N=C \tag{9-6}$$

由此可以得出，如果裂纹的疲劳寿命完全是由于裂纹扩展引起的，则 S-N 曲线完全可以由 Paris 公式推导得出。如果变换方向，则 Paris 公式里的材料常数完全可以由 S-N 曲线来估算，这可以为 Paris 公式的建立提供初步的指导意见，在此基础上对 Paris 公式中的材料参数进行初步的计算。

9.2.2 Paris 公式的修正

裂纹扩展受到多种因素的影响，主要影响的有材料的类型，材料加工过程中采取的热处理工艺，材料的厚度，材料所处环境的温度、湿度、腐蚀作用和加载频率等[43]。结合裂纹扩展的主要影响因素以及 Paris 公式，可以得到

$$\frac{\mathrm{d}a}{\mathrm{d}N}=\frac{\rho_0 f^{0.092} R\Delta\sigma^2}{2\pi(1-v^2)E\sigma_f \Delta K_{IC}^2-\Delta K^2}\times\frac{\Delta K^2}{\Delta K_{IC}^2-\Delta K^2} \tag{9-7}$$

式中，R 代表应力循环比，f 为载荷加载频率，$\Delta\sigma$ 为改材料的应力幅值，E，σ_f，v 分别代表材料的弹性模量、晶格摩擦力和泊松比，K_{IC} 代表材料的断裂韧性。

原 Paris 公式是裂纹疲劳扩展速率的基本公式，但是其考虑的因素较少，没有包含载荷的加载频率，应力循环比的影响，因此结合式(9-7)对原 Paris 公式进行修正，可以得到

$$\frac{\mathrm{d}a}{\mathrm{d}N}=\frac{\rho_0 f^{0.092} R\Delta\sigma^2}{2\pi(1-v^2)E\sigma_f}(\Delta K)^m \tag{9-8}$$

实验选用的是 6061 铝合金材料，查阅其材料手册，得到其参数：$E=0.69\times10^5$ MPa，$\sigma_f=0.405\ 6$，$v=0.33$，$\rho_0=0.70\ \mathrm{g/cm^3}$。

上式便为修正后的 Paris 公式，该公式包含了材料的多种属性，更具有代表性。但其对疲劳裂纹扩展速率的预测能力还需要作进一步实验验证，下文将对公式进行求解，得到材料参数，并进行实验验证。

9.2.3 裂纹疲劳扩展模型

对式(9-8)两边取对数：

$$\log\left(\frac{\mathrm{d}a}{\mathrm{d}N}\right)=\log\left[\frac{\rho_0 f^{0.092} R\Delta\sigma^2}{2\pi(1-v^2)E\sigma_f}\right]+m\log(\Delta K) \tag{9-9}$$

令

$$\log\left(\frac{\mathrm{d}a}{\mathrm{d}N}\right)=y$$

$$\log\left[\frac{\rho_0 f^{0.092} R\Delta\sigma^2}{2\pi(1-v^2)E\sigma_f}\right]=b \tag{9-10}$$

$$m=a$$

$$\log(\Delta K)=x$$

则式(9-9)便可以拟合为线性方程

$$y=ax+b \tag{9-11}$$

其中，

$$(\mathrm{d}a/\mathrm{d}N)_i=(a_{i+1}-a_i)/(N_{i+1}-N_i) \tag{9-12}$$

$$\lg(\mathrm{d}a/\mathrm{d}N)=\lg C+m\lg(\Delta K) \tag{9-13}$$

根据应力强度因子手册，可以得到

$$K=F\sigma\sqrt{\pi a} \tag{9-14}$$

其中，其应力在承受双面拉伸时：

$$\lim_{a/R\to\infty}F=\frac{1}{\sqrt{2}} \tag{9-15}$$

上式的误差在 2%以内，结合以上的公式，再利用最小二乘法，可以求得式(9-12)中的 C,m，便可以对整式进行求解。在模型初步建立中，为便于与后文实验相验证，假设 6061 铝合金板圆孔下裂纹的初始长度为 3 mm，且受到两边拉伸，应力比保持 0.1 不变，对裂纹进行 0 到 4000 次循环疲劳拉伸，可以得到在应力为 34 kN 和 50 kN 下原公式与修正后公式的疲劳裂纹扩展速率曲线(图 9-2)。

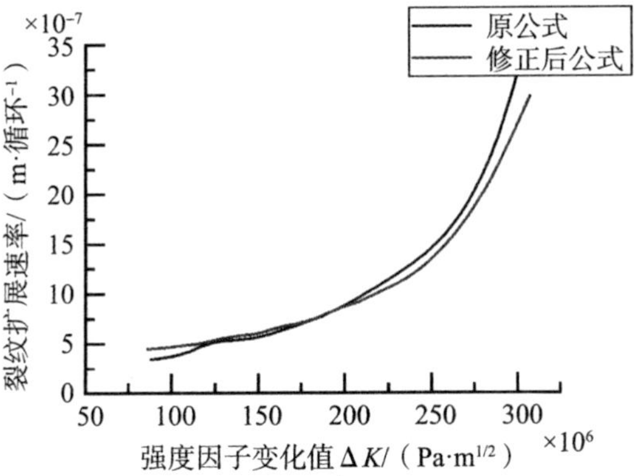

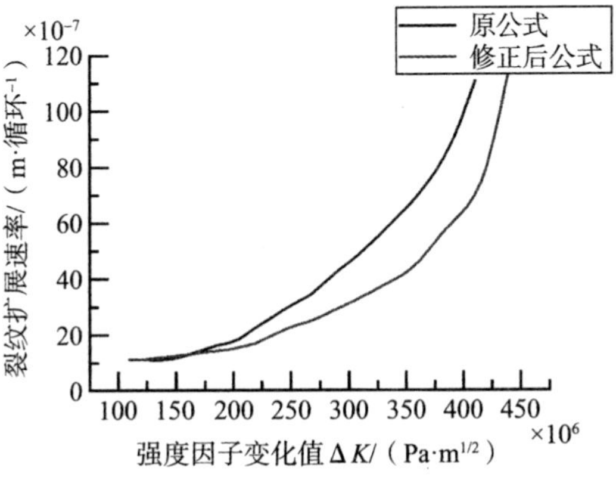

图 9-2　应力为 34 KN 和 50 KN 下裂纹扩展速率

由裂纹扩展速率的曲线图可以看出，应力的改变对裂纹速率的影响极大。此外，修正后的 Paris 公式的扩展速率整体上要慢于原公式，而两个公式哪一个最接近真实情况，还需要做实验进一步研究，因此下文以此为基础，开展 6061 铝合金疲劳裂纹的扩展实验研究。

9.3　裂纹疲劳扩展实验研究

9.3.1 实验整体设计

采用疲劳实验机进行相关的疲劳实验，MTS 疲劳实验机广泛用于各种材料多种性能指标的测试，完成力学测试的同时，还能实现数值模拟。采用微机控制电液伺服动静万能 MTS 实验机，最大加载力 300 kN，最大频率 50 Hz，振幅±75 mm。

确定疲劳实验机之后，需要对实验试件的相关参数进行确定。由于 6061 铝合金具有良好的抗腐蚀性、良好的焊接特性，越来越多海洋平台采用 6061 铝合金作为加工材料，因此选择 6061 铝合金板作为实验材料。如图 9-3，加工了 90 mm×240 mm×5 mm 的 6061 铝合金板，在板中间加工了一个半径 10 mm 的通孔，以模拟海洋平台中圆孔结构旁的裂纹扩展。在通孔的正下方有一个 3 mm 长的预制切槽。设置此裂纹的目的是便于裂纹扩展的开始，方便数据的采集。而 S1、S2、S3 和 S4 则是压电传感器，他们之间垂直距离 20 mm，水平距离 80 mm。

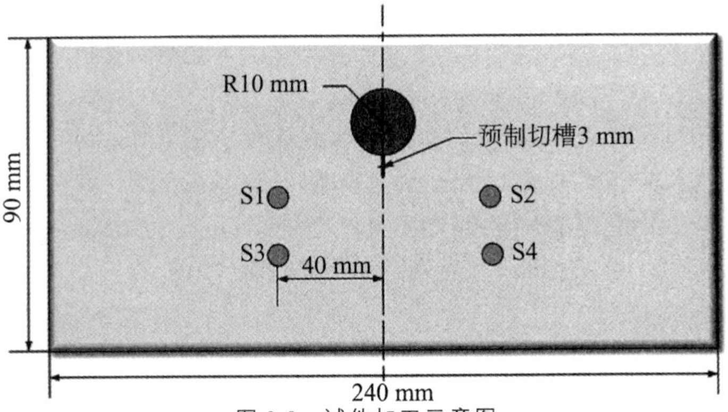

图 9-3　试件加工示意图

采用 Lamb 进行信号的激励和采集，因此需要一套单独的信号激励和采集系统。采用 TB21102B 信号发生器进行信号的激励，激励的信号稳定可靠，抗干扰能力强。采用 DS2-8B 信号采集器进行信号的采集，可以实现 8 通道的信号采集，只需要采集 3 通道信号即可。

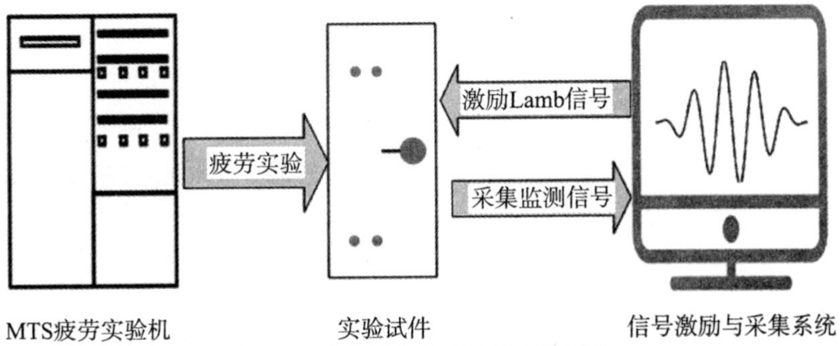

图 9-4　疲劳裂纹扩展监测实验系统

综上，设计了一套疲劳裂纹扩展检测的实验系统，如图 9-4 所示，包括了 MTS 疲劳实验机、实验试件和信号激励与采集系统。将在此的基础上对疲劳裂纹的扩展展开研究。

MTS 疲劳实验机进行疲劳拉伸，信号激励和采集系统负责导波信号的采集。疲劳实验机夹住试件的两端，同时夹具含有凹凸坑，增强了加持摩擦力。信号线检测信号的状态，一个红夹头和黑夹头组成一个检测单元。在每一次信号采集的过程中，S1 传感器激励，S2－S4 传感器接收，随后改变传感器进行激励，令 S2 传感器激励，其余传感器接收，直到 S4 传感器激励，其余传感器接收。即每次信号采集的过程中，共进行 4 次信号激励，共采集 4 组传感器信号，每组包括 3 个信号。

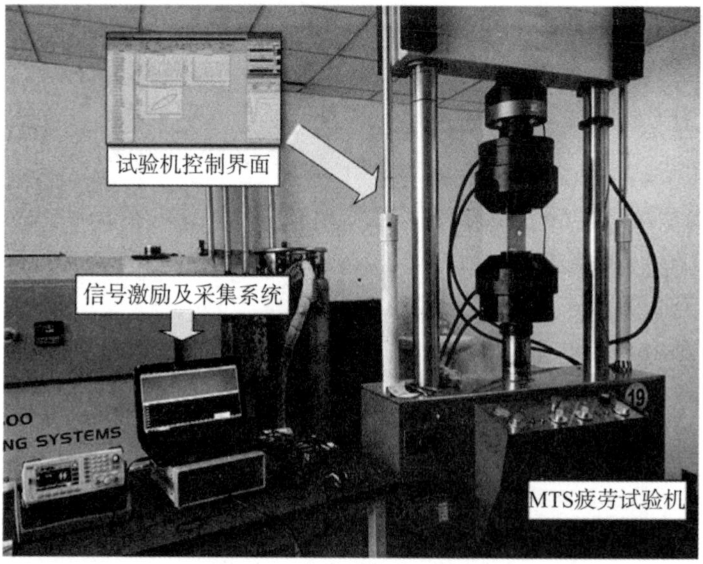

图 9-5　疲劳裂纹实验系统

9.3.2 裂纹疲劳扩展实验分析

用 5 块完全相同的 6061 铝合金板试件，共进行 1 次静力拉伸实验和 4 次疲劳拉伸实验，将其编号为 TS1－TS5。对 TS1 进行静力拉伸实验，确定试件能够承受的最大载荷为 F_1。取 TS1 最大载荷值的三分之一作为裂纹疲劳扩展实验的最大加载载荷，即正弦波加载载荷的最大值为 $F_1/3$ kN，则正弦波加载载荷的最小值为 $F_1/30$ kN，应力比设定为 0.1，载荷的加载频率初步设定为 10 Hz。依次取试验试件 TS2 和 TS3，采用正弦加载载荷 $F_1/3$ kN～$F_1/30$ kN、应力比为 0.1、频率为 10 Hz。对试件加载 1 000 个循环周期后进行数据采集，此时要保证加载载荷保持在最小载荷不变，用游标卡尺测量裂纹长度的变化，记录循环次数，以及用信号采集器进行信号采集，此时并没有出现裂纹，因此采集到的信号作为本次裂纹扩展实验的参考(健康)信号。

完成信号采集之后继续进行疲劳循环加载，在加载的过程中观察裂纹长度的变化，当循环次数增加一定次数之后记录裂纹长度，此时对试件保持 5 kN 的静载。记录裂纹扩张的长度以及循环周期数，并用信号采集器进行信号采集。直到裂纹扩展超过 30 mm 完成一次实验，换 TS2 试件进行相同的实验。正弦波循环载荷加载完成之后对试件保持 5 kN 的静力载荷，是为了保证试件受力情况相同，减少信号采集的误差。为了研究裂纹在不同加载载荷下的扩展规律，将 TS3 和 TS4 加载 50 kN 的载荷，频率为 10 Hz，应力比 0.1 保持不变，并进行相同的裂纹长度记录和导波信号记录。图 9-6 便为实验后的结果，由于预制切槽的存在，实验试件得以在较短的时间内快速断裂。

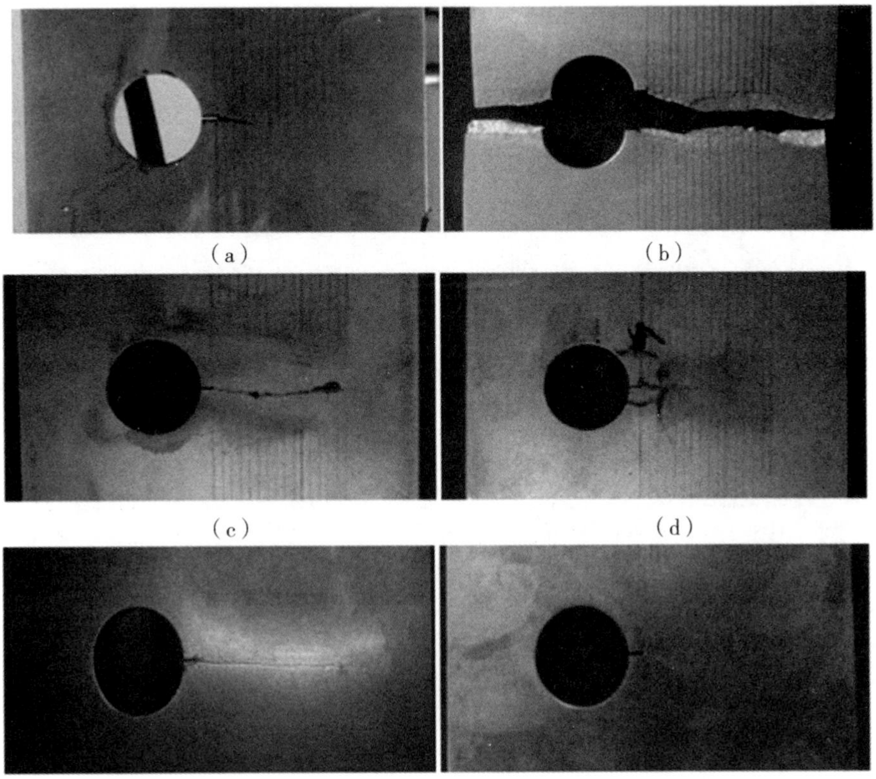

(a)　(b)

(c)　(d)

(e)　(f)

图 9-6　实验效果图

在实验结果中，图 9-6(a)为裂纹初始阶段，此时裂纹的扩展速度相对较慢。图 9-6(b)为静力拉伸实验后的 TS1 实验，该试件的裂纹从下方先开始，随着拉力的增强，上方也开始出现裂纹，直至整个试件断裂。从开始拉伸到断裂共 160 s，最大的拉力为 102.17 kN，因此初步取最大静拉力的三分之一，作为疲劳裂纹的加载载荷，即 34 kN，频率为 10 Hz，应力比为 0.1。图 9-6(c)图和(d)图是 TS2、TS3 试件实验后的效果图，其中红色为着色剂。两个试件都是在应力 34 kN 的载荷下进行的疲劳拉伸，裂纹的扩展长度都超过了 30 mm。(e)图和(f)图是 TS4、TS5 试件在应力 50 kN 下实验后的效果图，两者是在应力 50 kN 下进行的疲劳拉伸，频率和应力比保持不变。

图 9-7 展示了 TS2 和 TS3 试件载荷加载过程中，与时间和距离的关系图。由(a)图可以看出，在一个循环周期内，载荷加载从最小值 3.4 kN 增加到 34 kN，再逐渐减小。这个变化过程便是疲劳裂纹所需要的交变载荷。(b)图则展示了载荷随着距离的变化，横坐标表示夹具移动的距离，由图可以看出，最大的移动距离在 0.39 mm 以内，整个加载过程中，交变载荷变化稳定，没有剧烈改变。

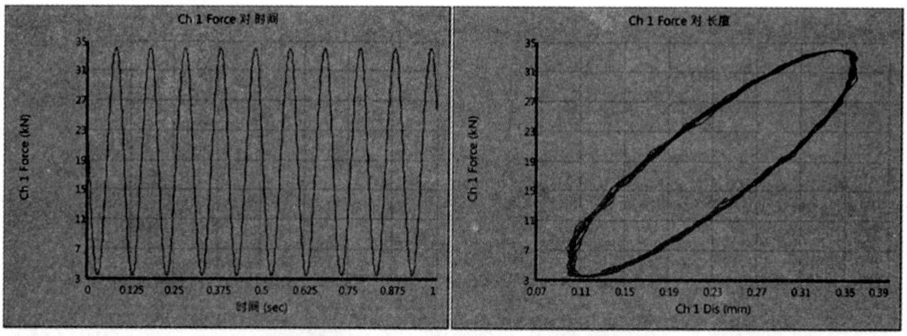

图 9-7　TS2、TS3 试件载荷加载关系图:(a) 载荷与时间关系图;(b) 载荷与距离关系图

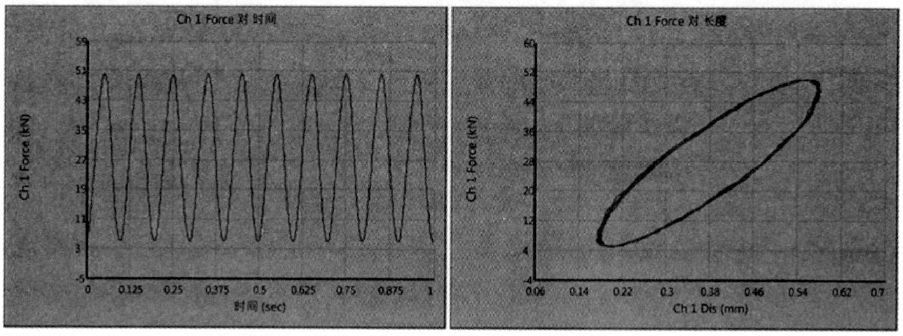

图 9-8　TS4、TS5 试件载荷加载关系图:(a) 载荷与时间关系图;(b) 载荷与距离关系图

图 9-8 展示了 TS4 和 TS5 试件载荷加载过程中,与时间和距离的关系图。(a)图可以看出,TS4 和 TS5 试件的最大载荷为 50 kN,最小为 5 kN。同时,从(b)图中可以看出,随着载荷的改变,夹具的移动距离也发生了改变,最大距离接近 34 kN 下的两倍。根据试件载荷加载的关系图,疲劳裂纹加载的载荷变化稳定,夹具移动的距离也变化稳定,没有发生剧烈的变化,这就说明整个实验尽可能真实的模拟裂纹疲劳扩展的整个过程,因此接下来要对裂纹的扩展速率以及导波信号进行分析。

9.3.3 裂纹扩展模型的实验验证

在疲劳裂纹扩展的过程中,每当进行到一定循环之后,记录相应的裂纹长度,可以得到试件疲劳裂纹扩展的曲线图。图 9-9 为 TS2 试件、TS3 试件疲劳裂纹加载结果,图 9-10 为 TS4 试件、TS5 试件疲劳裂纹加载结果。6061 铝合金疲劳裂纹在最大载荷 34 kN 交变载荷下,经过 40 000 次循环周期之后,裂纹扩张长度便达到 30 mm,在最大载荷 50 kN 交变载荷下,经过 16 000 次循环周期后,裂纹的扩张长度便达到 30 mm,可见应力的改变极大提高了裂纹的扩展速率。

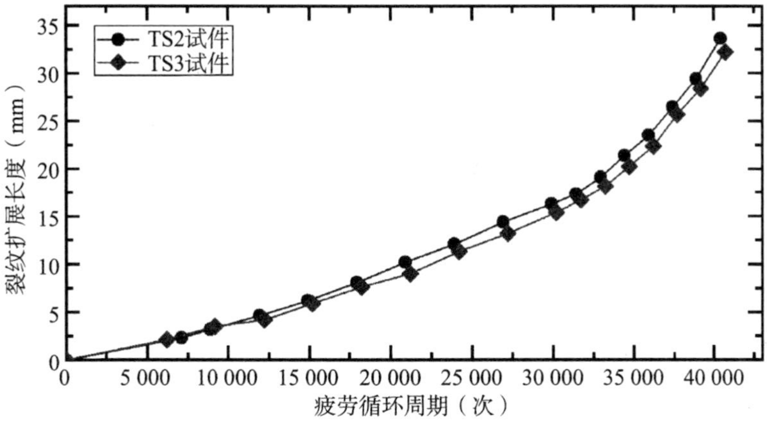

图 9-9　TS2、TS3 试件疲劳裂纹加载结果

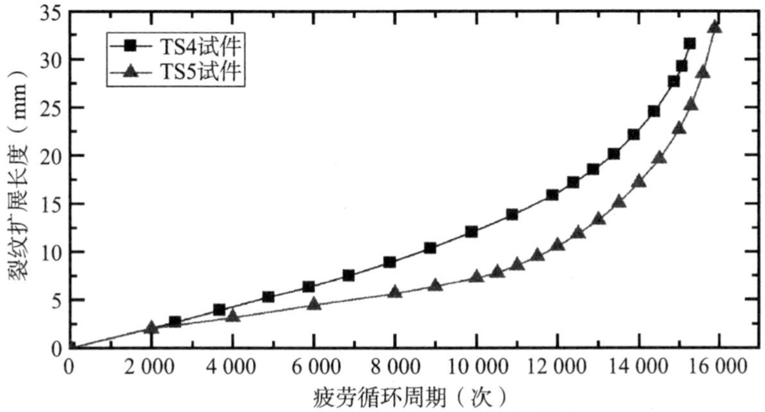

图 9-10　*TS*4、*TS*5 试件疲劳裂纹加载结果

由试件疲劳裂纹加载结果，可以得到强度因子变化与裂纹扩展速率之间的关系。由此，不仅可以得到 TS2 和 TS3 试件强度因子与扩展速率的关系，还可以验证前文预测模型的准确性。

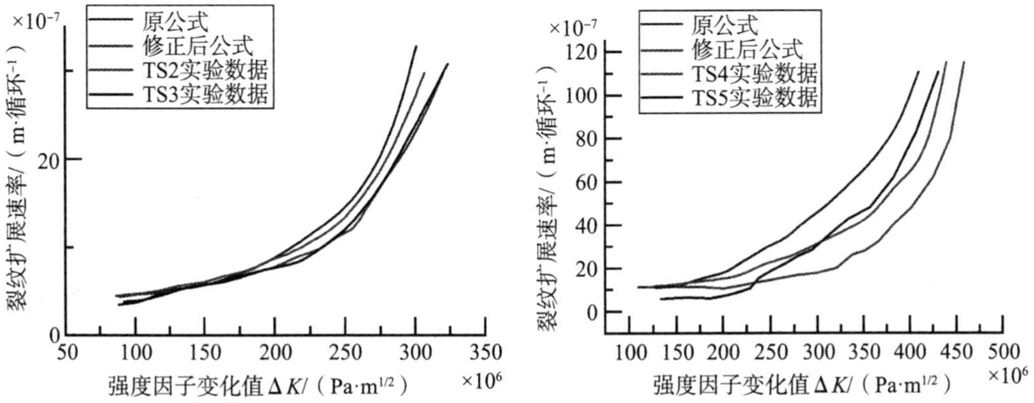

图 9-11　实验数据与公式比较

由图 9-11 可以看出，根据实验数据与公式的拟合结果，修正后的 Paris 公式与实验数据的拟合效果更好，相对于原 Paris 公式，更贴合 6061 铝合金疲劳裂纹的扩展速率，对

疲劳裂纹的扩展速率预测精度更高。因此，修正后的 Paris 公式是可行的，可以实现对疲劳裂纹扩展速率的预测，并且效果要比传统的 Paris 公式好。

9.4 基于导波信号的监测方法研究

导波的传播速度与频率和厚度有关，在传播过程中能量逐渐衰减，且在结构突变处会出现衍射和反射。而在疲劳裂纹的监测过程中，监测当前状态和健康状态下不同的导波信号，提取表征裂纹变化的损伤因子，进而对裂纹的长度和状态进行判断。

9.4.1 导波信号分析

图 9-12 为实验试件的健康状态，此时裂纹还没有产生，只有 3 mm 长的预制切槽。当传感器 S1 激励时，S2、S3 和 S4 传感器同时接收信号，而由于 S3 传感器接收的信号不直接经过裂纹，S2 和 S4 传感器接收的信号直接穿过裂纹，且发生了较大的变化，因此 S3 接收的信号不做分析。

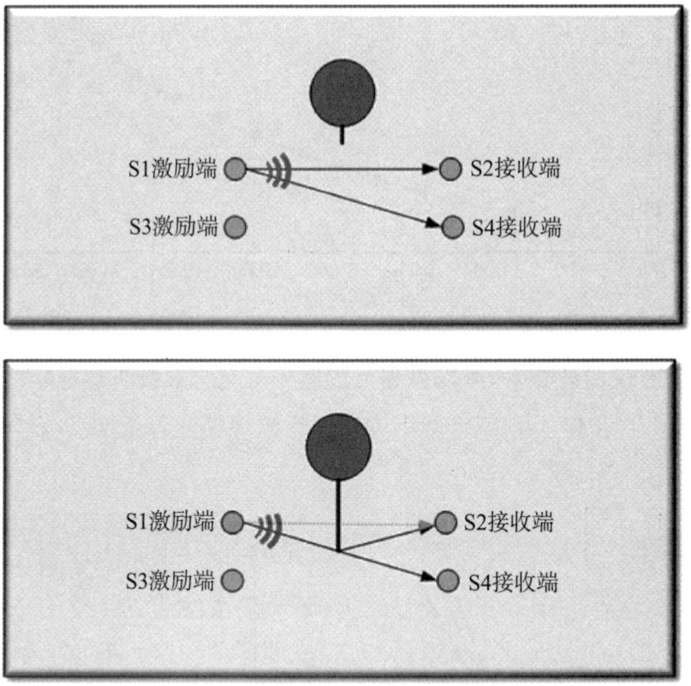

图 9-12 裂纹扩展初期的导波信号；裂纹扩展之后的导波信号变化

当裂纹扩张到一定长度之后，S2 接收的信号就不仅是 S1 端直达路径的导波信号，还有一部分信号在裂纹的底端经过反射被 S2 接收到。此时的信号是直达波和反射波的结合，但由于反射波传播的距离远，因此反射波的波达时刻要比直达波晚一些。

此外，在裂纹的整个扩展过程中，不仅 S1 端进行信号的激励，S3 端也进行信号的激励，且两者激励的信号频率一样，都是 150 kHz。在扩展初期，裂纹没有扩展到 S3－S4 的直达路径上，对于 S3 激励，S4 接收的信号理论上差别不明显。随着裂纹的扩展，S4 接收的信号差别会更加明显。而至于如何变化，以及与裂纹长度的关系，与 S1 激励－S2

接收有什么差异，还需要根据实验数据作进一步的分析。

得到裂纹的导波信号，还需要对导波信号进行处理，进而提出表征裂纹的损伤因子。在传感器接收的信号中，直达波最为完整且受其他信号的干扰较小。随着裂纹的扩展，直达波的变化也最为明显，虽然有反射波的出现，但反射波的波达时刻要晚于直达波，且反射波有多种形式，可能是因裂纹引起的反射，也可能是边界造成的反射，难于区分。因此直达波最具有代表性，容易区分且最能反映裂纹的变化。在此基础上，以直达波为基础进行裂纹的监测。在健康状态下，传感器接收到的信号幅值最大，损失的能量最少。随着裂纹长度的增长，直达波损失的能量增加，传感器接收到的信号幅值则会降低。因此，基于信号幅值提出"信号幅值差"损伤因子的定义：

$$\text{“信号幅值差”损伤因子}=\left(\frac{\text{参考信号幅值}-\text{当前值号幅值}}{\text{参考信号幅值}}\right)^{\alpha} \tag{9-16}$$

式中，α 是一个经验系数，大小为。得到了"信号幅值差损伤因子"，还需要确定一个指标来征裂纹的扩展状态，这就需要定义损伤程度。提前加工了 3 mm 长的预制切槽，试件已经产生了损伤，因此裂纹的损伤程度为

$$\text{损伤程度}=\frac{3+\text{当前裂纹长度}}{\text{试件宽度}}\times 100\% \tag{9-17}$$

下面就是要构建损伤因子与损伤程度之间的联系，以表征裂纹扩展的状态变化。

9.4.2 导波信号提取处理

实现裂纹扩展的研究必须依靠导波信号的特征，因此需要对导波进行有效的提取处理。当裂纹扩展到一定长度时，会进行 4 次信号检测，S1 到 S4 传感器分别激励一次，共采集到 12 组接收信号。

图 9-13 为 S1 激励，S2、S3 和 S4 接收的导波信号。S1 激励的是一个 5 周期，150 kHz 的信号，除了波包外，其他位置导波信号幅值为零，可见该激励信号是一个稳定的激励信号，并没有其他干扰。而 S2 传感器在直达波到达之前就发生了无规律的信号变化，这是明显的噪音信号，会对直达波的信号有所影响。整个实验是在同一环境下进行的，参考状态下监测到的信号也难免会有噪音信号的出现，噪音信号的幅值相对较小。此外提出的"信号幅值差"损伤因子是与参考状态的信号作差值，两者可以相互抵消，因此忽略不计。S3 接收到的信号是最为完整的 5 周期波包，因为该路径不经过裂纹，所以影响较小。而 S4 接收的信号较为复杂，该信号是明显的直达波与反射波的叠加，所以波形没有规律，同时对裂纹扩展的指导意义也不大，因此不计交叉路径下的导波信号，即 S1 激励－S4 接收和 S3 激励－S4 接收的导波信号。

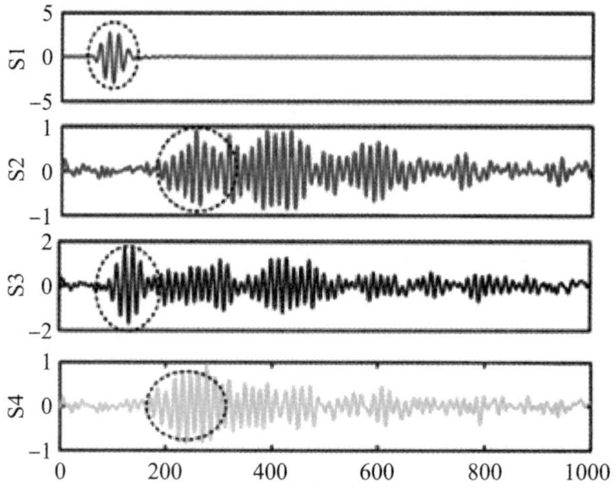

图 9-13　S1—S4 传感器导波信号

接收信号的直达波到达时刻不一致，这是与 S1 激励信号的距离不一致引起的。而在直达波之后，后面又有许多不同的波包，这些波包均是由反射引起的。而在导波的信号分析中，直达波最具有表征意义，因此将对信号进行处理，只留下直达波对裂纹进行分析。

对导波信号进行处理，提取在不同损伤程度下的导波信号。0 裂纹损伤代表着激励信号，由于预制切槽的存在，因此中 3.3%裂纹损伤就代表着参考信号，由于其导波信号一样，因此并未在图中体现。由 TS2 和 TS5 试件不同损伤程度下的导波信号可以看出，大部分导波信号完整，但有小部分导波波形不完整，这是由于噪音干扰以及反射波导致的。由于损伤因子是参考信号和当前信号的差值计算，因此可以减少噪音以及反射波的影响。此外，随着裂纹长度的增长，导波在裂纹上的反射变多，能量损失加重，导波信号的幅值依次下降，基于此关系可以构建损伤因子与裂纹损伤程度的关系。

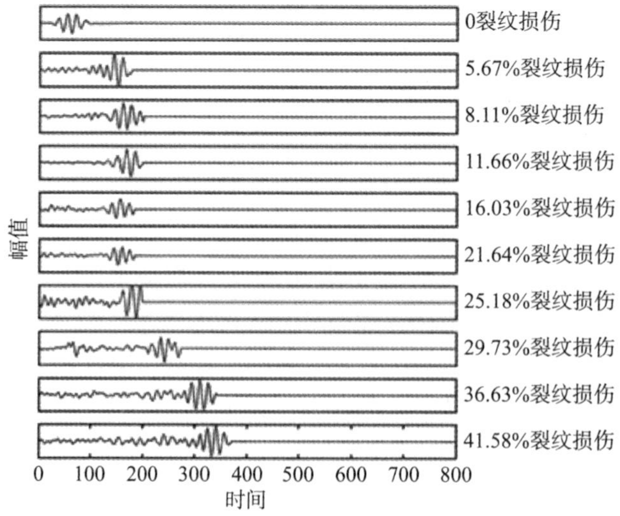

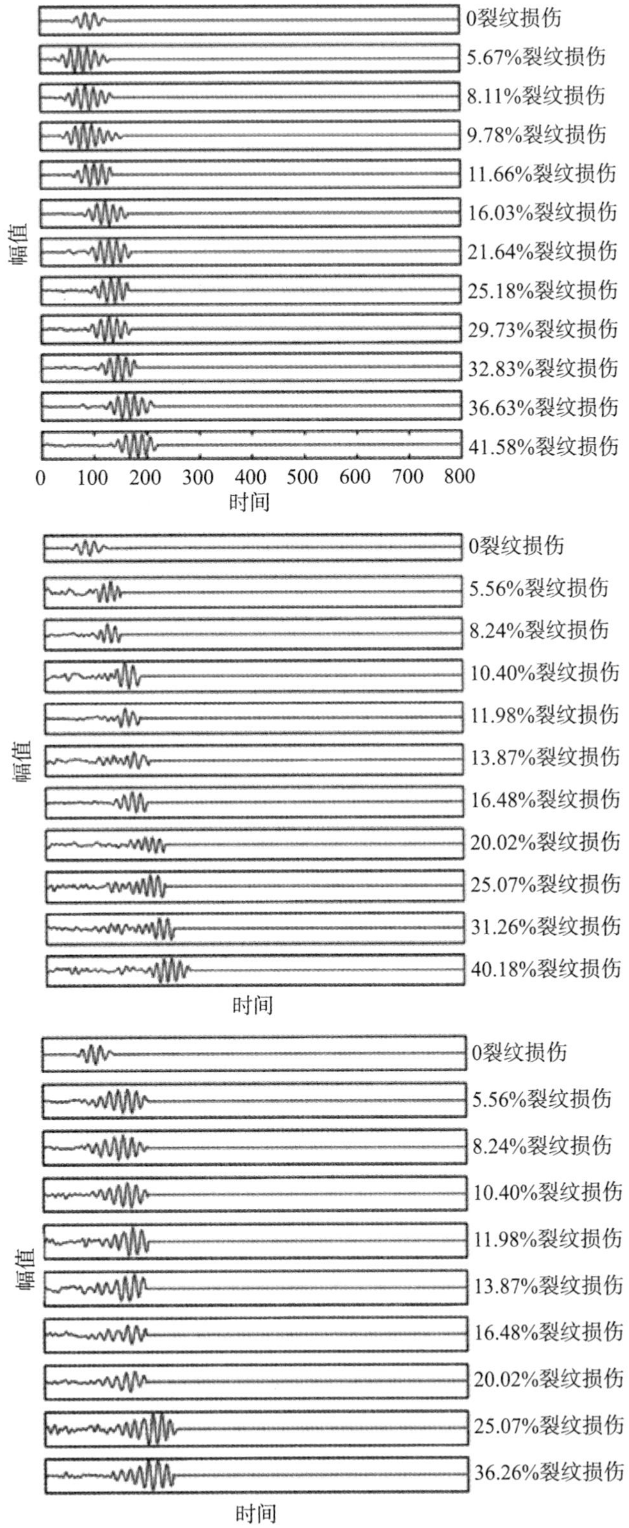

图 9-14　幅值与裂纹关系

图 9-14 为试件损伤因子与损伤程度的关系图。从整体上来看，提出的“信号幅值

差"损伤因子很好的表征了裂纹的损伤程度,与裂纹的损伤程度拟合关系较好。同时从图中也可以看出,随着裂纹的损伤因子到达 0.85 左右,裂纹损伤程度的变化加快,这说明裂纹在该阶段进入了一个快速扩展的过程。

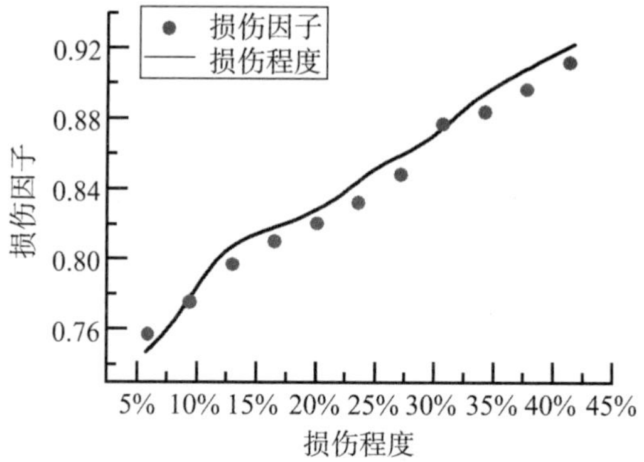

图 9-15 损伤程度与损伤因子的关系

对比相同试件中的不同路径,可以明显看出 S3－S4 路径下损伤因子与损伤程度的拟合关系要好。这是由于在 S1－S2 路径上方存在一个圆形通孔和预制切槽,该通孔距离 S1－S2 路径较近,S2 接收的信号部分是由圆形通孔反射而来,这就干扰了直达路径下的导波信号。此外,切槽的宽度要比疲劳裂纹宽很多,这也影响了 S2 接收到的导波信号。而 S3－S4 路径距离通孔和预制切槽较远,受干扰较小,因此损伤因子与损伤程度的拟合关系相对较好。

由以上的实验结果可知,采取 S3 激励－S4 接收的方式更容易监测疲劳裂纹的扩展状态,且监测效果良好。而要实现裂纹状态的实时监测,除了利用导波信号得到损伤因子外,还需要建立数学方程,以拟合损伤因子与裂纹损伤程度的关系。为了验证方程的拟合效果,将上述方程分别带入相应试件不同状态下的损伤因子,计算得到裂纹损伤程度,进而得到了他们的标准偏差。

第 10 章　相关仿真方法简介

10.1　基于 ANSYS_APDL 的压电多物理场仿真

10.1.1 模型尺寸及参数

设置三维模型的尺寸为 600 mm×600 mm×16 mm(长×宽×高)，材料选择为铝板。在铝板表面设置两个压电陶瓷，尺寸为 8 mm×8 mm×2 mm(长×宽×高)，材料设置为 PZT-5A，以铝板左下角为原点，两个压电片的中心位置分别在(300，300)和(300，500)处。具体模型如图 10-1 所示。

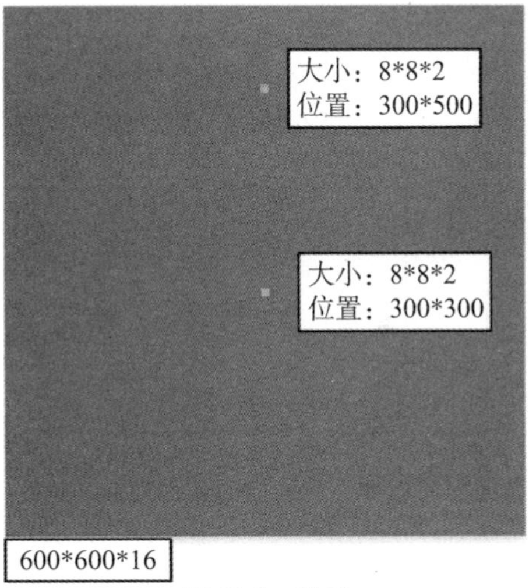

图 10-1　模型

所用到的材料参数如表 10-1 至表 10-3 所列：

表 10-1　钢、铝、**PZT-5A** 的参数

材料	45＃钢	PZT-5A	铝
密度/(kg/m^3)	7800	7750	2700
杨氏模量 E/(N·m^2)	2.1×10^{11}	7.65×10^{10}	7.1×10^{10}
泊松比 μ	0.3	0.32	0.33

表 10-2　PZT-5A 的相对介电常数

ε_{rX}^{T}	ε_{rY}^{T}	ε_{rZ}^{T}
919.1	919.1	826.6

表 10-3　**PZT-5A** 的压电常数

	X	Y	Z
X	0	0	−5.3512
Y	0	0	−5.3512
Z	0	0	15.784
XY	0	0	0
YZ	0	12.259	0
XZ	12.259	0	0

压电材料的弹性常数如表 10-4 所列：

表 10-4　**PZT-5A** 的弹性常数

c_{11}	1.2035×10^{11}	c_{23}	7.509×10^{10}	c_{36}	0
c_{12}	7.5179×10^{10}	c_{24}	0	c_{44}	2.1053×10^{10}
c_{13}	7.509×10^{10}	c_{25}	0	c_{45}	0
c_{14}	0	c_{26}	0	c_{46}	0
c_{15}	0	c_{33}	1.1087×10^{11}	c_{55}	2.1053×10^{10}
c_{16}	0	c_{34}	0	c_{56}	0
c_{22}	1.2035×10^{11}	c_{35}	0	c_{66}	2.2584×10^{10}

ansys 中参数输入根据极化方向得不同，各参数在 ansys 中得输入顺序给出如下。

关于 Z 轴极化，xy 方向材料参数相同

$$c=\begin{bmatrix} c_{11}^{E} & c_{12}^{E} & c_{13}^{E} & 0 & 0 & 0 \\ c_{12}^{E} & c_{11}^{E} & c_{13}^{E} & 0 & 0 & 0 \\ c_{13}^{E} & c_{13}^{E} & c_{33}^{E} & 0 & 0 & 0 \\ 0 & 0 & 0 & c_{66}^{E} & 0 & 0 \\ 0 & 0 & 0 & 0 & c_{44}^{E} & 0 \\ 0 & 0 & 0 & 0 & 0 & c_{44}^{E} \end{bmatrix} e=\begin{bmatrix} 0 & 0 & e_{31} \\ 0 & 0 & e_{32} \\ 0 & 0 & e_{33} \\ 0 & 0 & 0 \\ 0 & e_{15} & 0 \\ e_{15} & 0 & 0 \end{bmatrix} \varepsilon=\begin{bmatrix} \varepsilon_{11} & & \\ & \varepsilon_{11} & \\ & & \varepsilon_{11} \end{bmatrix} \tag{10-1}$$

关于 Y 轴极化，xz 方向材料参数相同

$$c=\begin{bmatrix} c_{11}^E & c_{13}^E & c_{12}^E & 0 & 0 & 0 \\ c_{13}^E & c_{33}^E & c_{13}^E & 0 & 0 & 0 \\ c_{12}^E & c_{13}^E & c_{11}^E & 0 & 0 & 0 \\ 0 & 0 & 0 & c_{44}^E & 0 & 0 \\ 0 & 0 & 0 & 0 & c_{44}^E & 0 \\ 0 & 0 & 0 & 0 & 0 & c_{66}^E \end{bmatrix} e=\begin{bmatrix} 0 & e_{31} & 0 \\ 0 & e_{33} & 0 \\ 0 & e_{31} & 0 \\ e_{15} & 0 & 0 \\ 0 & 0 & e_{15} \\ 0 & 0 & 0 \end{bmatrix} \varepsilon=\begin{bmatrix} \varepsilon_{11} & & \\ & \varepsilon_{33} & \\ & & \varepsilon_{11} \end{bmatrix} \tag{10-2}$$

关于 X 轴极化，yz 方向材料参数相同

$$c=\begin{bmatrix} c_{33}^E & c_{13}^E & c_{13}^E & 0 & 0 & 0 \\ c_{13}^E & c_{11}^E & c_{12}^E & 0 & 0 & 0 \\ c_{13}^E & c_{12}^E & c_{11}^E & 0 & 0 & 0 \\ 0 & 0 & 0 & c_{44}^E & 0 & 0 \\ 0 & 0 & 0 & 0 & c_{66}^E & 0 \\ 0 & 0 & 0 & 0 & 0 & c_{44}^E \end{bmatrix} e=\begin{bmatrix} e_{33} & 0 & 0 \\ e_{31} & 0 & 0 \\ e_{31} & 0 & 0 \\ 0 & e_{15} & 0 \\ 0 & 0 & 0 \\ 0 & 0 & e_{15} \end{bmatrix} \varepsilon=\begin{bmatrix} \varepsilon_{33} & & \\ & \varepsilon_{11} & \\ & & \varepsilon_{11} \end{bmatrix} \tag{10-3}$$

10.1.2 总体流程

（1）新建分析文件

新建分析文件即创建 job 文件，选择 Mechanical APDL Product Launcher 应用，其中 Simulation Environment 选择 ANSYS，License 选择 ANSYS Multiphysics，多物理场环境，Working directory：定义文件夹位置，Job name：设定文件名（建议日期＋序号，如 20200210－01）。

（2）选择单元类型

“/prep7”命令：进入前处理单元。

“finish”命令：退出当前处理器。

“ET”命令：从单元库中定义一个单元类型。

使用格式：ET，ITYPE，Ename，KOP1，KOP2，KOP3，KOP4，KOP5，KOP6，INOPR

其中：

ITYPE：单元类型参考号，一般按从小到大的整数进行设置，省略则为当前的最大单元类型号再加 1。

Ename：单元库中的单元名称，例如 solid185，其前缀 solid 为单元类别，说明这个单元为 3D 实体单元，185 为数字编号。

KOP1～KOP6：单元描述选项，此值在单元库中有明确的定义，可以参考单元手册或用 KEYOPT 命令进行设置。

INOPR：如果此值为 1，不输出该类单元的所有结果。

(3) 定义材料属性

材料属性与单元类型无关,但大多数单元需要定义材料属性以计算单元刚度。在ANSYS中每一组材料属性有一个材料参考号,该参考号是唯一的,用于识别各个材料特性组。一个模型中可以有多种材料特性组,即可用多种材料。对于铝板的solid185单元需要定义弹性模量/柏松比/密度;对于压电陶瓷的solid226单元需要定义密度/介电常数/压电矩阵/弹性系数矩阵。

"MP"命令:定义线性材料属性。

使用格式:MP,Lab,MAT,C0,C1,C2,C3,C4

其中:

Lab:为材料性能标识,有多种取值,ET为弹性模量,PRXY为主泊松比(也可以是PRYZ、PRXZ),DENS为质量密度。

MAT:材料参考号,若省略则为当前的MAT号。

C0:材料的属性值。

C1～C4:如果材料属性值是温度的多项式函数,C0则为常数项,C1～C4为多项式一次到四次项系数。

"TB"命令:激活非线性材料属性的数据表。

使用格式:TB,Lab,MAT,NTEMP,NPTS,TBOPT,EOSOPT

其中:

Lab:为数据表类型,类型有很多,如pize为压电性能,可以定义压电矩阵,anel为各向异性弹性,可以直接定义弹性矩阵。

MAT:材料参考号,若省略则默认为1。

NTEMP与NPTS为与温度有关的参数,在本例中为缺省。

EOSOPT:指定使用的状态模型方程,当Lab为EOS的显式动力分析时才适用。

"TBDATA"命令:定义TB数据表中的数据。

使用格式:TBDATA,STLOC,C1,C2,C3,C4,C5,C6

其中:

STLOC:输入数值在数据表的起始位置。

C1～C6:从起始位置开始赋给六个位置的数据值。

(4) 建模

建模相关的命令有很多,本例中只需要创建板模型和压电陶瓷模型,且为了便于网格划分,压电陶瓷建模时设置为简单几何形状。

"RECTNG"命令:通过两个角点的坐标创建矩形。

使用格式:RECTNG,X1,Y1,X2,Y2

其中:

X1,X2,Y1,Y2分别为两个点的横纵坐标。

(5) 模型离散化

模型离散化是将建立的连续模型划分成有限个单元，网格划分过程可以选择设置线段或者直接智能划分即可。

“LESIZE”命令：线的单元尺寸定义。

使用格式：

LESIZE，NL1，SIZE，ANGSIZE，NDIV，SPACE，KFORC，LAYER1，LAYER2，KYNDIV

其中：

NL1：线编号，若要选择所有线段则可为 ALL。

SIZE：若 NDIV 为空，则 SIZE 即为要划分的单元的边长，若此项为 0，单元尺寸则由 ANGSIZ 或 NDIV 来确定。

ANGSIZE：将曲线分割为许多角度，按此角度划分线段。

NDIV：每条线段的分段数.

SPACE：分段的间隔比率，正值表示最后一段长度与第一段长度之比，若为负值，则其绝对值表示中间分段长度与两端分段长度之比。

KFORC：修改线分段控制参数，仅用于 NL1 为 ALL 时。其值为 0 时只修改没有指定划分段的线修改，为 1 时修改所有的线段，为 2 时修改分段数小于此命令设定值的线，为 3 时修改划分段数大于此命令的线，为 4 时修改 SIZE、ANGSIZE、NDIV、SPACE、LAYER1、LAYER2 不为 0 的线。

LAYER1、LAYER2：分别为控制内层网格和外层网格厚度的参数。

KYNDIV：决定自由网格划分的 SMRTSIZE 是否有效，为 0 时表示 SMRTSIZE 设置无效，为 1 时表示 SMRTSIZE 设置优先。

“VATT”命令：设置体的单元属性。

使用格式：VATT，MAT，REAL，TYPE，ESYS

其中：

MAT、REAL、TYPE、ESYS 分别为材料号，实常数号、单元类型号、坐标系编号。

“VMESH”命令：在几何体上生成体单元。

使用格式：VMESH，NV1，NV2，NINC。

其中：

NV1、NV2、NINC 分别为体编号范围和编号增量。

“NUMMRG”命令：合并相同或等同定义的项。

使用格式：NUMMRG，Label，TOLER，GTOLER，Action，Switch

其中：

Label：为要合并的项目，可以是 NODE，ELEM 等。

TOLER：一致的范围。对于 Label＝NODE 和 KP，默认为 1.0E-4(基于节点或关键点之间的最大笛卡尔坐标差)。对于 Label＝MAT，REAL，SECT 和 CE，默认为 1.0E-7

（基于值规范化的值的差异）。仅合并范围内的项。

GTOLER：全局实体模型公差——仅在合并附加到直线上的关键点时使用。

Action：指定是否合并或选择一致项。

Switch：指定合并操作后是否保留编号最低或最高的符合项。此选项不适用于关键点；也就是说，对于 Label＝KP，无论 Switch 设置如何，都会保留编号最低的关键点。

（6）电极耦合

将所有活动节点选中，选定节点耦合电压，并选取此处耦合组中一个节点号储存为指定参数，然后手动设置参数等于该节点序号。

“NSEL”命令：选择一组节点。

使用格式：NSEL，Type，Item，Comp，VMIN，VMAX，VINC，KABS

其中：

Type：选择类型标识，其值为 S 时表示从所有节点中选择一组新的节点子集为当前子集，为 R 时表示从当前子集中在选择一组节点形成新的子集，为 A 时表示从所有节点中另外选择一组节点子集添加到当前子集中，为 U 时表示从当前子集中去掉一组节点子集，为 ALL 时表示，重新选择当前子集为所有节点，为 NONE 时表示当前子集为空集，，为 INVE 时表示选择与当前子集相反的部分作为新的当前子集，为 STAT 时表示显示当前子集状态。

Item、Comp：为有效项目和组合标识，Item 可填内容很多，有 NODE，EXT，LOC，ANG 等，当其值为 LOC 时表示在当前坐标系中选择节点，对应的 Comp 值则为 X，Y，Z，即坐标值。

VMIN：选择项目范围的最小值。

VMAX：选择项目范围的最大值。

VINC：在选择范围内的增量。

KABS：控制值的正负，若为 1，则选择时使用绝对值，若为 0，则在选择时会检查选择值的符号。

“CP”命令：指定或修改一个耦合自由度集。

使用格式：CP，NSET，Lab. NODE1，NODE2，NODE3，NODE4，NODE5，NODE6

其中：

NSET：设置耦合自由度集的编号。

Lab：将要耦合的自由度标签，本例中的标签为 VOLT，即将选中节点的电压值耦合。

NODE1～NODE6：节点编号，要耦合的节点可以通过 NSEL 命令先进行选择，然后在此位置之间填写 ALL 即可。

“＊GET”命令：选定一个值并进行储存。

使用格式：＊GET，Par，Entity，ENTNUM，Item1，IT1MUM，Item2，IT2NUM

其中：

Par：用户指定的参数值，用于储存返回值。

Entity：要返回项的关键词，如 NODE 即返回节点上的某个值。

ENTNUM：实体编号。

Item1，IT1MUM，Item2，IT2NUM：某个图素的项目及其编号。

(7) 约束和加载

约束铝板两个顶点的底面节点全约束，设置两传感器地面电压为零，则上表面的电压变化即为接收到的信号。定义激励电压参数矩阵。

“D”命令：在节点上施加自由度约束。

使用格式：D，NODE，Lab，VALUE，VALUE2，NEND，NINC，Lab2，Lab3，Lab4，Lab5，Lab6

其中：

NODE：要施加约束的节点编号。

Lab：自由度标签，如果为 ALL，则为所有适宜的标签名。如结构标签：UX，UY，UZ 为位移标签，VOLT 为电压标签。

VALUE：自由度值。

VALUE2：第二个自由度值。

NEDE、NINC：对从 NODE 到 NEND 的节点指定同样的约束，NINC 为增量值。

Lab2～Lab6：额外的自由度标签。

“＊DIM”命令：定义一个数组参数。

使用格式：＊DIM，Par，Type，IMAX，JMAX，KMAX，Var1，Var2，Var3，CSYSID

其中：

Par：用户指定的参数名。

Type：数组类型。有四种类型：数值型数组“ARRAY”、表格型数组“TABLE”、字符型数组“CHAR”、字符串型数组“STRING”。本例采用数值型数组，其行标、列标和页必须是以开始的连续整数。

IMAX、JMAX、KMAX：行、列、页的范围，默认为 1。

Var1、Var2、Var3：对表格类型发，分别为行、列、页对应的变量名。

CSYSID：与坐标系统的 ID 编号相对应的整数。

“＊VREAD”命令：从文件中读取数据，并将其填充到指定数组。

使用格式：＊VREAD，ParR，Fname，Ext，——，Lable，n1，n2，n3，NSKIP

其中：

ParR：＊DIM 命令中指定的要填充的数组向量的名称。

Fname：文件名和目录路径(最多 248 个字符，包括目录路径所需的字符)。未指定的目录路径默认为工作目录。

Ext：文件扩展名(最多 8 个字符)。

Lable:表示对数组 ParR 写入的顺序。如 IJK 表示先写列再写行(先 K,再 J,再 I;对于二维数组,先写列,下标 J 改变最快),JIK 表示先写行再写列(先 K,再 I,再 J;对于二维数组,先写行,下标 I 改变最快)。

n1、n2、n3:表示按 Label 的顺序,各下标分别要写入的数据个数,如 JIK,5,6 表示对 ParR 按行写入,共写 5 列(对应 J)6 行(对应 I),即三个数按顺序分别对应 Label 中的三个标识符(例如:KIJ - n1 对应 K、n2 对应 I、n3 对应 J,n2、n3 默认为 1)。

NSKIP:读取文件开头将在读取过程中跳过的行数。默认值=为 0。

(8) 求解

声明分析类型,定义求解范围,选择求解单元范围,并设置保存项目。

"CM"命令:将几何图形项分组到一个组件中。

使用格式:CM,Cname,Entity,——,KOPOT

其中:

Cname:用于标识此组件的字母数字名称。

Entity:标识要分组的几何项目类型的标签,本例中为节点。

KOPOT:控制在非线性网格自适应分析过程中元素成分内容的更新方式,此参数仅适用于使用 Entity=ELEM 的非线性网格自适应分析,并且仅适用于实体单元组件,本例中缺省即可。

"TINTP"命令:定义瞬态集成参数。

使用格式:TINTP,GAMMA,ALPHA,DELTA,THETA,OSLM,TOL,——,——,AVSMOOTH

其中:

GAMMA:二阶瞬态积分的振幅衰减因子,默认为 0.005。

ALPHA:二阶瞬态积分参数(仅在 GAMMA 为空白时使用)。默认为 0.2525。

DELTA:二阶瞬态积分参数(仅在 GAMMA 为空白时使用)。默认为 0.5050。

THETA:一阶瞬态积分参数。

OSLM:指定一阶瞬态的自动时间步进的振荡极限准则。

TOL:OSLM 的公差,默认为 0。

AVSMOOTH:光滑选项,若为 0 则包括平滑速度(一阶系统)或加速度(二阶系统)(默认),若为 1 则不作光滑处理。

在瞬态压电分析中,这个命令中的 ALPHA 要输入 0.25,DELTA 要输入 0.5,THETA 要输入 0.5。

"ANTYPE"命令:指定分析类型和重启动状态。

使用格式:ANTYPE,Antype,Status,LDSTEP,SUBSTEP,Action,——,PRELP

其中:

Antype:为分析类型(默认为先前指定的分析类型,如果未指定则为静态分析)。为 0 时为静态分析,适用于所有的自由度;为 1 时为稳态分析,仅对结构自由度有效;为 2

时为模态分析，仅对结构和流体自由度分析有效；为 3 时为谐响应分析，仅对结构、流体、磁场和电场的自由度有效；为 4 时为瞬态分析，对所有的自由度有效；为 7 时为子结构分析，对所有的自由度有效；为 8 时为谱分析，对所有的自由度有效。

Status：指定分析的状态（新建或重新启动），为 NEW 时指定一个新的分析（默认），为 RESTART 时指定重新启动先前的分析。

LDSTEP：在开始多点重启前指定载荷子步数，对于完整的瞬态和非线性静态分析，默认值是当前工作目录下，在以当前工作文件名命名的载荷步文件“Jobname. Rnnn”中找到的最高载荷步长。

SUBSTEP：指定多点重启动开始的子步骤。

Action：指定多点重启动的方式。

PRELP：指示是否进行后续线性扰动的标志

“TRNOPT”命令：指定瞬态分析选项。

使用格式：TRNOPT，Method，MAXMODE，——，MINMODE，MCFwrite，TINTOPT

其中：

Method：瞬态分析的求解方法：FULL（完全法）、REDUC（减缩法）、MSUP（模态重叠法）、VT（变更技术法）。

MAXMODE：计算响应的最大模态数（对于 Method＝MSUP）。默认为在前面的模态分析中计算的最高模态。

MINMODE：要使用的最小模式数（对于 Method＝MSUP）。默认为 1。

MCFwrite：模态坐标输出键到 Jobname. MCF 文件（仅对模式叠加方法有效）。默认不输出模态坐标。

TINTOPT：瞬态分析的时间积分法，为 0 时为 Newmark 算法，也是默认算法；为 1 时为 HHT 算法，此时仅对全瞬态方法有效。

“TIMINT”命令：打开瞬态效应。

使用格式：TIMINT，Key，Lab

其中：

Key：瞬态效应开关，为 ON 时包含瞬态效应，为 OFF 时不使用瞬态效应。

Lab：自由度标签：若为 ALL，将瞬态效应应用于所有适当的标签（默认值）；为 STRUC 时适用于结构自由度；为 THERM 时适用于热自由度；为 ELECT 时适用于电场的自由度；为 MAG 时适用于磁场的自由度；为 FLUID 时适用于流体的自由度。

“TIME”命令：设置载荷步的时间。

使用格式：TIME，TIME

其中：

TIME：指定载荷部结束的时间

“*DO”命令：标志着循环的开始；*ENDDO 命令：标志着循环的结束。

使用格式：*DO，Par，IVAL，FVAL，INC

其中：

Par：要用作循环的标量参数的名称。

IVAL、FVAL、INC：分别为循环变量的初值、终值、增量。

“SOLVE”命令：开始一个解决方案。

(9) 后处理查看结果

查看应变云图或输出指定节点的应变值。

“POST26”命令：进入时间历程后处理。

10.1.3 命令流解析

```
finish $ /clear                                  ! 退出当前处理器，清空数据
length=4000                                      ! 定义参数 length
/config,nres,length+1                            ! 定义参数 nres
/prep7                                           ! 调用前处理单元
/units,si                                        ! 采用公 1 制单位
et,1,solid185                                    ! 定义 3D 实体元 solid185
mp,ex,1,7.1e10                                   ! 定义材料弹性模量
mp,prxy,1,0.33                                   ! 定义材料主泊松比
mp,dens,1,2700                                   ! 定义材料质量密度
et,2,solid5,3                                    ! 定义耦合单元 solid5
mp,dens,2,7500
mp,perx,2,1704.4                                 ! k11X 介质常数
mp,pery,2,1704.4                                 ! k11Y 介质常数
mp,perz,2,1433.6                                 ! k33Z 介质常数
tb,piez,2,,,0                                    ! 定义压电应力矩阵[e]
tbdata,12,6.62281                                ! 压电常数 E43
tbdata,13,17.0345                                ! 压电常数 E51
tbdata,17,17.0345                                ! 压电常数 E62
tb,anel,2,,,0                                    ! 定义结构表
tbdata,1,1.27205e11,8.02122e10,8.46702e10        ! 矩阵输入
tbdata,7,1.27205e11,8.46702e10
tbdata,12,1.17436e11
tbdata,16,2.34742e10
tbdata,19,2.29885e10
tbdata,21,2.29885e10
et,3,solid5,3
mp,dens,3,7500
mp,perx,3,1704.4                                 ! k11
mp,pery,3,1704.4                                 ! k11
mp,perz,3,1433.6                                 ! k33
```

```
tb,piez,3,,,0                                        ! 定义压电应力矩阵[e]
tbdata,16,17.0345                                    ! E61 压电常数
tbdata,14,17.0345                                    ! E52 压电常数
tbdata,3,-6.62281                                    ! E13 压电常数
tbdata,6,-6.62281                                    ! E23 压电常数
tbdata,9,23.2403                                     ! E33 压电常数
tb,anel,3,,,0                                        ! 定义结构表
tbdata,1,1.27205e11,8.02122e10,8.46702e10            ! 输入[c]矩阵
tbdata,7,1.27205e11,8.46702e10
tbdata,12,1.17436e11
tbdata,16,2.34742e10
tbdata,19,2.29885e10
tbdata,21,2.29885e10
block,0,0.6,0,0.6,0,0.0016                           ! 建立一个长方体,以对顶角的坐标为参数
block,0.296,0.304,0.296,0.304,0.0016,0.0018
block,0.296,0.304,0.496,0.504,0.0016,0.0018
lesize,1,,,300                                       ! 为线指定网格尺寸
lesize,2,,,300
lesize,3,,,300
lesize,4,,,300
lesize,5,,,300
lesize,6,,,300
lesize,7,,,300
lesize,8,,,300
lesize,9,,,1
lesize,10,,,1
lesize,11,,,1
lesize,12,,,1
lesize,13,,,4
lesize,14,,,4
lesize,15,,,4
lesize,16,,,4
lesize,17,,,4
lesize,18,,,4
lesize,19,,,4
lesize,20,,,4
lesize,21,,,1
lesize,22,,,1
lesize,23,,,1
```

```
lesize,24,,,1
lesize,25,,,4
lesize,26,,,4
lesize,27,,,4
lesize,28,,,4
lesize,29,,,4
lesize,30,,,4
lesize,31,,,4
lesize,32,,,4
lesize,33,,,1
lesize,34,,,1
lesize,35,,,1
lesize,36,,,1
vatt,1,,1                              ! 指定体的单元属性
vmesh,1                                ! 划分体生成体单元
vatt,3,,3
vmesh,2,3,1
nummrg,node,1.0E-8                     ! 节点合并
alls                                   ! 选中全部
nsel,s,loc,z,0.0018                    ! 根据坐标选节点
nsel,r,loc,x,0.296,0.304
nsel,r,loc,y,0.296,0.304
cp,1,volt,all                          ! 定义或改变耦合节点自由度
*get,EN1,node,,num,min                 ! 最小节点坐标储存在 EN1 变量中
alls
nsel,s,loc,z,0.0016
nsel,r,loc,x,0.296,0.304
nsel,r,loc,y,0.296,0.304
cp,2,volt,all
*get,EN2,node,,num,min
alls
alls
nsel,s,loc,z,0.0018
nsel,r,loc,x,0.296,0.304
nsel,r,loc,y,0.496,0.504
cp,3,volt,all
*get,EN3,node,,num,min
alls
nsel,s,loc,z,0.0016
```

```
nsel,r,loc,x,0.296,0.304
nsel,r,loc,y,0.496,0.504
cp,4,volt,all
*get,EN4,node,,num,min
alls
finish
*dim,exci,table,length                  ! 定义数组
*tread,exci,volt160k,'txt',,            ! 读取数据
*dim,wave,array,length,3
/solu                                   ! 保存模型及求解数据
d,602,all                               ! 约束节点自由度
d,302,all
d,EN2,volt,0                            ! 约束 EN2 耦合组电压为 0
d,EN4,volt,0
nsel,s,loc,x,0.1,0.51
nsel,r,loc,y,0.1,0.51
nsel,u,loc,z,0
cm,node_output,node                     ! 定义组元,将几何元素分组形成组元
tintp,,0.25,0.50,0.50                   ! 定义瞬态积分参数
antype,trans                            ! 声明分析类型,即欲进行哪种分析
trnopt,full                             ! 指定瞬态分析选项
timint,on                               ! 打开瞬态效应
*do,j,1,3000
  time,j*0.0000001
  d,EN1,volt,exci(j)                    ! 中心传感器上表面激励
/solve
  solve
finish
*enddo                                  ! 循环结束
```

(8) 后处理模块

1) 通用后处理 Main Menu>general postpro

读取每个子步的求解结果,查看每一步的变形情况,如图 10-2 所示。

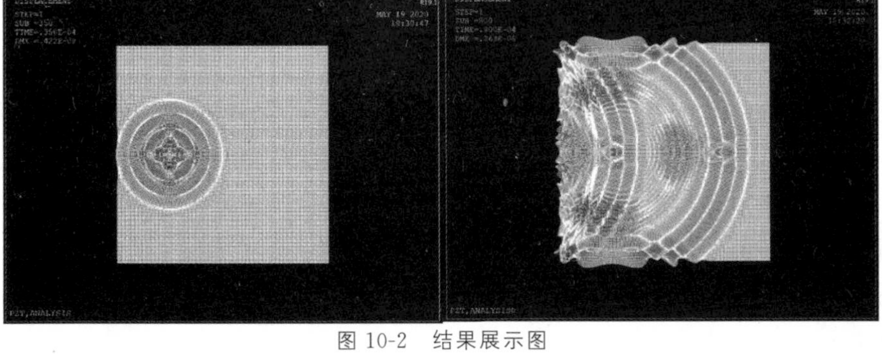

图 10-2　结果展示图

2）时间后处理模块 Main Menu>Timehist postpro，如图 10-3 所示。

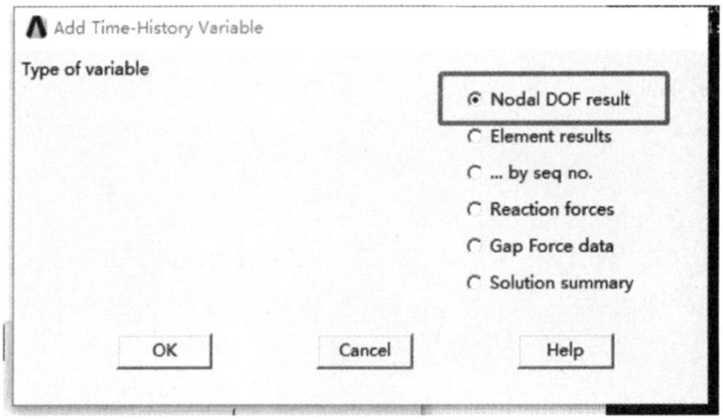

图 10-3　时间历程变量

打开变量查看器，读取节点自由度，可以选中变量后，绘图或导出等操作，结果如图 10-4 所示。

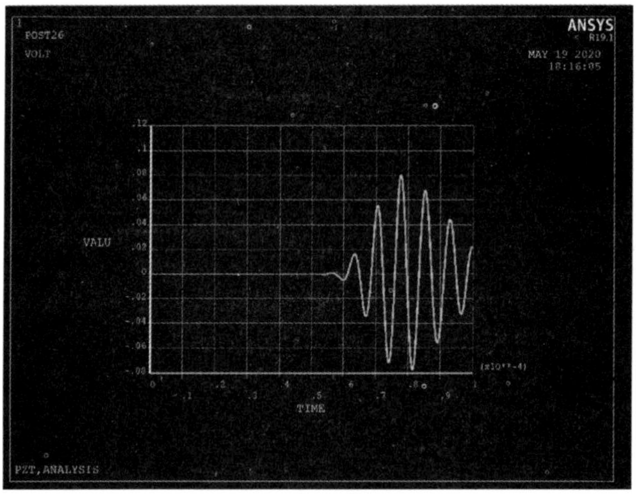

图 10-4　节点数据展示

10.1.4 需注意的问题

APDL 默认为国际单位制，输入时需要将数值转换好之后再输入。

命令输入有两种方式，可以先创建几何模型，再进行有限元分模型的分析过程，也可以直接建立有限元模型的命令流，本例采用直接建立有限元模型的方式进行仿真。

用 * dim 定义的表格数组参数名在进行填充时，用 * vread 或 * tread 读取的外部文件要放在 apdl 的工作目录下。 * vread 命令的下一行是带括号的指定格式，描述从数据文件中读取数据时，每行读取的数据个数及其格式，如(2F3.0,3F11.0)表示每行读 5 个数，前两个含 3 个字符，后 3 个含 11 个字符宽度。此外，* vread 命令需要建立宏文件才能使用，为了表达清晰，本例采用 * tread 命令。

某些命令需要在特定的处理器下才能进行，因此，命令的位置非必要情况下不要随意调换。

10.2　基于 ABAQUS 的双元法 Lamb 波仿真

10.2.1 相关模型及尺寸

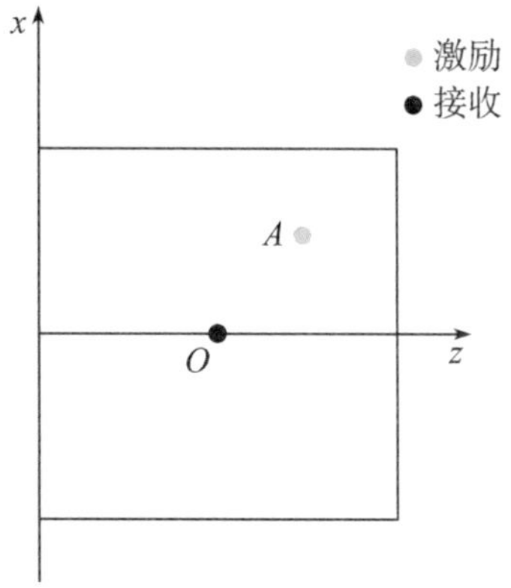

图 10-5　模型

单位选择采用国际单位制。平板尺寸为 0.6 * 0.6 * 0.003 m，在 A 点添加激励位移，在 O 点采集位移信息。材料为 Q235，其材料参数如表 10-5 所示。

表 10-5　Q235 材料属性

弹性模量	泊松比	密度
200～210e9 Pa	0.25～0.33	7850 kg/m^3

10.2.2 总体流程

表 10-6　流程

序号	模块 Module	操作
1	创建部件 Part	① 矩形工具 ② 定义板拉伸厚度
2	定义材料属性 Property	① 定义一种材料 ② 定义截面特性，选择上述材料 ③ 分配截面属性，选择上述截面
3	装配部件 Assembly	① 导入部件
4	网格划分 Mesh	① 单元类型：结构化网格 ② 布置种子：大小 0.001 m ③ 划分网格
5	定义集合 Set	① 添加参考点：Tool——Datum——point ② 定义集合 Set：加载点 Node、输出点 Node、底部固定点 Geometry

（续表）

序号	模块 Module	操作
6	分析步 Step	① 类型 Explicit，增量步 1e-7 ② 定义历史输出
7	边界条件	① 位移约束：底部固定点集合
8	载荷及约束 Load	① 幅值曲线 ② 集中力载荷
9	作业提交 Job	① 数据检查 ② 分析
10	结果查看 Visualization	① 动画输出 ② 历史输出

10.2.3 具体操作

（1）软件打开

开始——Abaqus——Abaqus CAE；

选择 With Standard/Explicit Model，创建模型数据库。（用于建立隐式或显示求解问题），如图 10-6 所示。

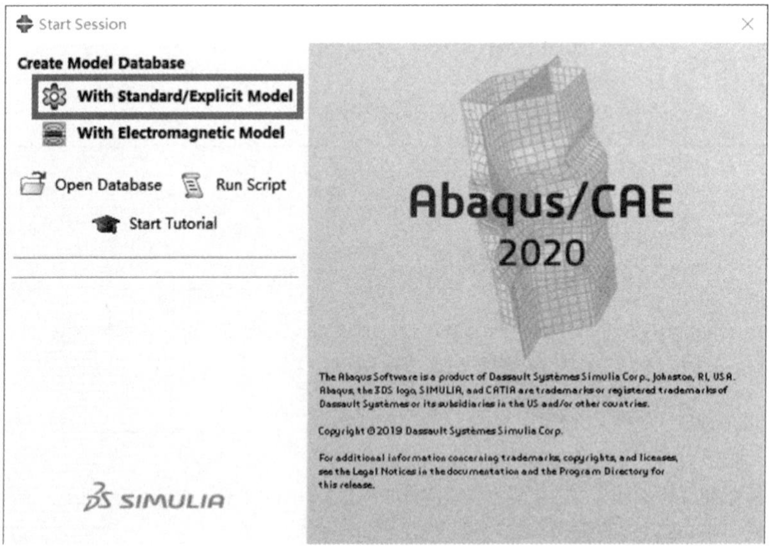

图 10-6　新建模型界面

（2）创建部件 Part

在 Module 中选择 Part 模块，建立部件（零件），如图 10-7 所示。

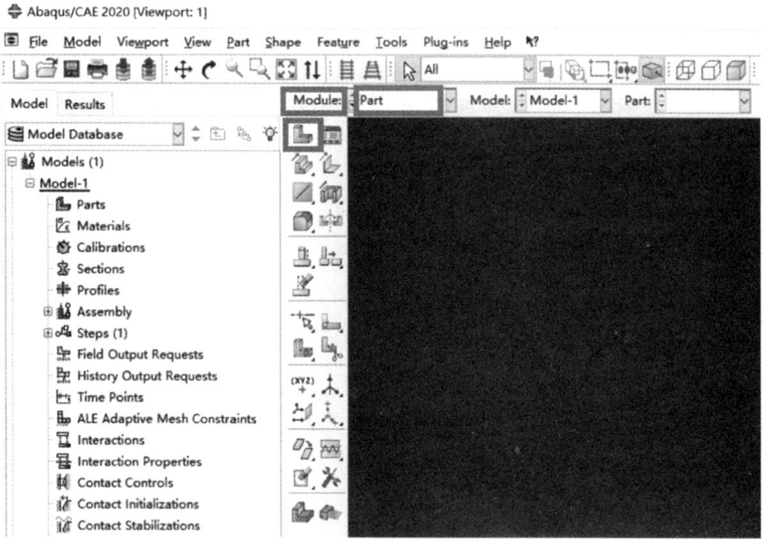

图 10-7　创建零件

重命名 Plate，建立三维拉伸可变实体，选择矩形工具，如图 10-8 所示。

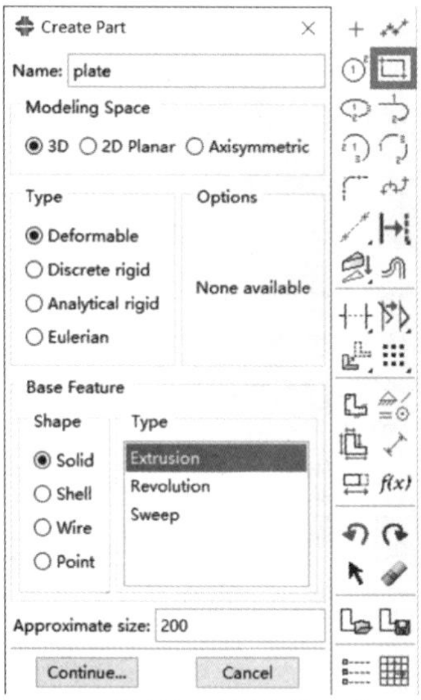

图 10-8　绘制矩形板实体命令界面

输入第一个点的坐标“－0.3,0”，回车，如图 10-9。输入第二个点的坐标“0.3,－0.003”，回车。点击鼠标中键，选择 done。输入拉伸长度 depth 为 0.6。

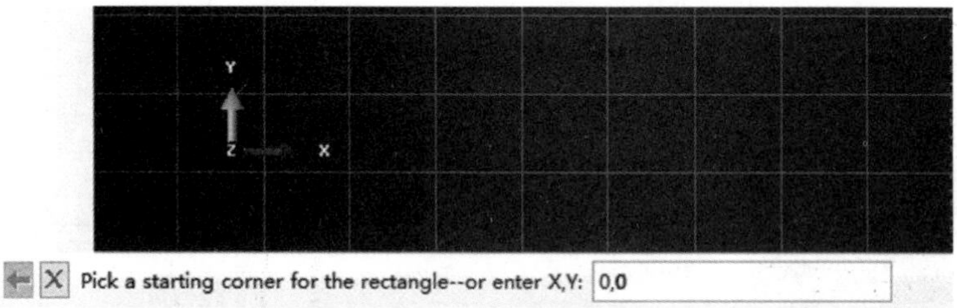

图 10-9　输入起始坐标界面

(3) 定义材料属性 Property

在 Property 模块中，选择 Create material，重命名为 Steel，在 Mechanical——Elasticity——Elastic 中设置材料弹性模量、泊松比。材料类型 Isotropic 各向同性，弹性模量 2e11，泊松比 0.3，如图 10-10 所示。

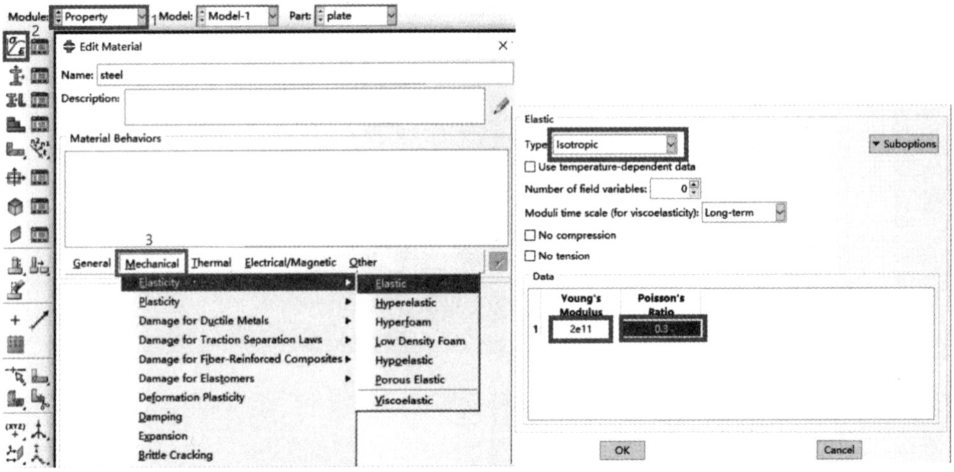

(a) 力学参数　　(b) 弹性参数

图 10-10　定义材料属性及参数

材料密度。选择 General——Density，设置密度为 7850，如图 10-11 所示。

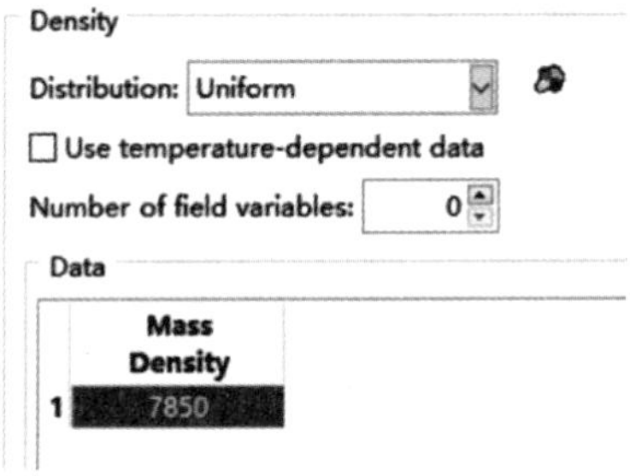

图 10-11　密度参数

定义截面特性。Create section，重命名为 steel，continue 选择之前定义的材料 steel，如图 10-12 所示。

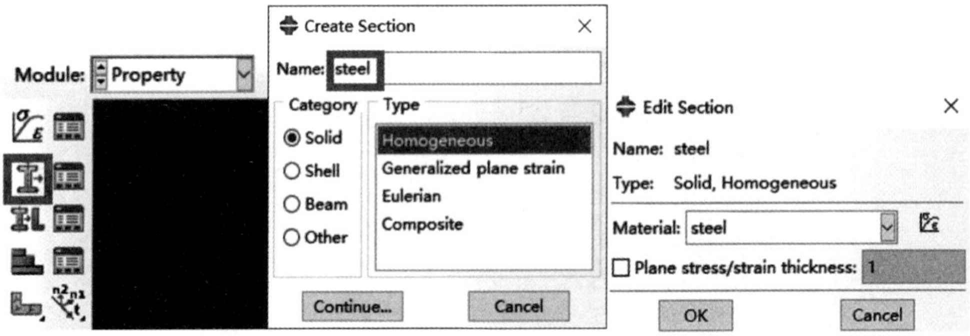

图 10-12　定义截面特性

Assign section，框选 plate，取消创建 set 集合，done 确认，如图 10-13 所示。

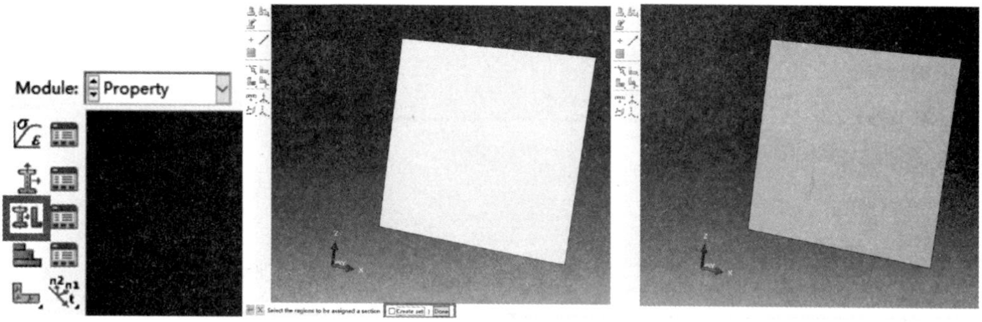

图 10-13　添加截面特性

(4) 装配部件 Assembly

导入部件。在 Assembly 模块中，Create instance，如图 10-14 所示。

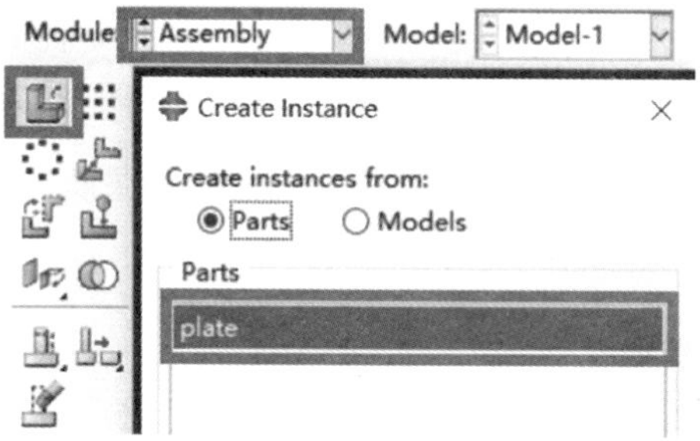

图 10-14　创建实例

添加参考点。在 Assembly 模块中，Tools——Datum——Type：point——Method：Enter coordinate。创建三个参考点，输入激励点坐标(0.15,0,0.45)、(0.15,−0.003,0.45)，采集点坐标(0,0,0.3)。

(5) 网格划分

由频散曲线确定主要 Lamb 波的频率及传播速度。假设频率主要为 200 kHz，则周期为 5e-6 秒，传播速度取 3000 m/s，所以波长为 15mm。因此网格尺度建议 1.5e-3 米，实际设置网格大小 1e-3 米。

种子布置。在 Object 中选择平板 plate，进入 Mesh 模块，选择种子布置 Seed Part，设定网格大小 0.001，如图 10-15 所示。

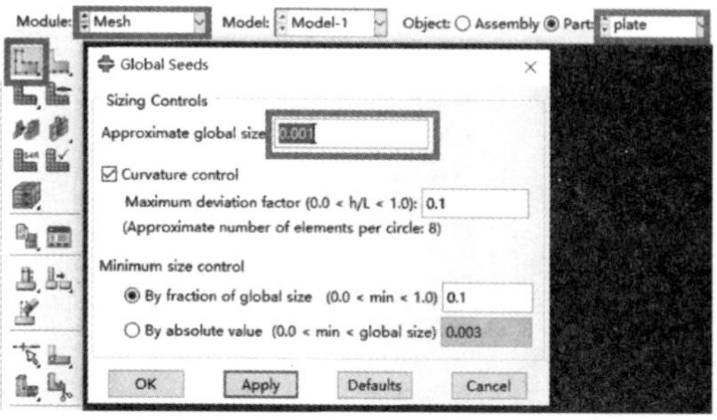

图 10-15　网格参数

Mesh control 网格控制。对于平板 plate 模块，由于其没有孔等，因此可以选择效果较好的结构化网格 Structured，单元类型选择 Hex；如果有孔等，此时不能选择结构化网格，可以进行区域划分；或者选择扫掠网格 Sweep，单元类型选择 Hex，如图 10-16 所示。

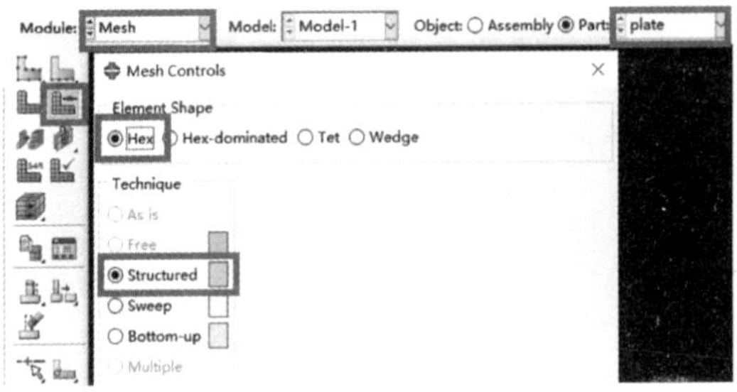

图 10-16　网格类型

Element Type 单元类型。在此不做修改，使用默认值，如图 10-17 所示。

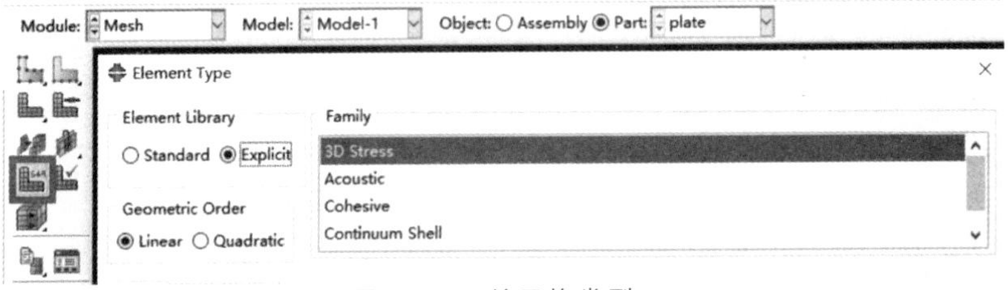

图 10-17　单元格类型

Mesh Part 生成网格。在生成网格之前，为了避免电脑崩溃，进行一次保存。网格生成之后再进行一次保存。

Verify Mesh 网格质量检查。选择 part 后，单击相应的 part(平板)，选择 done，选择 Highlight，查看下方提示窗口的 error 及 warning 比例，如图 10-18 所示。

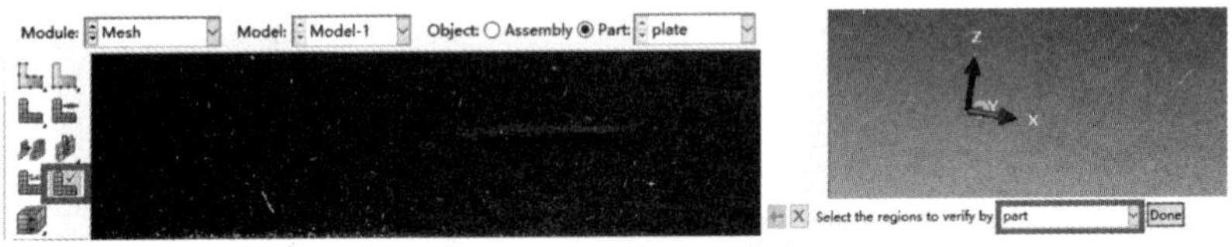

图 10-18　网格质量检查

(6) 定义集合

设定激励点集合。Tools——Set——Create，类型为 Node，重命名为 Sig1。选择 datum 处的网格。对称激励点定义为 Sig2，如图 10-19 所示。

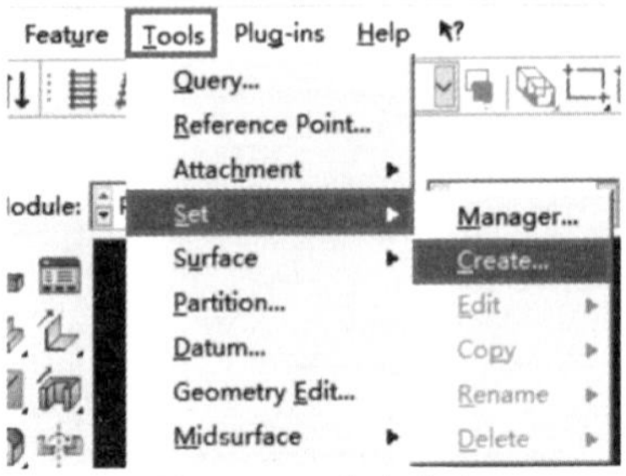

图 10-19　建立节点

设定采集点集合。同样的方式设置为集合为 Sensor。

（7）分析步

时间步由主要 Lamb 波的频率及传播速度确定。假设频率主要为 200 kHz，则周期为 5e-6 秒，因此时间步长建议为 5e-7 秒。实际设置时间步长为 1e-7 秒。进入 Step 模块，Create Step——类型选择 Dynamic Explicit，重命名为 Sig，如图 10-20 所示。

图 10-20　建立时间步

设定 Basic 中 Description 为 Lamb wave（可自定），Time Period 仿真时间为 0.001；Incrementation 中，时间增量步长为 1e-7，如图 10-21 所示。

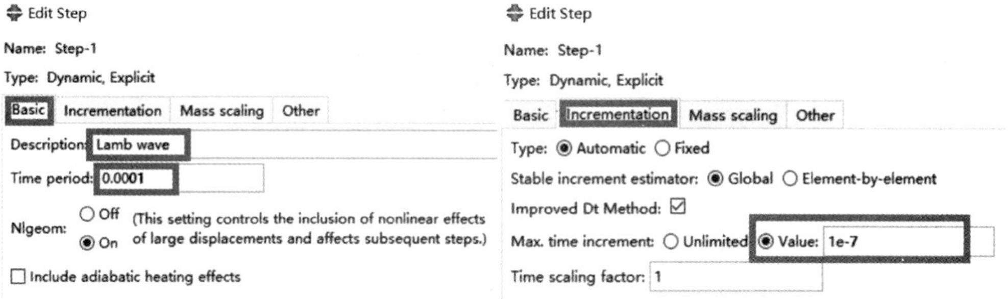

图 10-21　时间步参数

最后查看 Step 模块中的，Step manager。确认无误后点击 dismiss 即可，如图 10-22 所示。

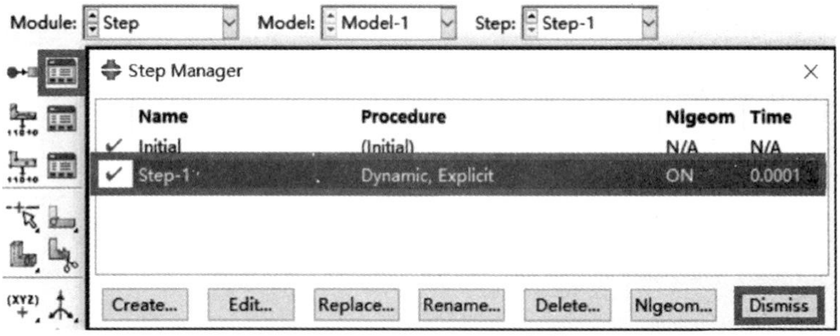

图 10-22　确认时间步参数

历史输出，菜单栏 Output——History Output Requests——Create，重命名并选择分析步 Sig。Domain 中选择 Set，集合选择之前定义的 Sensor，输出频率 Frequency 选择 Every time increment，增量 n 选择 1。输出类型选择位移 Displacement，U1、U2、U3 分别代表 xyz 方向的位移，具体选择哪个方向需要由实际装配体中的模型方向决定，在此只做示意，并非必须选择 U2，如图 10-23 所示。

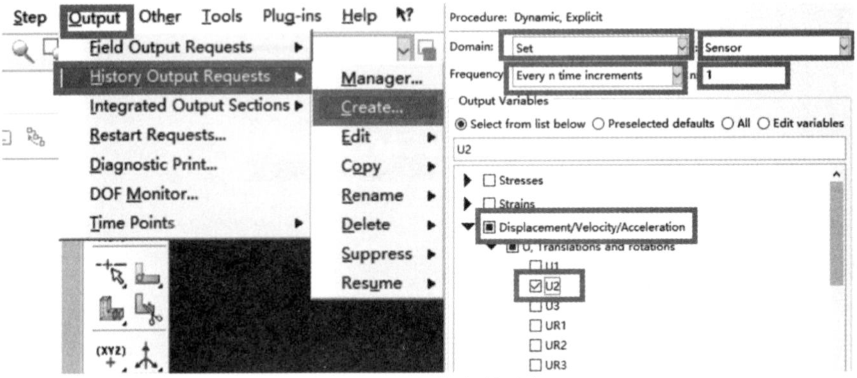

图 10-23　导出参数选择

(8) 边界条件

在 Load 模块，Create Boundary Condition 创建边界条件。重命名，选择分析步 Step1，类型选择 Displacement，如图 10-24 所示。

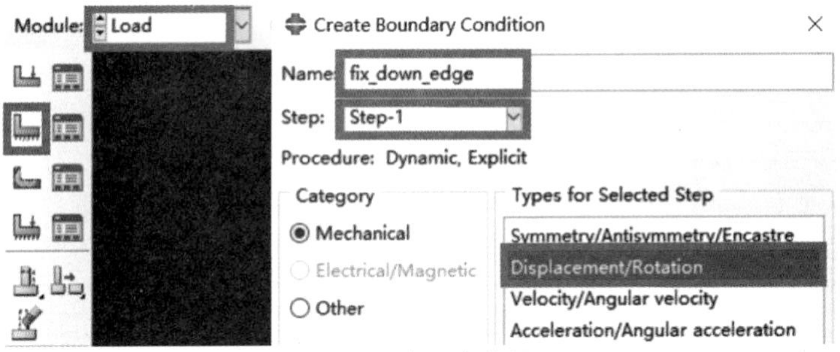

图 10-24　边界条件设置

在下方的操作提示区选择“Sets”，选择之前创建的底边 Set 集合，限制其 U1、U2、U3(即 xyz)位移为 0，如图 10-25 所示。

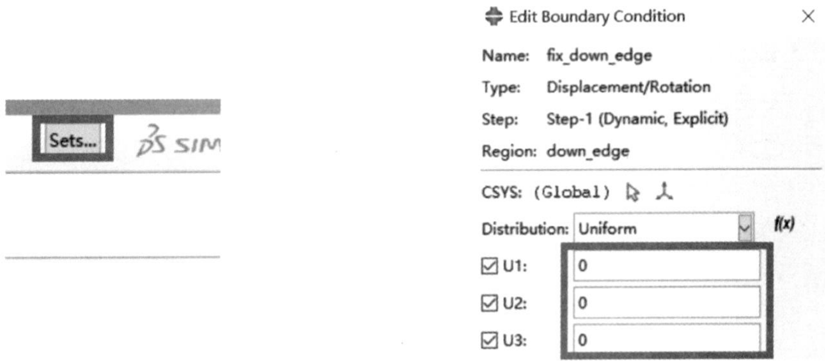

图 10-25　边界条件

(9) 载荷及约束

定义幅值曲线。在左侧模型树中找到 Amplitude 幅值曲线，双击打开。进行重命名（不能以数字开头），并选择 Tabular。在 Time 表格处右击，选择 Read from Files，选择准备的幅值曲线的 txt 文本格式文件（含有两列数据，第一列为时间，第二列为幅值，不能为 Excel 文件），选择开始读取的行和列位置，如图 10-26 所示。

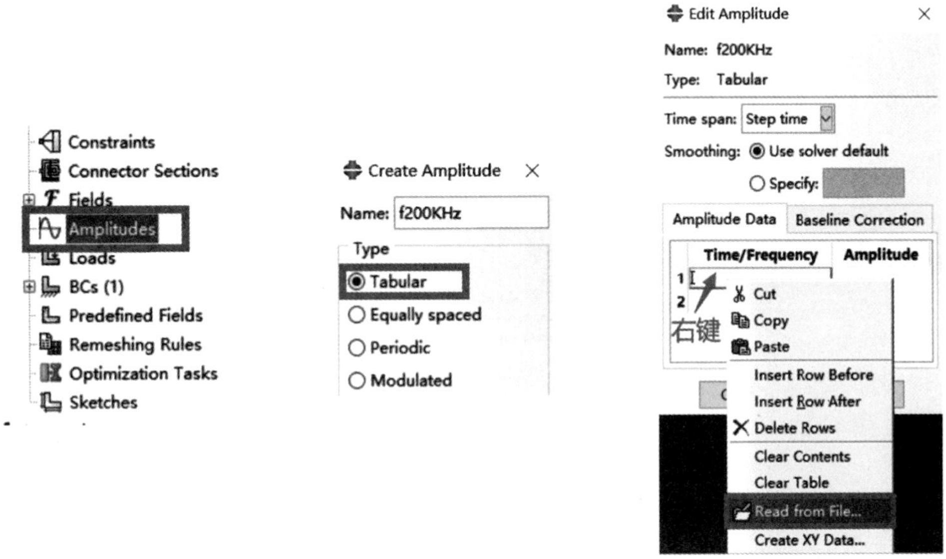

图 10-26　定义集中力载荷

在 Load 模块中，首先选择 Create Load，重命名为 Sig1，分析步选择 Sig，类型选择 Concentrated force，如图 10-27 所示。

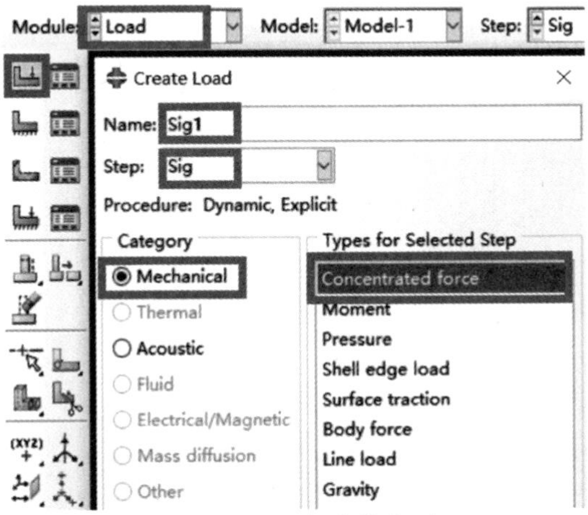

图 10-27　选择载荷类型

取消 Create Set，并选择已有集合 sets，如图 10-28 所示。

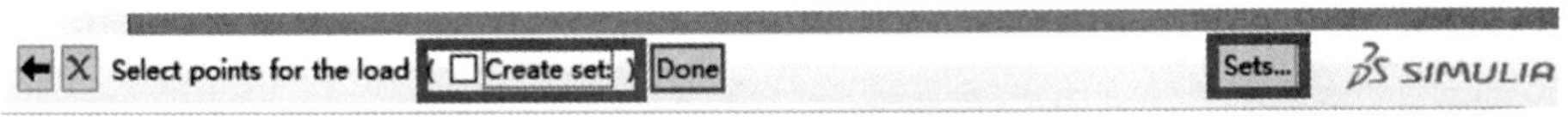

图 10-28　选择已有集合

在 Amplitude 中选择之前定义的幅值曲线。CF1、CF2、CF3 分别代表 XYZ 方向力的幅值，将 CF2 方向的幅值设置为 0.001，如图 10-29 所示。

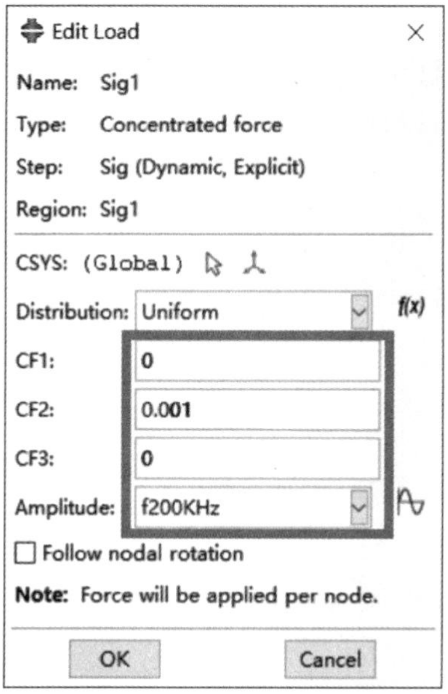

图 10-29　设置激励信号幅值

同样的，将 Sig2 处的激励的幅值 CF2 设置为－0.001。

(10) 动画查看及保存

在 Visualization 模块中，设置 Plot Contours on Deformed Shape，如图 10-30 所示。

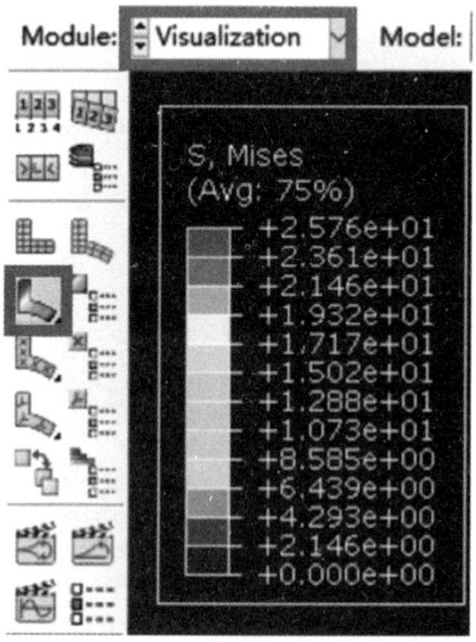

图 10-30　变形云图选择

背景色调整。菜单栏 View—Graphics Options—Viewport Background，设置 Top 以及 Bottom 颜色均为白色，如图 10-31 所示。

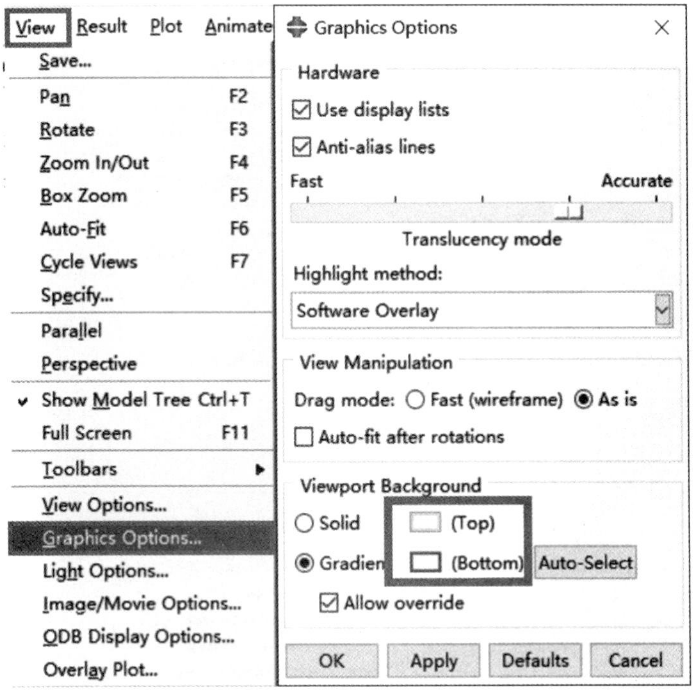

图 10-31　背景色设置

图例栏字体大小调整。菜单栏 viewpoint—Viewport Annotation Options。选择 Title Block—Text—Set Font，设置字体大小 Size 为 10（依情况可设置为 12），如图 10-32 所示。

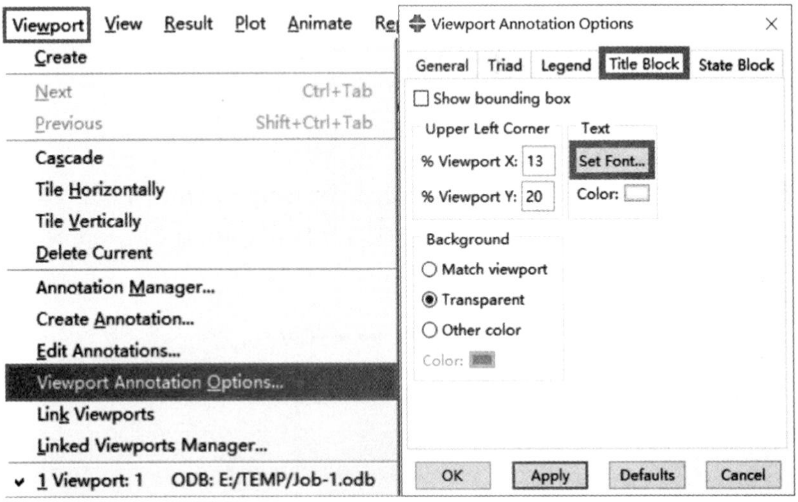

图 10-32　图例栏字体大小调整

模型边线显示调整。Common Options—Basic—Visible Edges—Feature edges。也可依效果设置其他的选项，如图 10-33 所示。

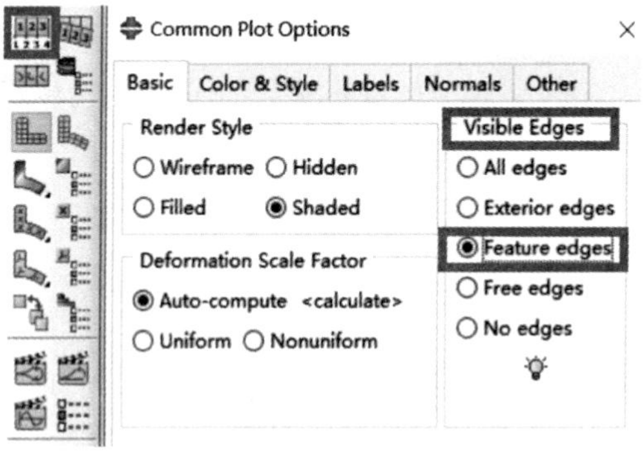

图 10-33　模型边线显示调整

云图样式设置。Contour Options—Color Style—Spectrum，可以选择 Rainbow 或者 Black to white，如图 10-34 所示。

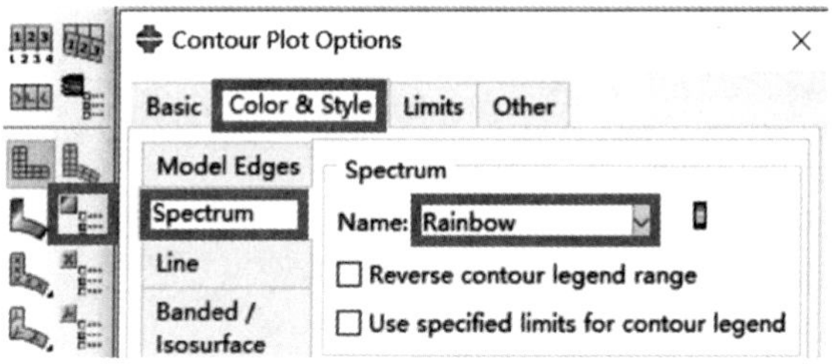

图 10-34　云图样式设置

动画查看。Animate Time History，如图 10-35 所示。

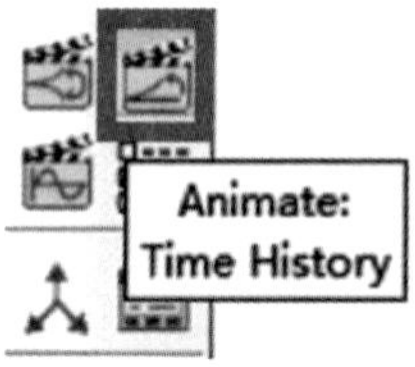

图 10-35　动画查看

动画速度调整，在 visualization 模块中，选择 Animation Options，在 Frame Rate 中进行播放速度的调整。同时可以设置单次播放以及循环播放，如图 10-36 所示。

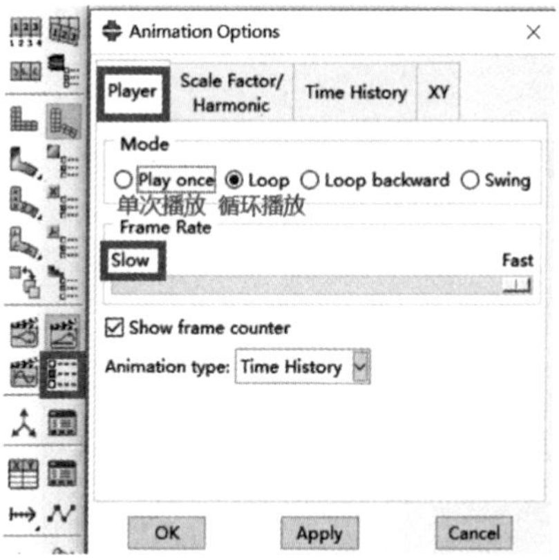

图 10-36　动画速度调整

（11）历史输出

一定要在 Step 中定义 History Out，将相应位置的点（定义成 set），并指定输出类型（位移等），否则无法输出指定位置的位移等数据。

创建 XYData。在 visualization 模块中，Create XY Data——Source：ODB history output，如果需要输出位移，则选择相应的 Special displacement，点击 Plot，如图 10-37 所示。

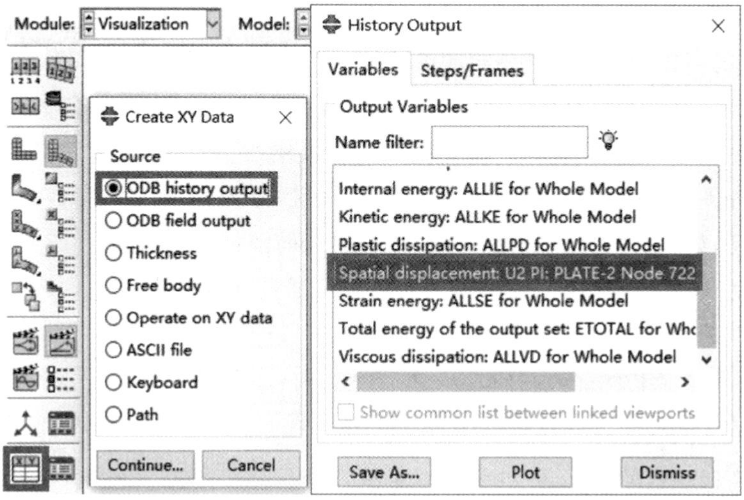

图 10-37　创建 XY Data

导出 XYData。在结果树中找到 XYdata，菜单栏选择 Plug-ins—Tools—Excel Utilities。选择 XY Data，Transfer Direction：From Abaqus /CAE to Excel，选择相应的 XY Data 名称。完成之后会自动打开一个 Excel 文件，如图 10-38 所示。

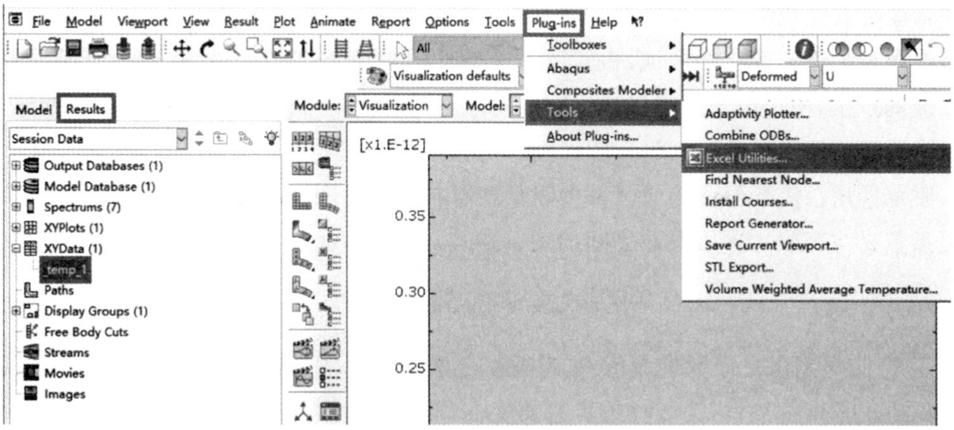

图 10-38　导出数据文件

10.2.4 需注意的问题

① 单位的选择，使用国际单位制。

② Abaqus 对 solidwork 的兼容性不高，同时考虑模型难度，尽量在 Abaqus 中建模。

③ 载荷加载及某点位移历史输出需要先建立 set。

④ 参考点 Datum，只具有参考意义，不能够选择。

⑤ 如果使用 Reference point，则必须同时定义耦合关系。

⑥ 在 Step 中除了需要定义时间步长外，还需要定义历史输出。

⑦ 幅值曲线的定义。

10.3 有限元仿真消波边界

当导波在构件中传播时，如果其遇到构件边界，则会在构件边界位置处产生反射回波，反射回波的存在会增加构件中导波组成的复杂程度，因此在进行有限元仿真过程中，应该尽量避免对反射波的讨论。在有限元分析过程中，抑制消除反射回波可以通过多种方式实现，其中常用的方法有在区域外围设置吸收层法、无限元法、无反射边界条件法。通过在区域外围设置吸收层，当导波在吸收层中传播时，由于阻尼的存在，导波中的能量会逐渐被消耗，如果导波的能量在到达构件边界之前降低为 0，则不会产生反射回波，通过这种方式实现抑制反射回波的作用。无限元法通过在构件中添加特殊类型的单元实现将有限尺寸的构件区域等效为虚拟无限区域的目的，即近似认为导波在无界域中传播，导波在传播过程中不会遇到构件端面产生反射，因此构件中将不会产生反射回波。无反射边界条件法是通过设置特殊的边界条件实现的，导波在构件中传播过程中，依然会遇到构件端面，但此时构件端面不具有反射回波的特性，也就能达到消除反射回波的作用。通过无限元法、无反射边界条件法抑制消除反射回波不具有普适性，需要针对特定的问题进行分析，因此使用有限元软件进行仿真分析时，这两种方法均不适用。

通过在区域外围设置吸收层法可以通过最佳匹配层法、阻尼递增法实现。最佳匹配层法只需要在构件外围设置一层吸波区域即可达到抑制回波的目的，但该区域的阻尼值定义需要结合频域分析方法确定。与最佳匹配层法不同，阻尼递增法需要在构件外围设置多个阻尼值逐渐变化的区域，相邻两个区域的阻尼值不能相差过大，否则容易导致反射回波的产生，使用该方法确定各个区域的阻尼值时，并不需要使用频域的分析方法，因此该方法更加适用于通过有限元软件进行仿真的过程。

阻尼递增法需要保证消波区域的阻尼随着其与构件距离的增大而增大，每层的瑞利阻尼系数 α 与吸收边界层数 k 之间的关系如式(10-4)所示。

$$\alpha = \alpha_{\max}\left(\frac{kl}{L}\right)^{n} \tag{10-4}$$

式中，$\alpha_{\max}$ 为瑞利阻尼系数最大值；k 为吸收边界层位置；l 为每层吸收边界长度，默认各层吸收边界长度一致；L 为吸收边界总长度；n 为幂指数，通常可设置为 2 或 3。

仿真工具采用大型有限元软件 Abaqus，通过其中的 Explixit 模块进行导波传播的仿真。仿真模型尺寸为 600 mm×600 mm×2 mm，模型材料为 Q235 钢材。当信号中心频率为 150 kHz 时，由频散曲线，此时 S0 模态波速为 5.435 km/s，A0 模态波速为 2.755 km/s，则计算得到 S0 模态波长约为 30 mm，A0 模态波长约为 15 mm。通常情况下，吸收边界总长度不低于二倍波长时，抑制吸收边界反射回波的效果较好，因此吸收边界总长度需要至少为 60 mm，考虑到信号的带宽问题，波长往往具有一定的波动性，因此设定实际边界总长度 L 为 80 mm。信号中心频率为 150 kHz，取最大瑞利阻尼系数 α_{max} 为信号中心频率的 8 倍，即 1.44×106。每层吸收边界长度的最佳参数应与网格尺寸一致，但此时有限元仿真模型建模难度会增加，综合衡量建模难度与吸收边界消波效果，设定每层吸收边界长度 l 为 4 mm，则此时共有吸收边界 20 层。幂指数 n 对于吸收边界抑制吸收边界回波的影响相对于其他因素要小得多，设定幂指数 n 为 2。由式(10-4)计算得到的各层阻尼系数如表 10-7 所示。

表 10-7　吸收边界各层瑞利阻尼系数

层数	阻尼系数	层数	阻尼系数	层数	阻尼系数
1	3 600	8	230 400	15	810 000
2	14 400	9	291 600	16	921 600
3	32 400	10	360 000	17	1 040 400
4	57 600	11	435 600	18	1 166 400
5	90 000	12	518 400	19	1 299 600
6	129 600	13	608 400	20	1 440 000
7	176 400	14	705 600		

在有限元仿真模型中，当网格尺寸越小时，计算得到的结果越准确，但此时模型所包含的网格数量也越多，计算量也就越大。取每个波长内含有 8 个网格，最小波长为 15 mm，因此设定网格尺寸为 1 mm。

$$L_{max} < \frac{\lambda_{min}}{n_{min}} \tag{10-5}$$

式中，L_{max} 为网格两节点最大距离；λ_{min} 为最小波长；n_{min} 为每个波长长度内所含网格数量。

在有限元仿真模型中，时间步长设定越小，求解结果越准确，但求解所用时间也越长，时间步长 Δt 的取值由最小网格尺寸 L_{min} 与导波传播速度决定，因此设定时间步长 Δt 为 10^{-7} 秒。

$$\Delta t < \frac{L_{min}}{c} \tag{10-6}$$

式中，L_{min} 为最小网格尺寸；c 为波速。

在有限元网格划分技术中，结构化网格划分技术得到的网格质量较高，因此尽量采用结构化网格划分技术进行网格划分。

阻尼递增法需要在构件外围设置多层消波区域，因此可以在试件端面、试件表面布置消波区域阻尼层，如图 10-39 所示，在激励位置处施加集中力载荷，在 S1 处输出位移历史数据。

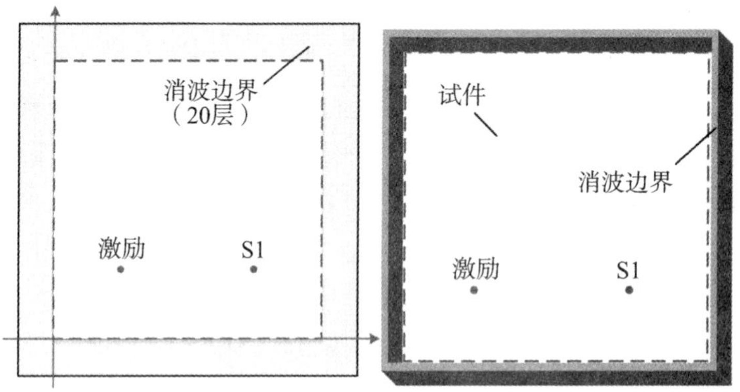

a）端面添加阻尼层　　b）上下表面添加阻尼层

图 10-39　添加阻尼层

如图 10-39 所示，当在试件端面设置阻尼层消波区域时，各阻尼层消波区域的阻尼值沿试件长度、宽度分布。为了对每一层阻尼层消波区域均采用结构化网格划分技术进行网格划分，需要对每一层阻尼层消波区域进行分区处理。如图 10-40 所示，以第一层阻尼层消波区域为例，理想情况下的分区数量为 8，包含 4 个长方形区域、4 个正方形区域。

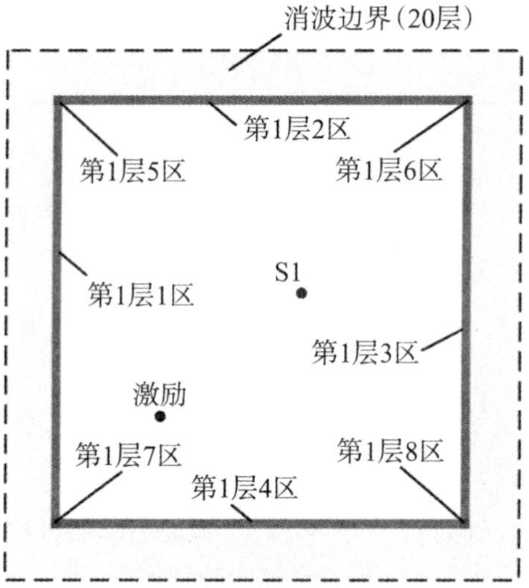

图 10-40　阻尼层分区

当在试件上下表面设置阻尼层消波区域时，各阻尼层消波区域的阻尼值沿试件厚度方向分布，每层阻尼层消波区域厚度为 4 mm，宽度为 40 mm，共有 20 层阻尼层消波区域，各层布置如图 10-41 所示。

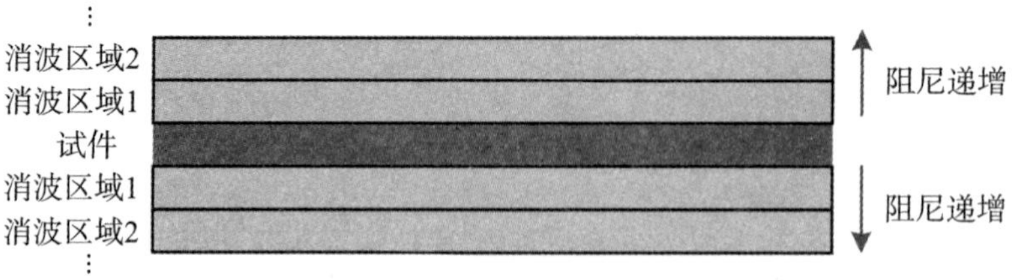

图 10-41　试件上下表面设置阻尼层消波区域

在激励位置处施加集中力载荷，在 S1 处输出位移历史数据。不在构件上添加阻尼层消波边界以及分别在构件端面以及上下表面添加阻尼层消波边界，得到的位移场图如图 10-42 所示。当构件不添加任何阻尼层消波边界时，在位移场中会出现明显的反射回波。在构件端面添加阻尼层消波边界时，构件周围的阻尼层消波边界能够很好地抑制消除边界反射回波，位移场图形中几乎不存在边界反射回波。在构件上下表面添加阻尼层消波边界时，位移场中依然存在明显的边界反射回波。

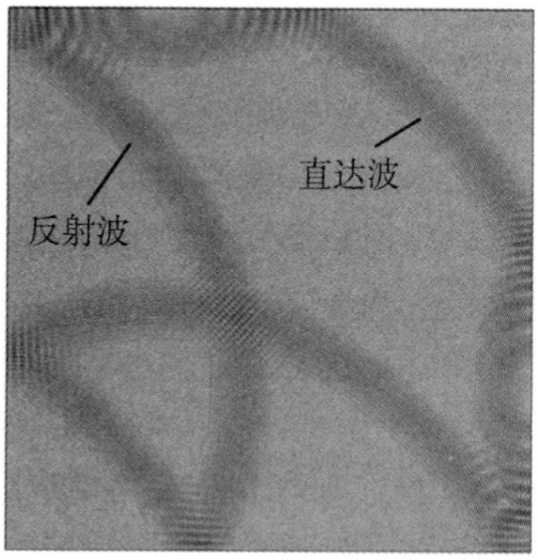

(a) 无阻尼层消波边界位移场

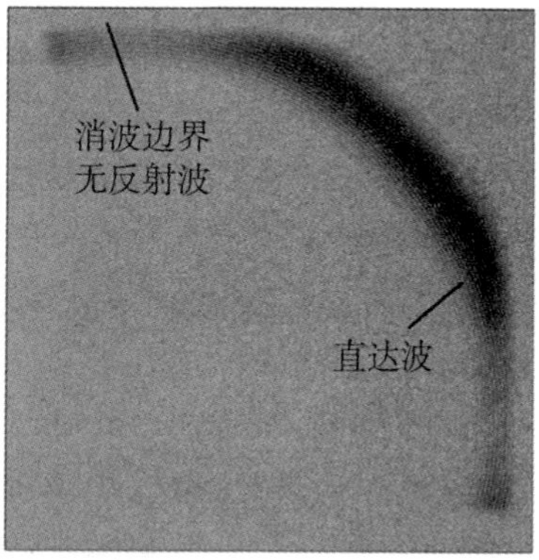

(b) 端面阻尼层消波边界位移场

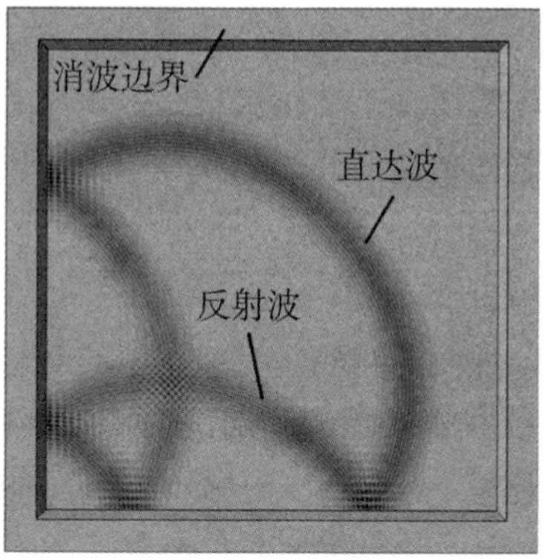

(c) 上下表面阻尼层消波边界位移场

图 10-42　消波边界位移场对比

分别提取 S1 位置在无阻尼层消波边界以及在构件端面、上下表面添加阻尼层消波边界三种情况下的厚度方向位移数据如图 10-43 所示。构件周围无阻尼层消波边界时，在 S1 的位移波形数据中，在直达波之后存在大量的反射回波，如图 4-43(a)所示。当在构件端面添加阻尼层消波区域时，在 S1 的位移波形数据中，基本不存在反射回波，因此在端面添加阻尼层消波区域是十分有效的抑制消除反射回波的方法，如图 4-43(b)所示。当在构件上下表面添加阻尼层消波区域时，S1 的位移波形中同样存在大量的反射回波，因此在构件上下表面添加阻尼层消波区域不能有效地抑制消除反射回波，如图 4-43(c)所示。

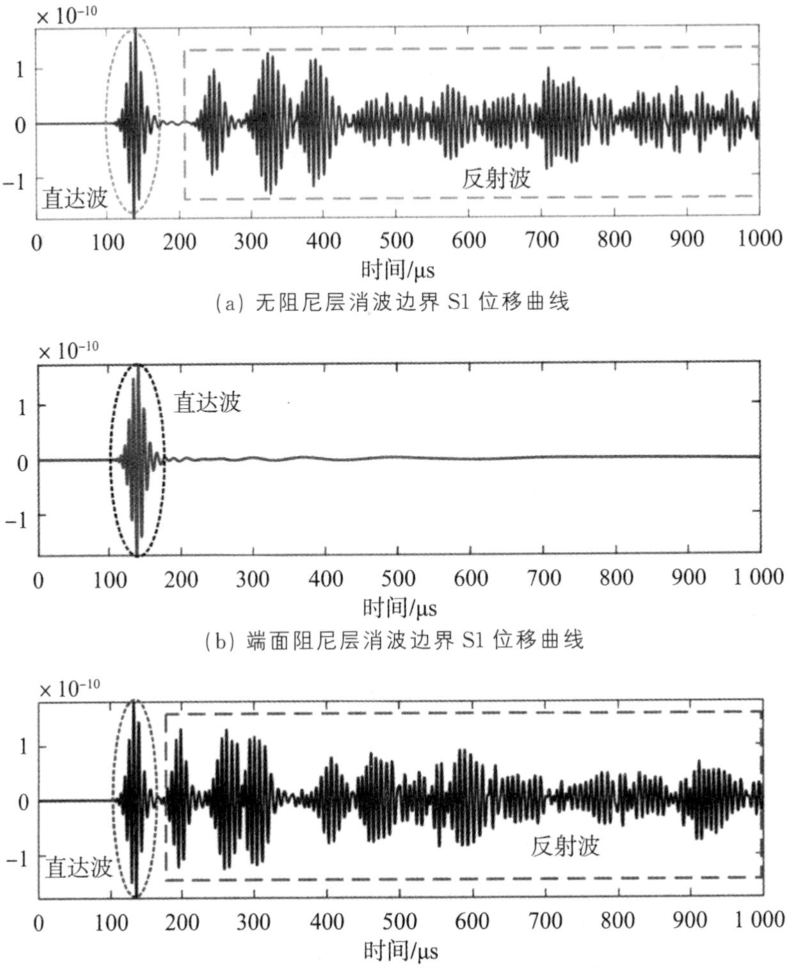

(a) 无阻尼层消波边界 S1 位移曲线

(b) 端面阻尼层消波边界 S1 位移曲线

(c) 上下表面阻尼层消波边界 S1 位移曲线

图 10-43 消波边界 S1 位移曲线对比

10.4 基于 COMSOL 的自传感原理仿真

PZT 压电片在超声成像无损检测中可以用作发射信号的激励器也可以用作检测回声信号的接收器。本节展示了对同时充当发射器和接收器的压电设备进行建模。使用的自传感电路参考 7.2 节。

建立的二维模型如图 10-44 所示，中间线弹性材料选用 6061 铝，厚度为 16 毫米，长度为 1 米。压电材料为 PZT-5H，宽度为 7 毫米，厚度为 0.2 毫米。在二维模型中软件计算较快，因此网格可以尽量小，设置最大单元大小为 0.5 毫米。上面的压电片为自传感压电片，下面的压电片为正常压电片，仿真使用自传感压电片激励，然后两个压电片同时接收。

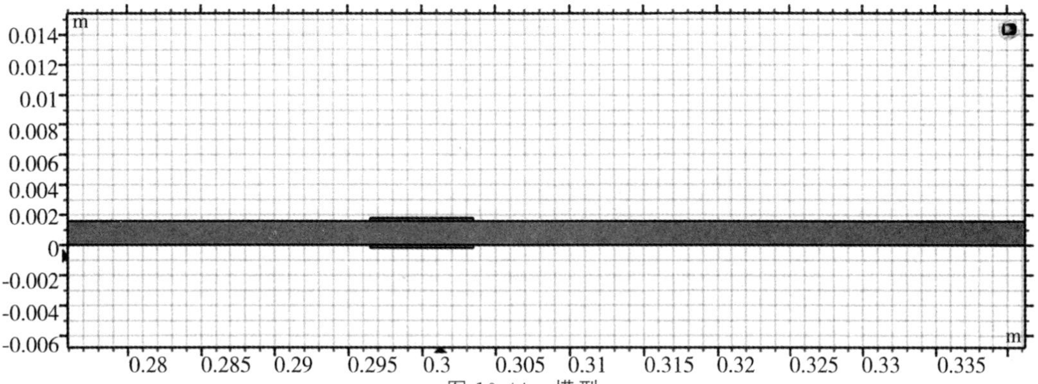

图 10-44　模型

使用固体力学、静电、电路进行多物理场耦合。模型开发器如图 10-45 所示，将传感器连接到电路：

① 将“端子”节点添加到“静电”界面，并将“端子类型”设定为“电路”。

② 在边界选择上，在电路边界添加电极。

③ 将接地节点添加到静电界面，并将其应用于压电设备的另一个电极。

④ 将外部 I 端子节点添加“电路”界面，并将外部端子的电势设置为端子电压。

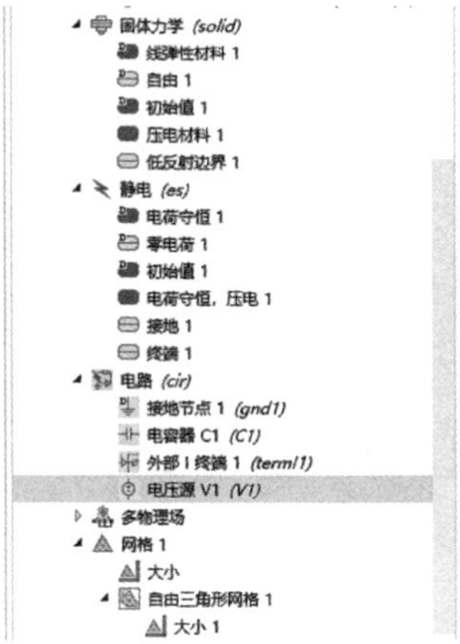

图 10-45　模型开发器

最终自传感压电片采集的电压信号如图 10-46 所示。

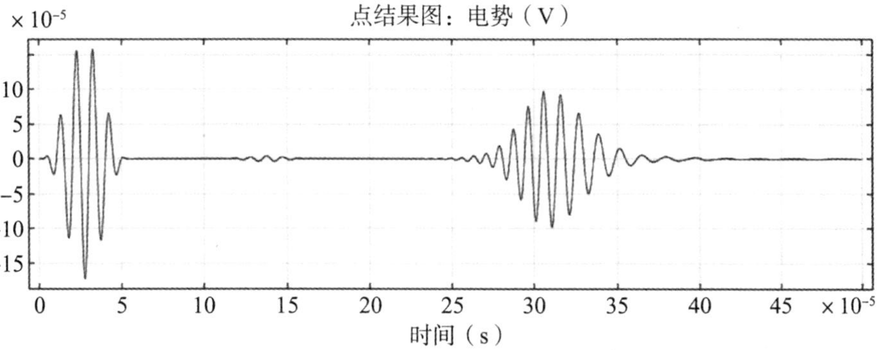

图 10-46　接收的信号

参考：comsol 仿真案例(模拟同时作为信号发射器和接收器的压电器件)

10.5 基于 ANSYS_Workbench 的疲劳裂纹扩展预测

ANSYS Workbench 仿真软件可以进行裂纹扩展仿真，软件中的裂纹损伤类型主要分为三种：任意裂纹扩展，椭圆裂纹扩展以及预置裂纹扩展，同时也可以进行复合材料分层仿真，连接松解等接触类问题仿真。裂纹扩展仿真的扩展方式主要分为两种，基于 VCCT(虚拟裂纹张合技术)和基于 Paris 准则。本次仿真主要通过 Paris 准则对结构件进行裂纹扩展仿真。

选择 Workbench 静态结构分析模块，输入材料参数如表 10-8 所示，然后建立结构件模型如图 10-47 所示。

表 10-8　铝合金材料参数

密度/kg/m^3	杨氏模量/Pa	泊松比	拉伸屈服强度/Pa	抗拉极限强度/Pa
2710	6.83e10	0.33	2.59e8	3.13e8

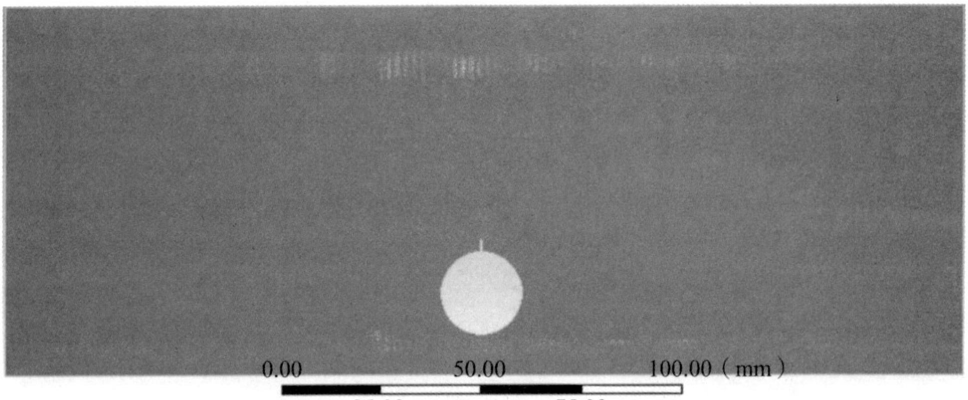

图 10-47　结构件模型

(1) 离散化

对结构件进行网格划分，在进行裂纹扩展仿真分析时，网格划分方式为四面体网格(Tetrahedrons)，并使用二阶单元如图 10-48(a)所示。为了减少计算量，首先对结构件整体进行四面体网格划分，其网格可选用较大尺寸，但针对预制裂纹处需要对网格进行细化。首先需要在预置裂纹尖端处建立新的坐标系，注意坐标轴 x 方向需要指向裂纹扩展方向，y 方向需要指向裂纹张开方向，如图 10-48(b)所示。然后建立新的 body sizing 流程，在类型中选择球形区域，球形区域中心选择为新建坐标系。因为裂纹扩展中球形区域中心始终在裂纹尖端，同时网格细化处也始终处于裂纹尖端，所以并不需要大范围的细化网格，即球形区域仅覆盖裂纹尖端周围即可，如图 10-48(c)所示。

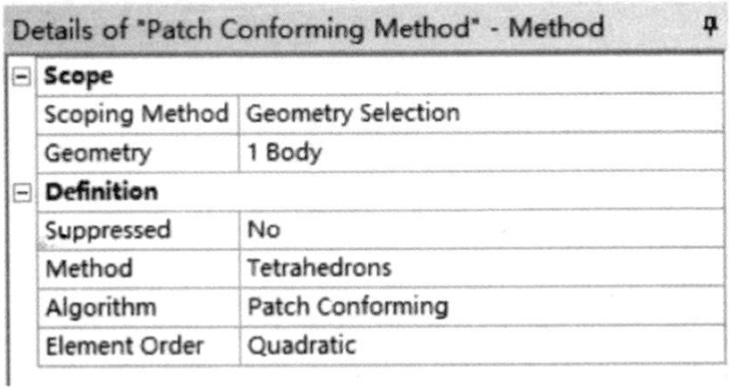

Details of "Patch Conforming Method" - Method

Scope	
Scoping Method	Geometry Selection
Geometry	1 Body
Definition	
Suppressed	No
Method	Tetrahedrons
Algorithm	Patch Conforming
Element Order	Quadratic

(a) 网格设置

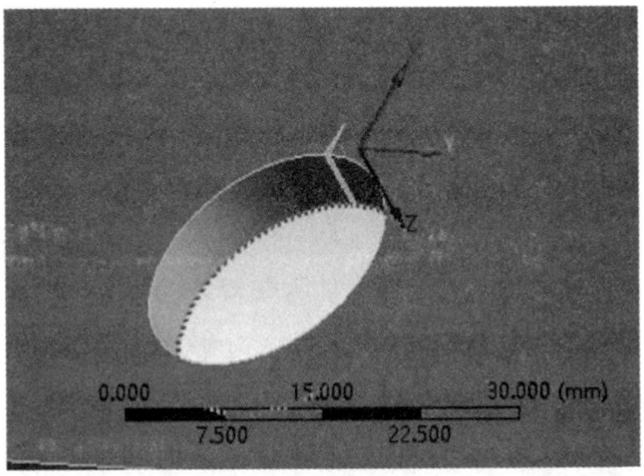

(b) 坐标系设置

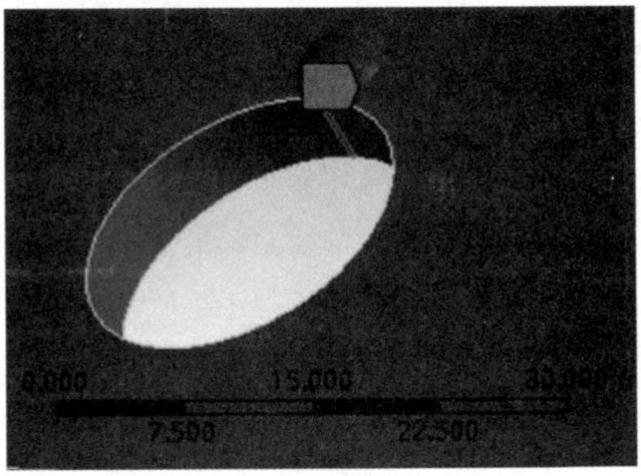

(c) 细化网格

图 10-48　网格划分设置

(2) 裂纹预置

对结构件划分完网格之后，下一步需要建立 Fracture 流程，即裂纹扩展分析流程。首先需要对预置裂纹的上下表面以及裂纹尖端（尖端为一条线）进行名称选择，然后分别创建其网格节点集，然后在 Fracture 流程里选择 Pre-Meshed Crack，在其设置里面分别通过名称选择裂纹尖端（图示中为 3 节点集）裂纹上表面（图示中为 1 节点集）裂纹下表面（图中为 2 节点集），并选择坐标为新建坐标系，如图 10-49（a）所示。选择 SMART Crack Growth，初始裂纹选择为 Pre-Meshed Crack，选择结构件材料，裂纹扩展规律为 Paris 准则，如图 10-49（b）所示。

Details of "Pre-Meshed Crack"

Scope	
Source	Pre-Meshed
Scoping Method	Named Selection
Crack Front (Named Selection)	3
Crack Faces Nodes	On
--Top Face Nodes	1
--Bottom Face Nodes	2
Definition	
Coordinate System	Coordinate System 2
Solution Contours	6
Symmetry	No
Suppressed	No

(a) 预制裂纹设置

Details of "SMART Crack Growth"

Definition	
Analysis	Crack Growth
Method	SMART
Suppressed	No
Options for Crack Growth	
Initial Crack	Pre-Meshed Crack
Crack Growth Option	Fatigue
Failure Criteria Option	Material Data Table
Material	Aluminum alloy, wrought
Crack Growth Law	Paris Law
Crack Growth Methodology	Life Cycle Prediction
Min Increment of Crack Extension	Program Controlled
Max Increment of Crack Extension	Program Controlled

(b) 裂纹扩展方式

图 10-49　裂纹扩展设置

(3) 分析步设置

分析步最终时长设置为 1 s，仿真步为 100。需要注意，在分析步设置中 Fracture Controls 只能输出一种结果：如 J 积分、应力强度等。在结构件一侧施加固定约束，另一侧施加 34 kN 的力，在裂纹尖端会产生明显的应力集中，如图 10-50(a)所示，仿真结果如图 10-50(b)所示。

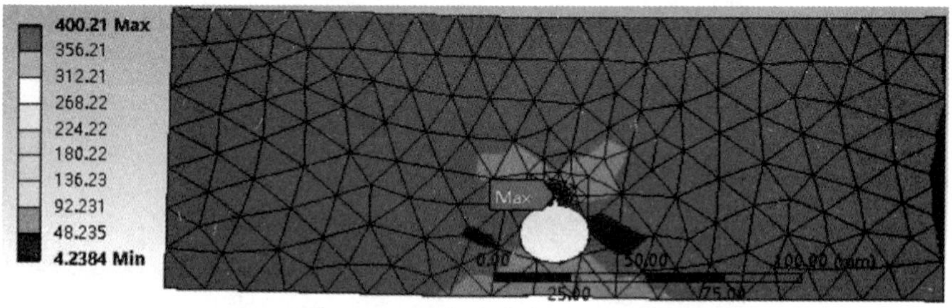

(a) 应力集中

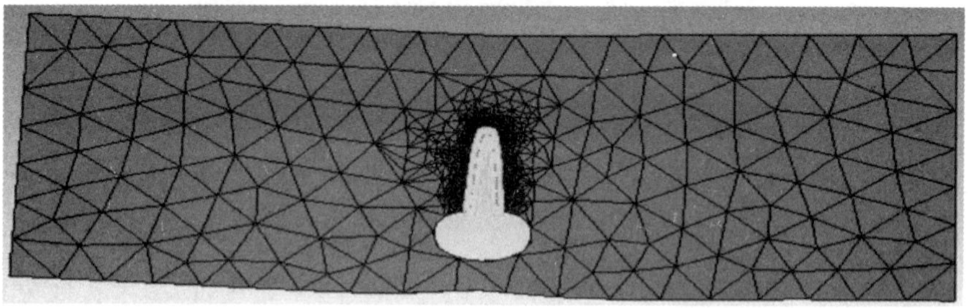

(b) 裂纹扩展

图 10-50　仿真结果

通过仿真运算得出裂纹扩展裂纹长度-循环次数曲线(a-N 曲线)，如图 10-51(a)所示。结合仿真数据与试验数据进行粒子滤波，得到数据更新后的寿命预测曲线如图 10-51(b)所示。其预测值与试验数据进行对比误差不大于 6%，将粒子滤波后的数据代入公式进行线性拟合结果如图 10-51(c)所示，拟合到得到更新后的材料常数 $C=5.31\times10^{-9}$，m=1.92。

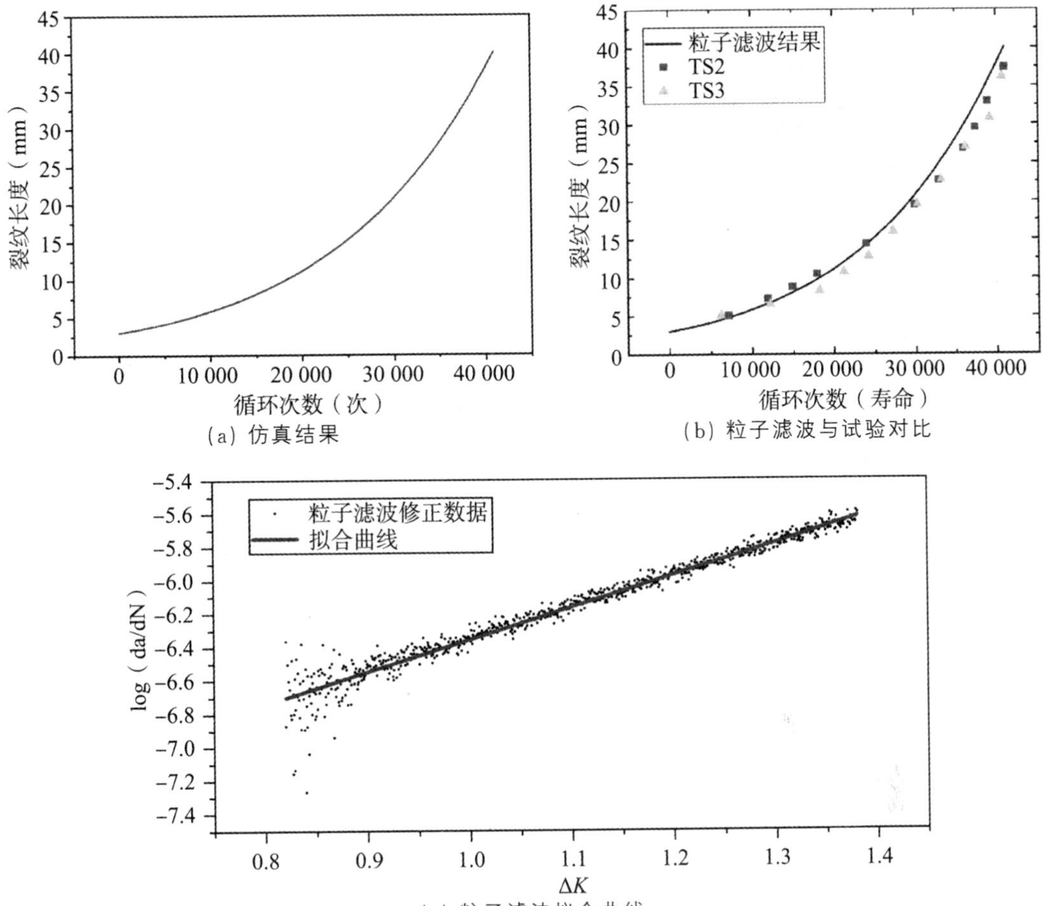

(a) 仿真结果

(b) 粒子滤波与试验对比

(c) 粒子滤波拟合曲线

图 10-51 仿真结果与粒子滤波处理结果

通过以上分析，对 Pairs 公式进行了修正，将 Paris 公式以材料参数的形式输入进仿真软件进行结构件仿真，将结构件真实的舰船振动环境输入进仿真软件中，可以获得在观测到初始裂纹后，结构件的裂纹扩展预测，从而可以算得在一定裂纹长度的阈值下结构件的预估寿命。舰船环境下结构件受舰船振动承受频率约 50 Hz、振动幅值约 60 N 的交变载荷，通过仿真计算可得到裂纹扩展至结构件宽度 20%时的应力循环次数为 $1.470\ 7\times10^{10}$ 次，经过换算可得寿命为 9.32 年。

参考文献

[1] Ramon C. Logical Kronecker delta deconstruction of the absolute value function and the treatment of absolute deviations[J]. Journal of Mathematical Chemistry, 2011, 49(3): 619-624.

[2] Hayashi T, Kawashima K, Sun Z, et al. Guided Wave Propagation Mechanics Across a Pipe Elbow[J]. J of Pressure Vessel Technology, 2003, 125(3).

[3] Penner R C. On Hilbert, Fourier, and wavelet transforms[J]. Communications on Pure&Applied Mathematics, 2010, 55(6): 772-814.

[4] Bandyopadhyay K A, Das D. The Deduction of Laplace and Fourier Transform Pair from the Fourier Series[J]. IETE Journal of Education, 2015, 10(3): 113-119.

[5] Abratkiewicz K, Krysik P, Gajo Z, et al. Target Doppler Rate Estimation Based on the Complex Phase of STFT in Passive Forward Scattering Radar[J]. Sensors, 2019, 19(16): 3 627-3 627.

[6] Hosseini, Ahmad S, Amjady, et al. A Fourier Based Wavelet Approach Using Heisenberg's Uncertainty Principle and Shannon's Entropy Criterion to Monitor Power System Small Signal Oscillations [J]. IEEE Transactions on Power Systems: A Publication of the Power Engineering Society, 2015, 30(6): 3 314-3 326.

[7] Muñoz G Q C , Jiménez A A , Márquez G P F . Wavelet transforms and pattern recognition on ultrasonic guides waves for frozen surface state diagnosis[J]. Renewable Energy, 2018, 11 642-54.

[8] Sun H K, Hong J, Kim Y Y. Dispersion-Based Continuous Wavelet Transform for the Analysis of Elastic Waves[J]. Journal of Mechanical Science and Technology, 2006, 20(12): 2 147-2 158.

[9] Liu Z, Xu K, Li D, et al. Automatic mode extraction of ultrasonic guided waves using synchrosqueezed wavelet transform[J]. Ultrasonics, 2019, 99105948.

[10] Li H, Spencer B F, Li D, et al. Acoustic emission wave classification for rail crack monitoring based on synchrosqueezed wavelet transform and multi-branch convolutional neural network[J]. Structural Health Monitoring, 2021, 20(4): 1 563-1 582.

[11] 彭鸽,袁慎芳.主动 Lamb 波监测技术中的传感元件优化布置研究[J].航空学报，2006,(05):957-962+777.

[12] Pm M,Feshbach H. Methods of theoretical physics[M]. McGraw-Hill,New York,1953.

[13] Achenbach J D,Xu Y. Wave motion in an isotropic elastic layer generated by a time-harmonic point load of arbitrary direction[J]. The Journal of the Acoustical Society of America. 1999,106(1):83-90.

[14] Harley J B,Moura J M. Sparse recovery of the multimodal and dispersive characteristics of Lamb waves. [J]. The Journal of the Acoustical Society of America, 2013,133(5):2 732-2 745.

[15] 文立超,张应红,刘文龙,等.一种管道中的导波频散计算方法.无损检测，2020,42(02):56-60.

[16] Altammar H,Dhingra A,Salowitz N. Ultrasonic Sensing and Actuation in Laminate Structures Using Bondline-Embedded d35 Piezoelectric Sensors[J]. Sensors, 2018,18(11).

[17] Curie J,Curie P. Development by pressure of polar electricity in hemihedral crystals with inclined faces[J]. Bull. soc. min. de France. 1880,3:90.

[18] Mason W P. Use of temperature-and time-stabilized barium titanate ceramics in transducers, mechanical wave transmission systems and force measurements [J]. Acta Acustica united with Acustica. 1954,4(1):200-202.

[19] Jaffe H, Berlincourt D A. Piezoelectric transducer materials[J]. Proceedings of the IEEE. 1965,53(10):1 372-1 386.

[20] IEEE. ANSI/IEEE Std 176-1987. IEEE Standard on Piezoelectricity[S]. USA:IEEE,1988.

[21] Edward F C. Detailed Models of Piezoceramic Actuation of Beams[J]. Journal of Intelligent Material Systems and Structures. 1990,1(1).

[22] Crawley E F, de Luis J. Use of piezoelectric actuators as elements of intelligent structures[J]. AIAA journal. 1987,25(10):1 373-1 385.

[23] Achenbach J D. Calculation of wave fields using elastodynamic reciprocity [J]. International Journal of Solids and Structures. 2000,37(46):7 043-7 053.

[24] Phan H,Cho Y, Achenbach J D. Verification of surface wave solutions obtained by the reciprocity theorem[J]. Ultrasonics. 2014,54(7):1 891-1 894.

[25] Achenbach J D,Xu Y. Wave motion in an isotropic elastic layer generated by a time-harmonic point load of arbitrary direction[J]. The Journal of the Acoustical Society of America. 1999,106(1):83-90.

[26] Tzou H S,Zhong J P. Electromechanics and Vibrations of Piezoelectric Shell

Distributed Systems[J]. Journal of Dynamic Systems Measurement&Control. 1993, 115(3):506-517.

[27] Grahn T. Lamb wave scattering from a circular partly through-thickness hole in a plate[J]. Wave motion. 2003,37(1):63-80.

[28] 金钟山,刘时风,耿荣生,等.曲面和三维结构的声发射源定位方法[J].无损检测,2002(05):205-211.

[29] Michaels J E,Croxford A J,Wilcox P D. Imaging algorithms for locating damage via in situ ultrasonic sensors. IEEE,2008.

[30] Wang C H,Rose J T,Chang F. A synthetic time-reversal imaging method for structural health monitoring. Smart materials and structures. 2004,13(2):415-423.

[31] Mu W, Sun J, Xin R, Liu G, Shuqing Wang. Time Reversal Damage Localization Method of Ocean Platform based on Particle Swarm Optimization Algorithm[J]. Marine Structures. 2020,69(1):102 672.

[32] 穆为磊,曲文声,刘贵杰,等. 搜索策略改进的波束形成定位方法研究. 应用声学. 2017,36(04):298-304.

[33] 杨福生,戴先中.带通信号的采样定理[J]. 信号处理,1986,(01):58-62.

[34] Candes E J, Tao T. Near-Optimal Signal Recovery From Random Projections: Universal Encoding Strategies? [J]. IEEE Transactions on Information Theory,2006,52:5 406-5 425.

[35] 穆为磊,高宇清,吴猛猛,明岳.基于压缩感知的 Lamb 波信号成分分离[J]. 无损检测,2021,43(10):44-47.

[36] Mu W,Gao Y,Liu G. Ultrasound Defect Localization in Shell Structures with Lamb Waves Using Spare Sensor Array and Orthogonal Matching Pursuit Decomposition[J]. Sensors. 2021;21(23):8 127.

[37] Makihara K,Onoda J,Minesugi K. A self-sensing method for switching vibration suppression with a piezoelectric actuator. Smart Mater Struct,2007,16:455-461.

[38] Gao Y,Mu W,Yuan F G,Guijie Liu,A Defect Localization Method based on Self-sensing and Orthogonal Matching Pursuit[J]. Ultrasonics,2023,128,106 889.

[39] Ambrozinski L,Stepinski T,Packo P,et al. Self-focusing Lamb waves based on the decomposition of the time-reversal operator using time-frequency representation. Mechanical Systems&Signal Processing,2012,27:337-349.

[40] 陆铭慧,潘文超,刘勋丰.基于衍射波的孔类缺陷超声相控阵定量方法研究[J].应用声学,2015,34(05):385-390.

[41] Mu W,Sun J,Liu G,et al. High-Resolution Crack Localization Approach Based on Diffraction Wave[J]. Sensors,2019,19(8):1 951-1 951.

[42] *Paris* P C. A rational analytic theory of fatigue[J]. The trend in engineering,1961,13:9.

[43] 洪友士,赵爱国,钱桂安. 合金材料超高周疲劳行为的基本特征和影响因素[J]. 金属学报,2009,45(07):769-780.

附　录

$[U_n(z), W_n(z)]$是振型，其表达式如下

$$U_n^S = s_1\cos pz + s_2\cos qz, U_n^A = a_1\sin pz + a_2\sin qz$$

$$W_n^S = s_3\sin pz + s_4\sin qz, W_n^A = a_3\cos pz + a_4\cos qz$$

其中，

$$s_1 = -2qk_n^2\cos qd,\quad s_2 = -q(q^2 - k_n^2)\cos pd$$

$$s_3 = 2pqk_n\cos qd,\quad s_4 = -k_n(q^2 - k_n^2)\cos pd$$

$$a_1 = 2qk_n^2\sin qd,\quad a_2 = q(q^2 - k_n^2)\sin pd$$

$$a_3 = 2pqk_n\sin qd,\quad a_4 = -k_n(q^2 - k_n^2)\sin pd$$

根据广义胡克定律，对应于位移的应力由下式给出，

$$\sigma_{xx} = \sum_{n=0}^{\infty} A_n^S T_{xx}^{nS}(z) i\exp(-ik_n x) + \sum_{n=0}^{\infty} A_n^A T_{xx}^{nA}(z) i\exp(-ik_n x)$$

$$\tau_{xz} = \sum_{n=0}^{\infty} A_n^S T_{xz}^{nS}(z)\exp(-ik_n x) + \sum_{n=0}^{\infty} A_n^A T_{xz}^{nA}(z)\exp(-ik_n x)$$

其中 $T_{xx}^{nS}, T_{xx}^{nA}, T_{xz}^{nS}, T_{xz}^{nA}$ 的表达式如下，

$$T_{xx}^{nS}(z) = \mu[s_7\cos(pz) + s_8\cos(qz)]\quad T_{xz}^{nS}(z) = \mu[s_5\sin(pz) + s_6\sin(qz)]$$

$$T_{xx}^{nA}(z) = \mu[a_7\sin(pz) + a_8\sin(qz)]\quad T_{xz}^{nA}(z) = \mu[a_5\cos(pz) + a_6\mathrm{ocs}(qz)]$$

其中，

$$s_5 = 4pqk_n^2\cos(qd), s_6 = (q^2 - k_n^2)^2\cos(pd)$$

$$s_7 = 2qk_n(k_n^2 + q^2 - 2p^2)\cos(qd), s_8 = 2qk_n(q^2 - k_n^2)\cos(pd)$$

$$a_5 = 4pqk_n^2\sin(qd), a_6 = (q^2 - k_n^2)^2\sin(pd)$$

$$a_7 = -2qk_n(k_n^2 + q^2 - 2p^2)\sin(qd), a_8 = -2qk_n(q^2 - k_n^2)\sin(pd)$$